Access
数据库开发
从入门到精通

尚品科技 著

电子工业出版社
Publishing House of Electronics Industry
北京•BEIJING

内 容 简 介

本书详细地介绍使用 Access 开发数据库系统的知识、技术与实际应用。全书共 13 章,每一章都是一个独立的主题,以数据库系统的开发流程来组织各章内容和排列顺序,有助于梳理 Access 知识体系和数据库开发流程。本书内容包括 Access 数据库术语、数据库对象及其视图、Access 界面环境的使用与定制、数据库的整体设计流程、创建数据库和表、设计表结构、设置表的主键和索引、创建表之间的关系、在数据表视图中操作数据、使用查询操作数据、使用窗体显示和编辑数据、使用报表呈现与打印数据、使用表达式和 SQL 语句、使用宏让操作自动化、管理和维护数据库等内容,最后一章介绍了开发一个数据库管理系统的具体方法和步骤。

为了帮助读者更好地理解在开发数据库的过程中涉及的 Access 知识和技术,本书提供了 72 个案例,读者可以在学习过程中多加练习,不断积累实战经验,快速提高自己的 Access 技术和数据库开发水平。

为了帮助读者提高学习效率,本书附赠所有案例的多媒体视频教程,还提供所有案例的源文件,便于读者上机练习。本书适合所有从事和希望学习 Access 技术和数据库系统开发的读者阅读。

图书在版编目(CIP)数据

Access 数据库开发从入门到精通 / 尚品科技著. —北京:电子工业出版社,2019.5
ISBN 978-7-121-35791-6

Ⅰ. ①A… Ⅱ. ①尚… Ⅲ. ①关系数据库系统—自学参考资料 Ⅳ. ①TP311.138

中国版本图书馆 CIP 数据核字(2018)第 279569 号

责任编辑:戴 新
印　　刷:北京捷迅佳彩印刷有限公司
装　　订:北京捷迅佳彩印刷有限公司
出版发行:电子工业出版社
　　　　　北京市海淀区万寿路 173 信箱　邮编:100036
开　　本:787×980　1/16　印张:20　字数:472 千字
版　　次:2019 年 5 月第 1 版
印　　次:2025 年 4 月第 16 次印刷
定　　价:69.00 元

前　言

市面上的 Access 教程虽然没有 Excel 教程多，但也有不少选择。然而对于读者来说，想要从中选择一本易于入门且内容详细的 Access 图书，却并非易事。这是因为很多 Access 教程在内容的讲解上不够清晰、透彻，结构也不够合理，导致很多读者在学完书中的内容后，对 Access 的理解仍然处于零散的碎片化状态，无法形成一个完整的系统。

本书的写作目的是帮助读者尽快掌握 Access 数据库开发的核心知识与技术，并降低学习 Access 的难度。本书列举了大量的案例帮助读者更好地掌握使用 Access 进行数据库开发的流程和需要使用的相关技术，同时加强练习，从而使读者在最短的时间内掌握 Access，并能在实际工作中运用自如。

与市面上大多数的 Access 教程不同，本书没有呆板地介绍 Access 功能的基本使用方法和操作步骤，而是在讲解过程中包含更多的概念性和原理性的介绍，并提供了很多经验技巧，列举了操作中需要注意的问题，只有这样才能让读者真正掌握 Access，而不只是按部就班、机械性地"傻瓜式"操作。

书中的每一章都是一个独立的主题，本书以数据库系统的开发流程来组织各章内容和排列顺序，有助于梳理 Access 知识体系和数据库开发流程。建议读者按照书中的章节顺序进行阅读。我们相信，阅读本书可以使读者系统地了解 Access 知识体系和功能特性，并对数据库开发有更深入的理解。

本书在很多章的内容讲解上，都是先从整体上介绍功能特性、相关概念和基本步骤，然后从细节上对特定的主题进行详细讲解，这种总分式的结构，便于读者从整体到局部快速理解和掌握 Access 知识和技术。

本书对设计过程中的细节操作介绍得非常详细，例如，在设计窗体和报表时，对单控件的位置、大小、对齐，以及对多控件的排版和布局等进行了详细讲解，这些内容是决定数据库设计质量和操作效率的关键因素，但在同类图书中这些内容却很少提及或一带而过。

本书以 Access 2016 为主要操作环境，内容也适用于 Access 2019 及 Access 2016 之前的 Access 版本，如果读者正在使用 Access 2007/2010/2013/2019 中的任意一个版本，则界面环境与 Access 2016 没有太大差别。

本书共 13 章，列举了 72 个案例，其中包括 71 个小案例和 1 个大型综合案例。各章的具体内容如表所示。

本书各章的内容介绍

章　名	内 容 简 介	案 例 数
第 1 章 Access 数据库设计基础	介绍 Access 数据库术语、数据库对象及其视图、Access 界面环境的使用与定制、数据库的整体设计流程等	—
第 2 章 创建数据库和表	介绍创建与管理数据库和表的方法	—
第 3 章 设计表的结构	介绍表结构的设计方法,包括添加字段、设置字段的数据类型及其相关属性等	14
第 4 章 设置表的主键和索引	介绍设置表的主键和索引的方法	2
第 5 章 创建表之间的关系	介绍表关系的几种类型和参照完整性规则、创建表关系的方法和注意事项、管理现有表关系等	3
第 6 章 在数据表视图中操作数据	介绍在表中输入和编辑数据的方法和技巧,以及在表中对数据进行的其他操作,包括排序和筛选数据、导入外部数据、打印数据等	9
第 7 章 使用查询操作数据	介绍查询的相关概念、创建一个查询的基本步骤、查询设计过程中的选项设置方法、创建不同类型查询的方法等	9
第 8 章 使用窗体显示和编辑数据	介绍窗体的相关概念、创建和设置窗体的方法、在窗体中添加和使用控件的方法等	10
第 9 章 使用报表呈现与打印数据	介绍报表的基本概念、使用报表向导创建报表的步骤、在设计视图中创建与设计报表的方法等	3
第 10 章 使用表达式和 SQL 语句	介绍表达式的相关概念、表达式生成器的使用方法,以及在表、查询、窗体和报表中使用表达式完成具体任务的方法,最后介绍使用 SQL 语句创建查询的方法	16
第 11 章 使用宏让操作自动化	介绍在 Access 中使用宏自动完成操作的方法	5
第 12 章 管理和维护数据库	介绍使用 Access 提供的工具对数据库的性能和安全性等方面进行管理和维护的方法	—
第 13 章 数据库开发实战——设计商品订单管理系统	以商品订单管理系统为例,介绍开发一个数据库管理系统的具体方法和步骤	1

本书适合以下读者学习和阅读。

- 对 Access 感兴趣。
- 希望通过 Access 突破在使用 Excel 处理大量数据时遇到的各种限制和瓶颈。
- 希望在现有的基础上提高数据管理效率。
- 专门从事数据库管理工作。
- 经常开发数据库系统以供自己或他人使用。

本书包含以下配套资源。

- 本书所有案例的源文件。
- 本书所有案例的多媒体视频教程。

如果在使用本书的过程中遇到问题，或者对本书的内容有意见或建议，欢迎随时加入专为本书创建的技术交流 QQ 群（QQ 群号为 111865454）进行在线交流，加群时请注明"读者"或书名以验证身份。

轻松注册成为博文视点社区用户（www.broadview.com.cn），扫码直达本书页面。

- **下载资源**：本书如提供示例代码及资源文件，均可在 下载资源 处下载。
- **提交勘误**：您对书中内容的修改意见可在 提交勘误 处提交，若被采纳，将获赠博文视点社区积分（在您购买电子书时，积分可用来抵扣相应金额）。
- **交流互动**：在页面下方 读者评论 处留下您的疑问或观点，与我们和其他读者一同学习交流。

页面入口：*http://www.broadview.com.cn/35791*

目 录

第 1 章　Access 数据库设计基础 ··· 1

　1.1　Access 数据库术语 ·· 1

　　1.1.1　数据库 ·· 1

　　1.1.2　表 ··· 2

　　1.1.3　记录、字段和值 ·· 2

　1.2　Access 数据库对象及其视图 ·· 3

　　1.2.1　表 ··· 3

　　1.2.2　查询 ·· 5

　　1.2.3　窗体 ·· 5

　　1.2.4　报表 ·· 6

　　1.2.5　查看数据库对象的详细信息 ··· 7

　1.3　熟悉与定制 Access 界面环境 ··· 8

　　1.3.1　功能区 ·· 9

　　1.3.2　"文件"按钮 ··· 9

　　1.3.3　导航窗格 ·· 10

　　1.3.4　选项卡式文档 ··· 12

　　1.3.5　状态栏 ··· 13

　　1.3.6　设置快速访问工具栏和功能区 ··· 15

　　1.3.7　设置数据库的默认文件格式和存储位置 ·· 17

　1.4　Access 数据库的整体设计流程 ·· 18

　　1.4.1　确定数据库的用途并收集所需信息 ·· 18

　　1.4.2　数据库的规范化设计规则 ·· 19

　　1.4.3　创建表并设计表结构 ·· 20

　　1.4.4　为表设置主键和索引 ·· 21

　　1.4.5　创建表之间的关系 ·· 21

　　1.4.6　创建查询、窗体和报表 ··· 21

第 2 章　创建数据库和表 ··· 22

2.1　创建数据库 ··· 22

2.1.1　基于模板创建数据库 ·· 22

2.1.2　创建空白数据库 ··· 23

2.2　数据库的基本操作 ·· 24

2.2.1　打开数据库 ·· 24

2.2.2　关闭数据库 ·· 25

2.2.3　为数据库创建副本 ··· 25

2.3　创建与管理表 ·· 27

2.3.1　创建新表 ·· 27

2.3.2　保存表 ·· 27

2.3.3　重命名表 ·· 28

2.3.4　打开和关闭表 ·· 29

2.3.5　复制表 ·· 29

2.3.6　隐藏表 ·· 30

2.3.7　删除表 ·· 31

第 3 章　设计表的结构 ··· 32

3.1　添加与编辑字段 ··· 32

3.1.1　添加字段 ·· 32

3.1.2　插入字段 ·· 34

3.1.3　修改字段名称 ·· 35

3.1.4　调整字段位置 ·· 35

3.1.5　删除字段 ·· 36

3.2　设置字段的数据类型 ··· 36

3.2.1　设置字段的数据类型 ·· 36

3.2.2　文本 ·· 38

3.2.3　数字 ·· 38

3.2.4　日期/时间 ··· 39

3.2.5　货币 ·· 39

3.2.6　自动编号 ·· 39

3.2.7　是/否 ··· 39

3.2.8　OLE 对象 ··· 40

3.2.9　超链接 ·· 41

3.2.10　附件 ··· 41

　　　　3.2.11　计算 ·· 42

　　　　3.2.12　查阅向导 ··· 43

　　　　3.2.13　数据类型之间的转换 ··· 45

　　3.3　设置字段的属性 ··· 45

　　　　3.3.1　设置字段的常规属性 ··· 46

　　　　3.3.2　为字段设置预置格式或自定义格式 ·································· 48

　　　　3.3.3　设置数据验证规则 ··· 52

　　　　3.3.4　设置输入掩码 ··· 55

　　3.4　设置表的属性 ··· 58

第 4 章　设置表的主键和索引 ·· 59

　　4.1　理解主键 ··· 59

　　　　4.1.1　什么是主键和外键 ··· 59

　　　　4.1.2　一个好的主键应具备的条件 ·· 60

　　4.2　设置主键 ··· 60

　　　　4.2.1　将单一字段设置为主键 ··· 60

　　　　4.2.2　将多个字段设置为主键 ··· 61

　　4.3　更改和删除主键 ··· 62

　　4.4　创建索引 ··· 62

　　　　4.4.1　哪些字段需要创建索引 ··· 62

　　　　4.4.2　Access 自动创建索引 ··· 62

　　　　4.4.3　为单字段创建索引 ··· 63

　　　　4.4.4　为多字段创建索引 ··· 64

　　　　4.4.5　编辑和删除索引 ·· 65

第 5 章　创建表之间的关系 ·· 67

　　5.1　表关系的 3 种类型 ·· 67

　　　　5.1.1　一对一 ··· 67

　　　　5.1.2　一对多 ··· 68

　　　　5.1.3　多对多 ··· 68

　　　　5.1.4　了解关系视图 ··· 68

　　5.2　表关系的联接类型 ·· 70

　　5.3　理解参照完整性 ··· 70

　　5.4　创建表关系并实施参照完整性 ·· 71

　　　　5.4.1　为两个表创建表关系并实施参照完整性 ····························· 71

5.4.2 设置表关系的联接类型 ··· 77

5.5 查看和编辑表关系 ··· 77

5.5.1 查看表关系 ··· 77

5.5.2 更改表关系 ··· 77

5.5.3 删除表关系 ··· 78

第6章 在数据表视图中操作数据 ··· 80

6.1 理解数据表视图 ··· 80

6.1.1 数据表视图的结构 ··· 80

6.1.2 在数据表中导航 ··· 81

6.1.3 自定义导航方式 ··· 82

6.1.4 设置数据表的默认外观 ··· 84

6.2 在数据表中输入数据 ·· 85

6.2.1 影响数据输入的因素 ·· 85

6.2.2 添加新记录 ··· 86

6.2.3 输入数据 ··· 87

6.2.4 撤销操作 ··· 87

6.2.5 保存记录 ··· 87

6.2.6 删除记录 ··· 88

6.3 编辑数据表中的数据 ·· 89

6.3.1 复制和粘贴数据 ··· 89

6.3.2 追加其他表中的数据 ·· 91

6.3.3 查找数据 ··· 92

6.3.4 手动替换数据 ··· 94

6.3.5 使用替换功能批量替换数据 ··· 95

6.4 设置数据表的外观和布局格式 ··· 96

6.4.1 设置数据的文本格式和对齐方式 ·· 96

6.4.2 设置字段的排列顺序 ·· 98

6.4.3 设置字段的显示宽度和显示高度 ·· 99

6.4.4 设置网格线和背景色 ·· 101

6.4.5 隐藏列和取消隐藏列 ·· 103

6.4.6 冻结列和取消冻结列 ·· 103

6.4.7 保存表布局的更改 ··· 104

6.5 排序和筛选数据 ··· 104

6.5.1 排序数据 ··· 105

6.5.2 筛选数据 ·· 106

6.6 导入外部数据 ··· 110

6.6.1 导入其他 Access 数据库中的表和其他对象 ································· 111

6.6.2 导入其他程序中的数据 ·· 112

6.6.3 使用复制和粘贴的方法导入 Excel 数据 ······································ 117

6.7 打印数据 ·· 118

第 7 章 使用查询操作数据 ·· 120

7.1 理解查询 ·· 120

7.1.1 什么是查询 ·· 120

7.1.2 查询的类型 ·· 121

7.1.3 查询视图和查询设计器 ··· 121

7.1.4 创建查询的 3 种方式 ··· 122

7.2 创建一个查询的基本步骤 ··· 125

7.2.1 打开查询设计器并添加表 ·· 125

7.2.2 设计查询 ··· 126

7.2.3 运行查询 ··· 127

7.2.4 保存查询 ··· 127

7.3 在查询设计器中设计查询 ··· 128

7.3.1 在查询中添加一个表或多个表 ·· 128

7.3.2 添加和删除字段 ··· 129

7.3.3 调整字段的排列顺序 ··· 132

7.3.4 设置字段值的排序方式 ··· 132

7.3.5 设置一个或多个条件 ··· 133

7.3.6 指定在查询结果中显示的字段 ·· 135

7.4 创建不同类型的查询 ··· 136

7.4.1 创建更新查询 ·· 136

7.4.2 创建追加查询 ·· 138

7.4.3 创建生成表查询 ··· 140

7.4.4 创建删除查询 ·· 142

7.4.5 创建总计查询 ·· 143

7.4.6 创建联接查询 ·· 146

第 8 章 使用窗体显示和编辑数据 ·· 148

8.1 理解窗体 ·· 148

8.1.1 窗体类型 ·· 148

8.1.2 绑定窗体和未绑定窗体 ···································· 150

8.1.3 窗体的 3 种视图 ·· 150

8.1.4 窗体的组成 ·· 151

8.1.5 创建窗体的 3 种方式 ·· 152

8.2 创建窗体 ·· 153

8.2.1 使用窗体向导创建窗体 ···································· 153

8.2.2 创建单个窗体 ·· 155

8.2.3 创建多个项目窗体 ·· 156

8.2.4 创建数据表窗体 ··· 157

8.2.5 创建分割窗体 ·· 158

8.2.6 创建导航窗体 ·· 160

8.2.7 创建空白窗体 ·· 162

8.2.8 创建包含子窗体的窗体 ···································· 163

8.3 设置窗体的外观和行为 ·· 164

8.3.1 理解和使用属性表 ·· 164

8.3.2 选择窗体的不同部分 ······································· 167

8.3.3 设置运行窗体时的默认视图 ······························ 168

8.3.4 设置窗体区域的大小 ······································· 169

8.3.5 将窗体绑定到数据源 ······································· 170

8.3.6 为窗体设置背景 ··· 171

8.3.7 为窗体添加页眉和页脚 ···································· 172

8.4 在窗体中查看、编辑和打印数据 ································ 174

8.4.1 在窗体中查看和编辑数据 ································· 174

8.4.2 禁止用户在窗体中编辑数据 ······························ 176

8.4.3 打印窗体 ·· 176

8.5 理解控件 ·· 177

8.5.1 什么是控件 ·· 178

8.5.2 控件的类型 ·· 178

8.5.3 控件的属性 ·· 179

8.6 在窗体中添加控件 ··· 180

8.6.1 使用"字段列表"窗格添加控件 ························ 180

8.6.2 使用控件库添加控件 ······································· 181

8.6.3 使用控件向导添加控件 ···································· 182

8.6.4 将控件绑定到数据源 ······································· 183

8.6.5 更改控件类型 ································· 184

8.6.6 设置控件的名称和标题 ···················· 185

8.7 调整控件在窗体中的布局 ························· 186

8.7.1 选择控件 ··································· 186

8.7.2 调整控件大小 ······························· 188

8.7.3 移动控件 ··································· 190

8.7.4 对齐控件 ··································· 191

8.7.5 组合控件 ··································· 192

8.7.6 使用布局组织控件 ························· 192

8.7.7 更改控件上的文本格式 ···················· 193

8.7.8 将标签附加到控件上 ······················ 196

8.7.9 设置控件的 Tab 键次序 ·················· 197

8.7.10 复制控件 ·································· 198

8.7.11 删除控件 ·································· 199

8.8 创建计算控件 ···································· 199

第 9 章 使用报表呈现与打印数据 ··················· 203

9.1 理解报表 ·· 203

9.1.1 报表与窗体的区别 ························· 203

9.1.2 报表类型 ··································· 203

9.1.3 报表的 4 种视图 ·························· 204

9.1.4 报表的组成结构 ··························· 205

9.1.5 创建报表的 3 种方式 ····················· 206

9.2 通过报表向导了解创建报表的步骤 ················· 207

9.2.1 选择报表中包含哪些字段 ·················· 207

9.2.2 选择数据的分组级别和分组方式 ············· 208

9.2.3 选择数据的排序和汇总方式 ················ 210

9.2.4 选择报表的布局类型 ······················ 211

9.2.5 预览和打印报表 ··························· 212

9.2.6 保存报表 ··································· 213

9.3 在设计视图中设计报表 ·························· 213

9.3.1 将报表绑定到表或查询 ···················· 213

9.3.2 设置报表的页面布局 ······················ 215

9.3.3 调整页眉和页脚 ··························· 216

9.3.4 在报表中添加和设置控件 ·················· 217

9.3.5　为数据分组和排序 ……………………………………………………… 221
9.3.6　添加报表标题 ………………………………………………………… 225
9.3.7　为报表添加页码 ……………………………………………………… 227
9.4　将窗体转换为报表 ………………………………………………………… 228

第 10 章　使用表达式和 SQL 语句 …………………………………………… 229

10.1　理解表达式 ……………………………………………………………… 229
10.1.1　表达式的应用场合 …………………………………………………… 229
10.1.2　表达式的组成部分 …………………………………………………… 230
10.1.3　值 ……………………………………………………………………… 230
10.1.4　常量 …………………………………………………………………… 230
10.1.5　标识符 ………………………………………………………………… 231
10.1.6　函数 …………………………………………………………………… 231
10.1.7　运算符 ………………………………………………………………… 232
10.2　创建表达式的两种方法 …………………………………………………… 236
10.2.1　手动输入表达式 ……………………………………………………… 236
10.2.2　使用表达式生成器创建表达式 ……………………………………… 237
10.3　在表、查询、窗体和报表中使用表达式 ………………………………… 240
10.3.1　为字段和控件设置默认值 …………………………………………… 240
10.3.2　为字段和控件设置验证规则 ………………………………………… 241
10.3.3　设置查询条件 ………………………………………………………… 242
10.3.4　在表和查询中创建计算字段 ………………………………………… 242
10.3.5　在窗体和报表中创建计算控件 ……………………………………… 245
10.4　使用 SQL 语句创建查询 ………………………………………………… 247
10.4.1　使用 SQL 语句的准备工作 ………………………………………… 247
10.4.2　使用 SELECT 语句检索数据 ……………………………………… 248
10.4.3　使用 INSERT 语句添加数据 ……………………………………… 251
10.4.4　使用 UPDATE 语句修改数据 ……………………………………… 252
10.4.5　使用 DELETE 语句删除数据 ……………………………………… 252

第 11 章　使用宏让操作自动化 ……………………………………………… 254

11.1　理解宏 …………………………………………………………………… 254
11.1.1　宏的两种类型 ………………………………………………………… 254
11.1.2　常用的宏操作 ………………………………………………………… 254
11.2　创建一个宏的基本步骤 …………………………………………………… 255

11.2.1 选择所需的宏操作 255

11.2.2 设置宏的参数 257

11.2.3 保存和运行宏 258

11.2.4 将宏指定给事件 258

11.3 创建不同类型和用途的宏 260

11.3.1 创建嵌入的宏 260

11.3.2 创建包含多个操作的宏 261

11.3.3 创建包含条件判断的宏 263

11.3.4 使用临时变量增强宏的功能 267

11.4 调整和编辑宏 269

11.4.1 修改宏 269

11.4.2 复制宏 269

11.4.3 调整多个宏操作的执行顺序 270

11.4.4 为多个宏操作分组 270

11.4.5 删除宏 271

第 12 章 管理和维护数据库 273

12.1 使用性能分析器优化数据库性能 273

12.2 保护数据库的安全 274

12.2.1 设置信任数据库 274

12.2.2 设置宏安全性 277

12.2.3 加密和解密数据库 277

12.2.4 将数据库发布为.accde 文件 280

12.3 备份与恢复数据库 281

12.3.1 备份数据库 282

12.3.2 使用数据库副本恢复数据库 283

12.3.3 只恢复数据库中的对象 283

12.4 压缩与修复数据库 285

12.4.1 设置自动压缩和修复数据库 286

12.4.2 手动压缩和修复当前数据库 286

第 13 章 数据库开发实战——设计商品订单管理系统 287

13.1 创建商品订单管理系统中的基础表 287

13.1.1 创建客户信息表 287

13.1.2 创建商品信息表 288

13.1.3 创建订单明细表 ·· 289
13.1.4 创建订单客户对应表 ·· 290
13.1.5 为各个表创建关系 ··· 291
13.2 创建查询、窗体和报表 ·· 293
13.2.1 创建客户订单明细查询 ·· 293
13.2.2 创建客户订单汇总查询 ·· 294
13.2.3 创建订单明细窗体 ··· 295
13.2.4 创建订单明细报表 ··· 299

第 1 章
Access 数据库设计基础

在 Access 中设计和使用数据库之前，需要了解一些基本但非常重要的内容，包括在 Access 数据库中使用的术语、Access 数据库包含的对象和这些对象的视图、Access 界面环境的结构与设置方法。除介绍这些内容外，本章还将介绍 Access 数据库的整体设计流程，使读者可以从全局的角度对数据库的设计有一个整体的了解。如果读者已对本章内容有所了解，则可以跳到第 2 章开始阅读。

1.1 Access 数据库术语

Access 使用传统的数据库术语，包括数据库、表、记录、字段和值，这些术语所表示的内容在数据库中的层次结构是从大到小排列的。

1.1.1 数据库

数据库是指特定类型信息的集合，其中的数据以一定的逻辑形式组织在一起，便于用户进行访问和检索，以便将数据转换为有用的信息。

在 Access 数据库中，数据存储在一个或多个表中，这些表具有严格定义的结构，在表中可以存储文本、数字、图片、声音和视频等多种类型的内容。由于 Access 数据库是关系型数据库，因此可以将相关的数据存储在多个表中，通过建立各个表之间的关系，在相关数据之间建立关联，这样就可以从多个表中获取所需的信息。

表只是数据库中的一类对象，数据库中还可以包含查询、窗体、报表、宏等其他类型的对象。数据库是所有对象的容器。表中存储着数据库的基本数据，而查询、窗体和报表为访问数据提供了不同的途径。

- 使用查询可以从一个或多个表中查找和检索符合特定条件的数据，还可同时更新或删除多条记录，以及对数据执行预定义或自定义计算。
- 使用窗体可以显示和输入数据。
- 使用报表可以按指定的格式呈现和打印数据。

1.1.2 表

表是 Access 数据库中存储基本数据的容器，用来存储单个实体的信息，如一个人或一种商品，表中的数据与该实体紧密相关，存放到行和列中。在 Access 中创建表并输入数据后，表的外观类似于 Excel 中的工作表。

如图 1-1 所示为 Access 数据库中的一个表的示例，该表是一个客户信息表，表中的数据用于描述客户的个人信息。表中的每一行对应一个特定的客户，表中的每一列定义了每个客户的某一类信息。例如，图 1-1 所示的表中的第 5 行的客户信息由 5 部分组成，分别是编号（5）、姓名（刘姗）、性别（女）、年龄（43）和学历（大本）。

客户信息

编号	姓名	性别	年龄	学历
1	薛昊	女	50	中专
2	龚超	女	43	大本
3	萧晖	男	48	中专
4	魏丽	女	23	硕士
5	刘姗	女	43	大本
6	孔豪	女	25	职高
7	朱冰	男	35	职高
8	龚纶	女	44	博士
9	赖兰	男	25	硕士
10	施茜	男	25	硕士

图 1-1　Access 数据库中的客户信息表

在表中具体存储哪些信息，需要经过细致的考虑，要对表结构进行严格的设计，避免出现重复和冗余的数据，并且确保表中数据的完整性。设计表结构需要遵循一些重要的规则，这些规则将在 1.4.2 小节进行介绍。

1.1.3 记录、字段和值

表中的每一行对应一条记录，表中有多少行，就包含多少条记录。表中的每一列对应一个字段，表中有多少列，就包含多少个字段。每列顶部的文字是字段名，用于描述列中数据的含义。图 1-1 所示的客户信息表中包含 5 个字段，分别是编号、姓名、性别、年龄和学历，每条记录都由这 5 个字段组成，为每个字段设置具体的值，就构成了不同的客户记录。

多个字段组合在一起就构成了记录，多条记录组合在一起就构成了表，每条记录在表中应该是唯一的。值是记录与字段交叉位置上的实际数据，即表中的每个单元格中的内容。例如，在如图 1-2 所示的客户信息表中，第 3 条记录中“性别”字段的值为“男”，该值位于第 3 条记录所在的行与“性别”字段所在的列的交叉位置上。

客户信息

编号	姓名	性别	年龄	学历
1	薛昊	女	50	中专
2	龚超	女	43	大本
3	萧晖	男	48	中专
4	魏丽	女	23	硕士
5	刘姗	女	43	大本
6	孔豪	女	25	职高
7	朱冰	男	35	职高
8	龚纶	女	44	博士
9	赖兰	男	25	硕士
10	施茜	男	25	硕士

图 1-2　值位于记录和字段的交叉位置上

表中的每个字段都包含很多属性，例如字段名、字段数据类型、字段大小、有效性规则等。一些属性只出现在特定数据类型的字段中。例如，文本类型的字段包含一个名为"允许空字符串"的属性，而数值类型的字段不包含该属性。

属性定义了字段的特性。例如，字段的数据类型定义了字段中可以包含哪类数据，是文本、数字，还是超链接。字段的数据类型和其他属性将在第 3 章进行详细介绍。

1.2　Access 数据库对象及其视图

Access 数据库包含 7 种对象：表、查询、窗体、报表、页、宏和模块。前 4 种是 Access 数据库中使用最频繁的对象，也是本书讲解的重点，本节主要介绍这 4 种对象及其视图。视图为同一个对象提供了界面的不同布局和工具。

1.2.1　表

表是 Access 数据库中的对象之一，用于存储数据库所使用的基本数据。在更新数据时，包含该数据的所有位置都将自动更新该数据。

表的视图有两种：设计视图和数据表视图。在定义、设计和修改表的结构时需要使用设计视图，如图 1-3 所示。在设计视图中可以指定表中包含的字段名称和数据类型，并设置字段的属性。

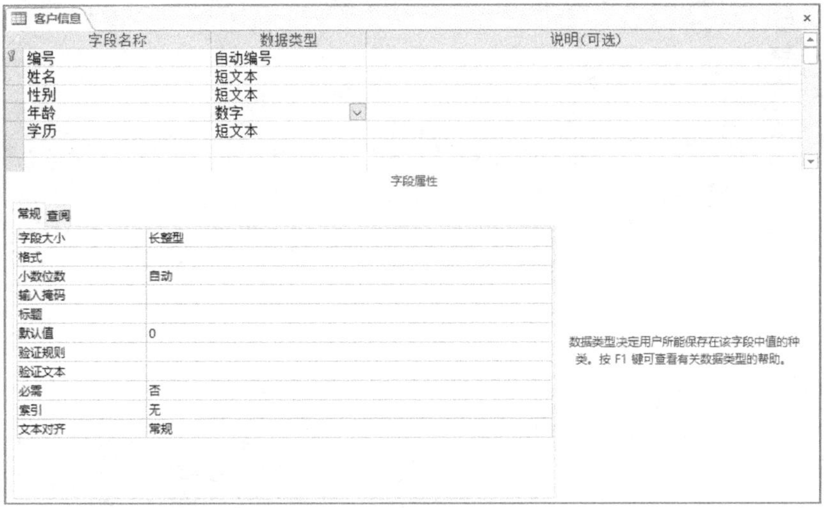

图 1-3　表的设计视图

在向表中添加数据时，需要使用数据表视图，正如在 1.1.2 小节中看到的表格。数据表视图中的数据显示方式与 Excel 工作表中的数据显示方式类似，表中的数据显示为一系列的行和列。除可以在数据表视图中添加数据外，还可以在数据表视图中查看、修改和删除现有数据。对数据表中的数据进行的操作，将会直接影响底层表中的数据。

可以使用以下几种方法在数据表视图和设计视图之间切换。

- 单击 Access 窗口状态栏中的"数据表视图"按钮 或"设计视图"按钮 ，如图 1-4 所示。

- 在功能区"开始"选项卡中单击"视图"下拉按钮，然后在下拉列表中选择"数据表视图"命令或"设计视图"命令，如图 1-5 所示。

图 1-4 使用状态栏中的视图按钮   图 1-5 使用功能区命令

- 在导航窗格中双击某个表，将在数据表视图中打开该表。在导航窗格中右击某个表，然后在弹出的快捷菜单中选择"设计视图"命令，如图 1-6 所示，将在设计视图中打开该表。

- 右击已打开的表的选项卡标签，在弹出的快捷菜单中选择"数据表视图"命令或"设计视图"命令，如图 1-7 所示。

图 1-6 使用导航窗格中的快捷菜单   图 1-7 使用选项卡标签上的快捷菜单

对象的视图切换方式与表的视图切换方式类似，它们之间的主要区别是具体的命令不同，但所使用的切换方法类似，都可以通过功能区、状态栏、导航窗格和选项卡标签来切换。

1.2.2　查询

　　查询操作可以从数据库中提取符合条件的信息。例如，客户信息表中包含客户的姓名、性别、年龄、地址等客户的个人信息，另一个表中存储着不同客户的订单信息，包括商品名称、订购数量、价格、收货地址等。利用查询操作，可以从这两个表中提取特定客户的所有订单的相关信息，包括客户的姓名、订购商品的名称、价格和收货地址等。

　　用户可以指定在查询操作中返回哪些信息，以及这些信息的排列顺序，这样就为获得信息的不同组合结果提供了灵活的方式。查询还可以作为窗体或报表的数据源，以便在每次打开窗体或报表时都可以显示表的最新信息。第 7 章将会详细介绍查询的相关操作。

　　查询的视图有 3 种：数据表视图、设计视图和 SQL 视图。数据表视图用于显示查询的结果，在设计视图的查询设计窗格中可以设置查询的条件，在 SQL 视图中可以编写 SQL 语句来构建查询。如图 1-8 所示为查询的设计视图。

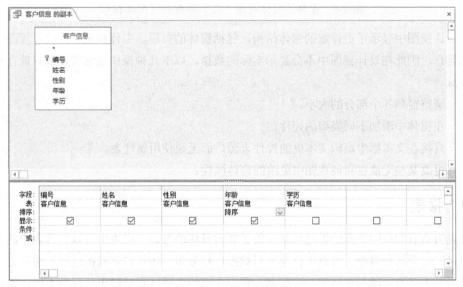

图 1-8　查询的设计视图

1.2.3　窗体

　　Access 中的窗体分为两类，一类窗体用于显示表或查询中的数据，不但可以使数据按照特定的结构显示，而且可以保护敏感数据不被其他人看到；另一类窗体用于向表中输入数据。直接在表的数据表视图中输入数据很容易出现错误或遗漏。使用窗体可以提供结构化的数据视图，限制用户必须输入哪些数据，并屏蔽不需要输入的数据，从而以更简单、更轻松的方式将数据输入到表中，避免数据输入错误。

　　窗体的视图有 3 种：窗体视图、布局视图和设计视图。窗体视图用于在窗体中显示表或查询中的数据，但是不能在该视图中对窗体进行修改，如图 1-9 所示。在布局视图中可以对窗体进行几乎所有的更改，包括设置控件大小和执行几乎所有其他影响窗体的外观和可用性的操作。由于布局视图中的窗体实际上正处于运行状态，因此可以在修改窗体时看到实际的数据，这项特性非常有用。

图 1-9　窗体的窗体视图（左）和布局视图（右）

在设计视图中显示了更详细的窗体结构，包括窗体的页眉、主体和页脚。设计视图中的窗体并未运行，因此在设计视图中不会显示实际的数据。以下几种操作通常需要或只能在设计视图中完成。

- 调整窗体各个部分的大小。
- 在窗体中添加不同类型的控件。
- 直接在文本框中编辑文本框的控件来源，而无须使用属性表。
- 更改某些无法在布局视图中更改的窗体属性。

1.2.4　报表

报表为查看和打印数据的汇总信息提供了非常灵活的方式。报表中可以包含表中的所有数据，也可以包含部分数据，可以根据需要对数据进行分组，还可以对数据进行汇总计算。实际上，报表的大多数功能与窗体的功能类似，它们之间的主要区别是输出的目的不同，窗体主要用于接收用户的输入或将数据显示在屏幕上，而报表主要用于查看数据，可以在屏幕上查看，也可以将报表打印到纸张上。

报表有 4 种视图：报表视图、打印预览视图、布局视图和设计视图。在报表视图中可以查看报表在屏幕上的显示效果。在打印预览视图中可以预览将报表打印到纸张上的实际效果。报表的布局视图和设计视图的功能及它们之间的区别，类似窗体的布局视图与设计视图的功能及它们之间的区别，这意味着在报表的布局视图中，报表实际正在运行，因此会显示实际的数据，而在报表的设计视图中不会显示实际的数据。如图 1-10 所示为报表的打印预览视图。

图 1-10   报表的打印预览视图

1.2.5   查看数据库对象的详细信息

想要快速了解数据库对象的详细信息，可以使用 Access 提供的数据库文档管理器。使用数据库文档管理器将创建一个包含选定对象的详细信息的报表，并在打印预览视图中打开该报表。例如，对于表这类对象来说，报表中列出的表的信息包括数据库的完整路径、表的名称、整个表的属性、表中字段的属性、主键和用户权限等。使用数据库文档管理器的操作步骤如下。

（1）打开包含要查看其中的对象信息的数据库，然后在"数据库工具"选项卡的"分析"组中单击"数据库文档管理器"按钮，如图 1-11 所示。

（2）打开"文档管理器"对话框，在该对话框中选择要查看其信息的对象。各个选项卡中分别列出了不同类型的对象，便于用户按照对象类型快速选择对象。要选择数据库中的所有对象，可以在"全部对象类型"选项卡中进行选择，如图 1-12 所示。

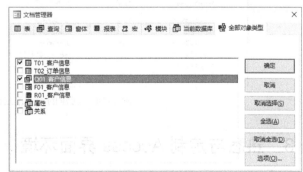

图 1-11   单击"数据库文档管理器"按钮　　　图 1-12   选择要查看其信息的对象

（3）可以选择在最后的报表中都显示哪些信息，方法是单击"选项"按钮，在弹出的"打印查询定义"对话框中进行选择，如图 1-13 所示。

图 1-13　设置报表包含的信息类型

（4）选择好以后单击"确定"按钮，返回"文档管理器"对话框，再次单击"确定"按钮，即可创建包含所选对象相关信息的报表，如图 1-14 所示。

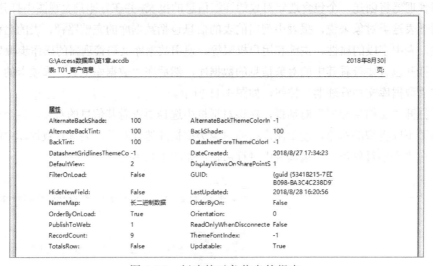

图 1-14　创建的对象信息的报表

1.3　熟悉与定制 Access 界面环境

为了提高在 Access 中的操作效率，用户应该熟悉 Access 的界面环境，并根据自己的操作习惯对界面进行自定义设置。尤其一直在使用 Access 2003 或更低版本的用户，更有必要了解 Access 2007 及 Access 更高版本在程序界面方面发生的重大变化。

1.3.1　功能区

功能区位于 Access 窗口顶部标题栏的下方，是一个贯穿 Access 窗口的矩形区域，如图 1-15 所示。功能区中包含多个选项卡，每个选项卡的名称显示在该选项卡的上方，例如"开始"选项卡、"创建"选项卡。单击选项卡的名称将激活相应的选项卡，然后就可以使用其中的命令了。

图 1-15　Access 功能区

Access 中的大部分命令分布在各个选项卡中，同一个选项卡中的命令按功能划分为不同的组。例如，"创建"选项卡中的命令按创建方式和对象类型分为"模板""表格""查询""窗体""报表""宏与代码"6 个组。

功能区中的命令分为多种类型，有可以直接单击就执行操作的命令按钮，也有需要从多个选项中选择其中之一的下拉列表和单选按钮，还有可以同时选择多个选项的复选框。

在某些组的右下角有一个 标记，该标记被称为"对话框启动器"，单击该标记会打开一个对话框。例如，单击"开始"选项卡"文本格式"组右下角的 标记，将打开"设置数据表格式"对话框。

1.3.2　"文件"按钮

"文件"按钮位于功能区中的"开始"选项卡的左侧，单击该按钮将进入如图 1-16 所示的界面，其中包含与数据库文件操作相关的命令，例如"新建""打开""关闭"。该界面中还包含用于设置 Access 程序选项的"选项"命令，选择该命令将打开"Access 选项"对话框。

图 1-16　单击"文件"按钮进入的界面

1.3.3 导航窗格

导航窗格位于 Access 窗口的左侧，是 Access 中使用最频繁的一个界面组件。当打开一个数据库时，数据库中包含的所有对象都会显示在导航窗格中，默认按照对象的类型分组显示，如图 1-17 所示。

在导航窗格中可以按不同方式显示数据库对象。单击窗格顶部的下拉按钮，在弹出的下拉菜单中可以选择数据库对象的显示方式，如图 1-18 所示。

图 1-17 导航窗格   图 1-18 选择数据库对象的显示方式

除可以在导航窗格中查看数据库对象外，还可以在导航窗格中操作数据库对象，操作方式为在导航窗格中右击要操作的数据库对象，然后在弹出的快捷菜单中选择要执行的命令，如图 1-19 所示。

图 1-19 在数据库对象上右击时弹出的快捷菜单

在导航窗格中可以执行以下几种操作。

- 打开数据库对象：直接双击数据库对象，或者在右击对象后弹出的快捷菜单中选择"打开"命令。
- 切换视图：可以从当前视图切换到设计视图或布局视图，不同的数据库对象，其快捷菜单中包含的视图命令也不同。
- 编辑数据库对象：可以对数据库对象执行常用的编辑操作，包括重命名、剪切、复制、

　　粘贴和删除等。

- 导入和导出数据：所有对象都包含"导出"命令，可以将不同类型的对象导出为指定的文件格式。注意，只有表才有"导入"命令，可以将其他文件中的数据导入到指定的 Access 表中。

　　提示：上面介绍的这些操作的具体使用方法将在本书后续章节中进行详细介绍。

　　如果暂时不使用导航窗格，可以将其最小化，以增加数据库对象当前视图显示区域的大小。单击导航窗格顶部右侧的"百叶窗开/关"按钮 ，即可将导航窗格压缩为一个窄条，如图 1-20 所示。在需要使用导航窗格时，单击这个窄条即可恢复其原始大小。还可以拖动导航窗格的右边框手动调整导航窗格的宽度。

图 1-20　将导航窗格最小化后的效果

　　可以对导航窗格的显示方式进行自定义设置，有以下两种方法打开导航窗格的设置界面。

- 在导航窗格中的空白处右击，在弹出的快捷菜单中选择"导航选项"命令，如图 1-21 所示。
- 单击"文件"|"选项"命令，打开"Access 选项"对话框，然后在"当前数据库"选项卡中单击"导航选项"按钮，如图 1-22 所示。

图 1-21　选择"导航选项"命令　　　　　　　图 1-22　单击"导航选项"按钮

这时，打开的"导航选项"对话框如图 1-23 所示，可以进行以下 3 类设置。

- 在"分组选项"选项区中可以对导航窗格中显示的类别及其中的分组进行自定义设置。
- 在"显示选项"选项区中可以设置导航窗格中显示的组件，例如取消选中"显示搜索栏"复选框，将隐藏导航窗格中的搜索栏。
- 在"对象打开方式"选项区中可以设置从导航窗格中打开数据库对象的方式，默认为双击对象将其打开，也可以选择"单击"单选按钮，这样在导航窗格中单击某个对象即可将其打开。

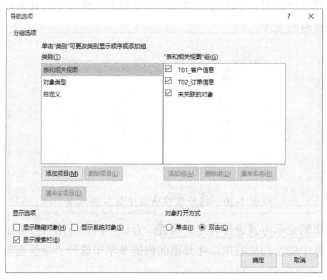

图 1-23 "导航选项"对话框

1.3.4 选项卡式文档

在数据库中打开多个对象时，各对象按照打开的顺序依次显示在一系列选项卡中，选项卡标签的名称对应对象的名称。如图 1-24 所示包含 3 个选项卡，说明当前打开了 3 个数据库对象，单击与对象相关的选项卡，将显示该对象中的内容。

在选项卡上右击，将弹出如图 1-25 所示的快捷菜单，其中包含与对象相关的一些常用命令，例如"保存""关闭"及视图切换命令。

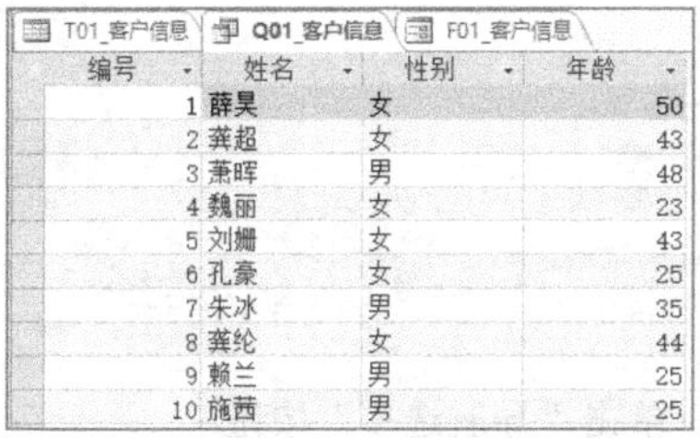

图 1-24 打开的数据库对象显示在选项卡中 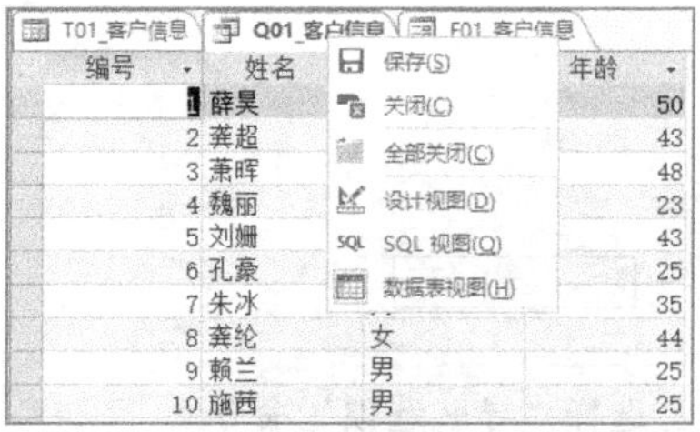　　图 1-25 右击选项卡弹出的快捷菜单

　　微软公司保留了 Access 早期版本中对象在各自独立的窗口中打开并显示的方式，设置该显示方式的操作步骤如下。

　　（1）单击"文件"|"选项"命令，打开"Access 选项"对话框。

　　（2）选择"当前数据库"选项卡，在右侧选择"重叠窗口"单选按钮，如图 1-26 所示，然后单击"确定"按钮。

　　（3）这时弹出如图 1-27 所示的对话框，单击"确定"按钮。关闭当前数据库并重新打开它，所做的设置就会生效。

图 1-26　将数据库对象的显示方式改为"重叠窗口"　　图 1-27　重新打开数据库使设置生效

　　注意：该项设置仅对当前数据库有效，这意味着对于其他数据库，想要在选项卡式文档和重叠窗口这两种显示方式之间切换，都需要进行以上设置。

1.3.5　状态栏

　　状态栏位于 Access 窗口的底部，显示了当前打开的数据库对象的视图按钮。当切换到某个视图时，会在状态栏中显示视图的名称，如图 1-28 所示。在状态栏中还会显示使用数据库过程中的一些状态信息，例如设计表结构时的字段属性提示。

图 1-28　Access 中的状态栏

　　在特定视图中，状态栏中还会显示用于调整窗口显示比例的控件，如图 1-29 所示。拖动滑块或单击滑块两端的按钮都可以调整显示比例。

图 1-29　调整显示比例的控件

Access 窗口默认显示状态栏，用户可以根据需要隐藏状态栏以增大窗口的显示空间。隐藏状态栏的操作步骤如下。

（1）单击"文件"|"选项"命令，打开"Access 选项"对话框。

（2）选择"当前数据库"选项卡，在右侧取消选中"显示状态栏"复选框，如图 1-30 所示，然后单击"确定"按钮。

图 1-30　取消选中"显示状态栏"复选框以隐藏状态栏

（3）在弹出的对话框中单击"确定"按钮，关闭当前数据库后重新打开它，即可隐藏状态栏。

如果想让该设置对本地计算机中打开的所有数据库都有效，则需要在"Access 选项"对话框中选择"客户端设置"选项卡，在右侧取消选中"状态栏"复选框，如图 1-31 所示。

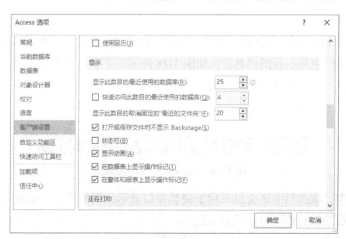

图 1-31　应用于本地所有数据库的状态栏设置

1.3.6 设置快速访问工具栏和功能区

快速访问工具栏位于 Access 窗口顶部标题栏的左侧，其中默认只有"保存""撤销""恢复"
3 个按钮，可以将常用的命令添加到快速访问工具栏中，以后就可以通过快速访问工具栏执行
这些命令，提高操作效率。

快速访问工具栏右侧有一个下拉按钮 ，单击该下拉按钮会弹出一个下拉菜单，如图 1-32
所示。选择下拉菜单中的命令即可将它们添加到快速访问工具栏中。

也可以在功能区中右击要添加到快速访问工具栏中的命令，然后在弹出的快捷菜单中选择
"添加到快速访问工具栏"命令，如图 1-33 所示。

图 1-32　下拉菜单

图 1-33　添加功能区中的命令

要想添加功能区中没有的命令，可以右击快速访问工具栏，在弹出的快捷菜单中选择"自
定义快速访问工具栏"命令，打开"Access 选项"对话框的"快速访问工具栏"选项卡，单击"从
下列位置选择命令"下拉按钮，在下拉列表中选择"不在功能区中的命令"选项，如图 1-34 所示。

图 1-34　选择"不在功能区中的命令"选项

这时左侧列表框中将显示不在功能区中的命令，选择要添加的命令，然后单击"添加"按钮，将该命令添加到右侧的列表框中，如图 1-35 所示。可以单击对话框右侧的"上移"或"下移"按钮调整右侧列表框中当前选中的命令的位置。右侧列表框中的命令就是快速访问工具栏中的命令，各命令的排列顺序对应快速访问工具栏中各命令的排列顺序。

图 1-35　将所选命令添加到快速访问工具栏中

可以使用以下两种方法删除快速访问工具栏中的命令。

- 在快速访问工具栏中右击要删除的命令，从弹出的快捷菜单中选择"从快速访问工具栏删除"命令。
- 打开图 1-35 所示的对话框，在右侧列表框中选择要删除的命令，然后单击"删除"按钮。

自定义功能区的方法与自定义快速访问工具栏的方法类似，需要打开"Access 选项"对话框的"自定义功能区"选项卡，在左侧的"从下列位置选择命令"下拉列表框中选择命令所属的类型，然后从下面的列表框中选择特定类型中的命令，再单击"添加"按钮将命令添加到右侧的列表框中，如图 1-36 所示。

由于功能区包含选项卡、组的分层结构，因此在添加命令前需要选择特定的组，以便将命令添加到指定的组中。只能将命令添加到用户新建的组中，而不能添加到 Access 默认的组中。

要想增大数据库对象视图的显示区域，可以将功能区隐藏起来。双击功能区中的任意一个选项卡标签，即可隐藏功能区。再次双击任意一个选项卡标签，可恢复功能区的显示。

还可以将快速访问工具栏移动到功能区的下方，如图 1-37 所示，以缩短对象视图区域与快速访问工具栏之间的距离，加快用户访问快速访问工具栏的速度。右击快速访问工具栏或功能区，在弹出的快捷菜单中选择"在功能区下方显示快速访问工具栏"命令，即可将快速访问工具栏移动到功能区的下方。

图 1-36   自定义功能区

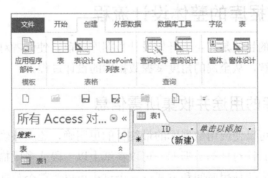

图 1-37   将快速访问工具栏移动到功能区的下方

1.3.7   设置数据库的默认文件格式和存储位置

在 Access 2007 及更高版本中创建的数据库的默认格式为.accdb，该格式不能在 Access 2003 或更低版本中打开。如果希望创建的数据库可以在不同版本的 Access 中打开，则需要更改数据库的默认格式，操作步骤如下。

（1）单击"文件"|"选项"命令，打开"Access 选项"对话框。

（2）选择"常规"选项卡，在"空白数据库的默认文件格式"下拉列表框中选择创建空白数据库时的默认文件格式，如图 1-38 所示，然后单击"确定"按钮。

图 1-38　设置数据库的默认文件格式

每次创建空白数据库时，如果不更改存储位置，会自动将数据库存储到下面的位置：

`C:\Users\<用户名>\Documents`

可以将常用文件夹设置为创建空白数据库的默认存储位置，只需在图 1-38 所示的"默认数据库文件夹"文本框中输入文件夹的完整路径，或者单击"浏览"按钮选择所需的文件夹。

1.4　Access 数据库的整体设计流程

笔者介绍本节内容的目的是在正式开始设计数据库之前，使读者对数据库的整体设计过程有一个系统、全面的了解，从全局的角度掌握数据库的设计过程。

1.4.1　确定数据库的用途并收集所需信息

确定数据库的用途可以使应用数据库的最终目的更明确，还应该确定数据库的使用方式和使用者，以便设计出更有针对性的数据库。可以在纸上以一段或多段描述性的内容来记录数据库的用途，并记录数据库的使用时间和方式。这个过程可以为整个数据库设计提供一份明确的任务说明和参考，从而更好地把握设计重点和核心目标。

在确定好数据库的用途后，接下来需要收集数据库中包含的信息。收集信息最直接的方式是从现有的信息着手，收集任何现有的纸质文件或电子文档，并列出其中包含的每种信息。还可以向其他人征询意见，以免遗漏一些重要信息。最开始的信息收集不一定就是最终数据库包含的所有信息，但应该列出能想到的任何信息类型。

接下来可以重新考虑数据库的用途，希望数据库向用户提供哪些信息。例如，可能希望在数据库中查找 6 月份销量位居前 5 名的产品的相关信息，或者希望获得本月订单累计销售额在 1 万元以上的所有客户名单。对这些问题进行预估，有助于检查数据库中的信息是否完整。

可以为最终希望创建的报表预先设计一个原型，考虑报表中需要包含哪些项或信息，同时考虑将每条信息分为最小的有用单元，使信息相对独立并具有灵活的可操作性，以便在数据库中进行各种所需的处理。

1.4.2 数据库的规范化设计规则

重复和冗余的信息会浪费计算机磁盘空间并影响任务的执行效率，在修改信息时还很容易出现遗漏和不统一的问题，因此良好的数据库设计应该避免数据的重复和冗余，并确保信息的正确和完整，同时还要满足数据处理和报表需求。

在设计 Access 数据库时有一套需要遵循的设计规则，遵循这些规则可以将数据正确划分到多个表中，并确保表结构设计的正确性，将这些规则应用到数据库设计的过程称为数据库的规范化或标准化。

数据库的规范化主要包括 3 个阶段，按照执行它们的先后顺序，依次将这 3 个阶段称为第一范式，第二范式和第三范式。

1. 第一范式

第一范式是指表中的每个值都只包含单独的一项，而不能包含多项。

在 1.1.3 节曾介绍过“值”的含义，它是指表中行（记录）和列（字段）交叉位置上的内容，即表中每个单元格中的内容。

如图 1-39 所示，表中的“商品名称”列中的每一项都包含由逗号分隔的两项内容，因此该列中的数据组织方式违反了第一范式的要求。

如图 1-40 所示为整理后的符合第一范式的表，将商品名称和数量分别放置到两列中，由于每个订单中包含两种商品，因此拆分后会出现相同的订单编号，每条订单记录中只包含一种商品。

T02_订单信息

订单编号	客户名称	商品名称
1	薛昊	2瓶香油，3袋大米
2	魏丽	3袋饼干，6袋牛奶
3	刘姗	8袋牛奶，5盒酸奶

图 1-39　不符合第一范式的表

T03_订单信息

订单编号	客户名称	商品名称	数量
1	薛昊	香油	2
1	薛昊	大米	3
2	魏丽	饼干	3
2	魏丽	牛奶	6
3	刘姗	牛奶	8
3	刘姗	酸奶	5

图 1-40　符合第一范式的表

2. 第二范式

第二范式是指表中的字段必须完全依赖该表的主键，不完全依赖主键的其他字段应该被划分到其他表中。

第二范式要求将一个大表划分为信息相对独立的多个小表，每个表只涉及一个实体或主题。如图 1-40 所示，“订单编号”字段是表的主键，表中的商品名称并不完全依赖订单编号，因为同一种商品可以出现在不同的订单编号中，因此应该将“商品名称”字段从该表中删除，并将其划分到其他表中。

修改后得到两个表，如图 1-41 所示，一个表是删除"商品名称"和"数量"两个字段后的表，此时的订单编号和客户名称不再包含重复值；另一个表是包含"商品名称""数量""订单编号"的表，由于一个订单中包含多个商品，因此该表中的订单编号会重复。由于两个表都包含"订单编号"字段，因此可以通过为它们设置关系来建立两个表数据之间的关联。

图 1-41　符合第二范式的表

提示：实际上在上面这个示例中，包含商品名称的表中仍然有重复出现的订单编号。解决这个问题的方法是创建第三个表，并将该表作为前两个表的联接表，将原来两个表之间的"多对多"关系转换为三个表之间的两个"一对多"关系。创建表关系的相关内容将在第 5 章进行介绍。

3．第三范式

第三范式是指表中的各个字段之间相对独立，彼此之间没有内在的关联。

例如，在一个包含商品单价、购买数量和总价的表中，总价通过单价乘以购买数量计算得到。如果修改单价或购买数量，总价会随之改变，因此表中的"总价"字段违反了第三范式的要求，要将该字段从表中删除，可以通过计算字段的方式进行添加。

1.4.3　创建表并设计表结构

表是 Access 数据库中所有基本数据的容器，因此在对数据库执行其他操作前，需要先创建表，然后设计表结构，再向表中输入数据，之后就可以通过查询、窗体和报表来操作表中的数据了。下面列出了创建和设计表的一般步骤。

（1）在数据库中创建新表。

（2）规划表的用途，确定其中包含的字段，以及要在表中存放哪些类型的数据。在表设计视图中添加所需的字段，并设置每个字段的数据类型和描述信息。

（3）设置表中每个字段的属性，以使字段符合特定的显示格式或输入规则。

（4）为表设置主键，以区分表中的每一条记录。

（5）为表设置索引，以加快检索和排序数据的速度。

（6）保存表的设计结果。

在 Access 中可以使用多种方法创建表，可以创建新的空白表，也可以创建包含现有数据的表。在创建空白表时，可以在数据表视图中显示空白表，也可以直接在设计视图中显示空白表。在创建包含现有数据的表时，可以使用 Access 中的导入功能，将其他程序文件中的数据导入到

Access 中，也可以直接通过复制、粘贴的方式，将其他程序中的数据粘贴到 Access 中。创建表的相关内容将在第 2 章进行介绍，向表中添加数据的相关内容将在第 6 章进行介绍。

表结构的设计是指同一个表中的信息如何进行组织，包括确定这些信息的字段名称、数据类型和相关属性。例如，应该将"客户名称"字段的数据类型设置为文本格式、将"订购数量"字段的数据类型设置为数字格式。设计表结构的相关内容将在第 3 章进行介绍。

1.4.4　为表设置主键和索引

主键是一个用于区分表中每条记录的字段。如果希望表中不出现重复记录，则需要为该表设置一个主键，作为主键的字段中不能包含重复的数据，这样就可以通过主键唯一确定某条记录。通过主键还可以建立表与表之间的关系。

使用索引可以加快搜索和排序数据的速度。Access 会自动为表中的主键创建索引，用户也可以根据需要为任何必要的字段创建索引。为表设置主键和索引的相关内容将在第 4 章进行介绍。

1.4.5　创建表之间的关系

将数据划分到多个表后，通过为各个表之间创建某种关系，使这些表中的数据相互关联，从而可以同时从多个表中获取所需的信息。表关系主要包括一对一、一对多、多对多几种。如图 1-42 所示是为两个表创建的一对多关系。创建表之间关系的相关内容将在第 5 章进行介绍。

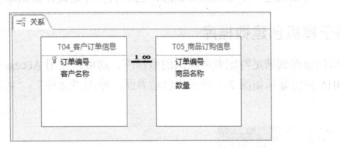

图 1-42　为两个表建立关系

1.4.6　创建查询、窗体和报表

完成表的设计并向表中添加数据后，就可以基于表中的数据创建查询、窗体和报表了。无论创建这三者中的哪一种，目的都是为了从单个或多个表中获取符合条件的数据。窗体除用于显示数据外，还可以作为用户输入数据的界面工具。

查询的相关内容将在第 7 章进行介绍；窗体的相关内容将在第 8 章进行介绍；报表的相关内容将在第 9 章进行介绍；第 10 章将介绍如何在查询、窗体和报表中使用表达式，还将介绍使用 SQL 语句创建查询的方法。

第 2 章

创建数据库和表

Access 中的数据库是其他所有对象的容器，而表是数据库中所有基本数据的容器，因此，在 Access 中设计数据库及其中包含的所有对象之前，需要先创建数据库，并在数据库中创建一个或多个表，然后才能在表中输入数据，并基于表创建查询、窗体和报表。本章将详细介绍创建与管理数据库和表的方法。

2.1 创建数据库

数据库以文件的形式存储在计算机磁盘中。在设计数据库之前，需要创建数据库，然后才能在数据库中创建所需的表、查询、窗体和报表等对象。在 Access 中可以基于特定的业务模板创建数据库，也可以创建一个空白的数据库，然后从头开始设计数据库。

2.1.1 基于模板创建数据库

如果希望快速得到满足特定业务需求的数据库，则可以使用 Access 内置的数据库模板。启动 Access 2016 后将显示如图 2-1 所示的启动界面，单击“文件”|“新建”命令也可以显示类似的界面。

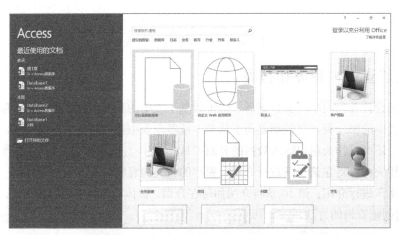

图 2-1 Access 2016 启动界面

启动界面分为左、右两部分，Access 内置的模板位于界面的右侧。每个模板以缩略图的形式显示，模板名称显示在缩略图的下方，用户可以根据业务需求选择特定的模板。如果当前列出的模板无法满足使用需求，则可以在界面右侧上方的文本框中输入关键字并单击 按钮，按照关键字搜索特定的联机模板。

当单击某个模板缩略图后，将显示如图 2-2 所示的界面，其中显示了模板的名称、提供者、简要说明、文件大小等内容。在"文件名"文本框中输入数据库的名称以替换默认名称。文本框下方显示了数据库的存储位置，可以单击文本框右侧的 按钮更改存储位置。完成所需设置后，单击"创建"按钮，将基于所选模板创建数据库。

图 2-2　基于 Access 内置模板创建数据库

2.1.2　创建空白数据库

更多时候用户可能希望从头开始创建数据库，并在其中设计所需的表、查询、窗体和报表等对象。想要从头开始创建一个空白的数据库，可以在 Access 启动界面的右侧单击名为"空白桌面数据库"的缩略图，然后设置数据库的名称和存储位置，如图 2-3 所示，单击"创建"按钮即可创建一个空白的数据库，其中默认包含一个空表。

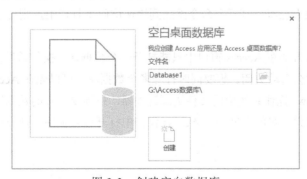

图 2-3　创建空白数据库

提示：从 Access 2007 开始，微软公司为 Access 数据库文件提供了扩展名为.accdb 的新文件格式。如果创建的数据库只在 Access 2007 或更高版本的 Access 中使用，则建议使用新的文件格式；如果创建的数据库可能会在 Access 2003 或更早版本的 Access 中使用，则应该将数据库以.mdb 文件格式保存。设置数据库默认文件格式的方法请参考第 1 章，也可以将现有数据库另存为其他格式，具体方法将在 2.2.3 小节进行介绍。

2.2 数据库的基本操作

除创建数据库外，在使用数据库的过程中还会涉及一些操作，包括数据库的打开、关闭、另存为等，掌握这些操作是顺利使用与管理数据库的前提。需要注意的是，在创建数据库后，不再需要对数据库执行保存操作，因为在对数据库中的对象进行更改时，Access 会要求用户保存对对象所做的更改，例如更改表的结构。而其他一些操作 Access 会自动进行保存，例如重命名数据库对象、在表中输入数据等。

2.2.1 打开数据库

在编辑数据库中的表、查询、窗体、报表等对象之前，需要打开包含这些对象的数据库。打开数据库的方法有以下几种。

- 打开包含 Access 数据库的文件夹，双击要打开的数据库文件，即可启动 Access 程序并在其中打开该数据库。
- 启动 Access 后，在启动界面中将显示最近打开过的几个数据库，单击其中一个即可将其打开，如图 2-4 所示。也可以单击"打开其他文件"命令，在打开的对话框中选择没有在该界面中列出的数据库。
- 如果正在 Access 窗口中使用一个数据库，现在希望打开另一个数据库，则可以单击"文件"|"打开"命令，在界面右侧会列出最近打开过的数据库，如图 2-5 所示，单击要打开的数据库，即可在当前 Access 窗口中将其打开。如果想要打开的数据库不在其中，则可以单击界面中的"浏览"按钮，在弹出的"打开"对话框中找到并双击要打开的数据库。如果已将"打开"命令添加到快速访问工具栏中，则可以单击该命令打开指定的数据库。

使用上面介绍的方法在 Access 窗口中只能打开一个数据库。换句话说，在打开下一个数据库时，上一个数据库会自动关闭。想要同时打开多个数据库，可以先在 Access 中打开一个数据库，然后打开 Windows 操作系统中的文件资源管理器，找到要打开的数据库所在的文件夹，双击要打开的数据库文件，即可在另一个 Access 窗口中打开该数据库。打开更多个数据库的操作方法与此类似。

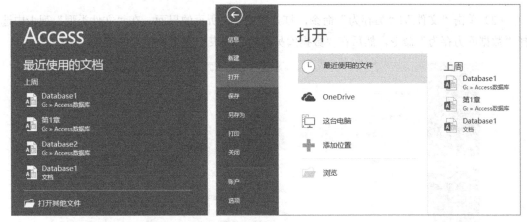

图 2-4　在启动界面中显示最近打开过的数据库　　图 2-5　在打开界面中列出的数据库

2.2.2　关闭数据库

关闭数据库的方法有以下几种。

- 单击 Access 窗口右上角的"关闭"图标，如图 2-6 所示，关闭当前数据库并退出 Access 程序。如果使用 2.2.1 小节介绍的方法同时打开了多个数据库，则单击 Access 窗口右上角的"关闭"图标只能关闭该 Access 窗口中的数据库，其他 Access 窗口中的数据库不会受到影响。

- 单击"文件"|"关闭"命令，关闭当前数据库但不会退出 Access 程序。为了提高操作效率，可以将"关闭"命令添加到快速访问工具栏中。

图 2-6　单击"关闭"图标关闭数据库并退出 Access

2.2.3　为数据库创建副本

虽然 Access 没有为数据库提供"保存"命令，但是却提供了"另存为"命令。使用该命令可以为当前数据库创建一个副本，以便在数据库出现任何问题时，使用副本将数据库恢复到创建副本时的状态。在创建副本时可以选择数据库当前格式以外的 Access 支持的其他格式，这样就可以转换数据库的格式，例如从.accdb 格式转换为.mdb 格式。

在创建数据库的副本之前，必须关闭当前数据库中打开的所有对象。为数据库创建副本的操作步骤如下。

（1）在 Access 中打开要创建副本的数据库，但不要打开其中的任何对象。

（2）单击"文件"|"另存为"命令，打开如图 2-7 所示的界面，在"文件类型"列表中选择"数据库另存为"命令，然后在"数据库另存为"列表中双击一种文件格式。

图 2-7　为数据库创建副本

（3）这时弹出如图 2-8 所示的"另存为"对话框，设置数据库副本的名称和保存位置，然后单击"保存"按钮，即可创建数据库的副本，其中包含的内容与原数据库完全相同。

图 2-8　"另存为"对话框

提示：一旦打开"另存为"对话框，"保存类型"下拉列表框中只包含在步骤（2）中选择的文件格式，用户无法选择其他文件格式。

2.3 创建与管理表

本节主要介绍创建与管理表的相关操作，包括表的创建、保存、重命名、打开、关闭、复制、隐藏、删除等，这些操作几乎同样适用于其他数据库对象，例如查询、窗体和报表。对表中的字段及其数据类型等细节方面的设计，将在第 3 章进行介绍。

2.3.1 创建新表

在数据库中可以很轻松地创建新的表，有以下两种方法。
- 在功能区中激活"创建"选项卡，然后单击"表"按钮，如图 2-9 所示。
- 在功能区中激活"创建"选项卡，然后单击"表设计"按钮。

图 2-9 使用"创建"选项卡中的命令创建新表

以上两种方法的主要区别是在创建表后进入不同的视图。单击"表"按钮会在数据表视图中打开新建的表，并自动使用 ID 作为表的第一个字段，该字段是一个由 Access 自动维护的自动编号字段，默认作为表的主键，如图 2-10 所示。单击"表设计"按钮会在设计视图中打开新建的表，Access 没有为表自动添加任何字段，表中所需的字段完全由用户指定，如图 2-11 所示。

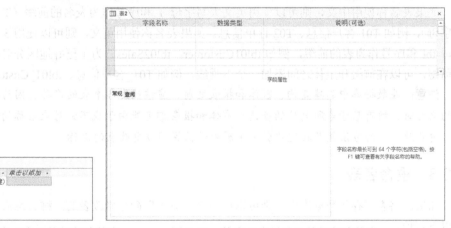

图 2-10 单击"表"按钮创建的表　　　图 2-11 单击"表设计"按钮创建的表

2.3.2 保存表

创建表后，接下来需要进行的操作就是保存表。虽然可以在不保存表的情况下直接在数据表视图或设计视图中为表输入数据或添加字段，但是一旦需要切换视图，Access 就会显示保存表的提示信息，只有保存表后才能切换到另一种视图。Access 不允许用户保存不包含任何字段和内容的表。

另外，如果在创建的表中没有添加任何内容，则在关闭数据库时该表会丢失；否则 Access 会显示是否保存表的提示信息，询问用户是否将表保存到数据库中。

可以使用以下几种方法保存创建的新表。

- 右击表的选项卡标签，在弹出的快捷菜单中选择"保存"命令，如图 2-12 所示。
- 单击快速访问工具栏中的"保存"按钮。
- 单击"文件"|"保存"命令。
- 按 Ctrl+S 组合键。

无论使用哪种方法，都将弹出如图 2-13 所示的"另存为"对话框，在文本框中输入表的名称，然后单击"确定"按钮，即可将表保存到数据库中。

图 2-12　右击表的选项卡标签后弹出的快捷菜单　　图 2-13　"另存为"对话框

在输入表的名称时，除主体名称外，最好在表名称的开头添加一个前缀，用于表示数据库对象的类型及同类对象中的编号。由于数据库中通常包括表、查询、窗体和报表等对象，因此通过名称中的前缀可以更容易地区分不同类型的对象。

如果表名称使用中文，则可以使用英文大写字母 T 和序号作为表名的前缀（T 是 Table 的首字母），例如 T01 客户信息、T02 订单信息。如果表名称使用英文，则可以使用 3 个英文小写字母 tbl 和序号作为表的前缀，例如 tbl01Customer、tbl02Sales。为了更好地区分名称中的主体和前缀，可以在前缀和主体之间添加一个下画线，例如 T01_客户信息、tbl01_Customer。

注意：在数据库中创建查询、窗体和报表之前，应该确定各个表的名称，因为在后期更改表的名称时，所有基于表所创建的查询、窗体和报表都可能由于找不到对应名称的表而出现问题，更正此问题的方法就是在这些引用了原表的位置同步更改表的名称。

2.3.3　重命名表

如果已将表保存到数据库中，则可以使用"重命名"命令修改表的名称。重命名表的方法有以下两种。

- 在导航窗格中右击要重命名的表，在弹出的快捷菜单中选择"重命名"命令，如图 2-14 所示，输入新的名称后按 Enter 键。
- 在导航窗格中选择要重命名的表，然后按 F2 键，输入新的名称后按 Enter 键。

注意：不能重命名当前打开的表，会显示如图 2-15 所示的信息，需要先关闭表，然后才能对其重命名。

图 2-14　选择"重命名"命令

图 2-15　重命名打开的表时显示的提示信息

2.3.4　打开和关闭表

在设计表结构或在表中输入数据前,需要在数据库中打开所需的表。在导航窗格中双击要打开的表,即可在数据表视图中将其打开。如果想要在设计视图中打开表,可以在导航窗格中右击该表,然后在弹出的快捷菜单中选择"设计视图"命令。

当不再需要编辑某个表时,可以将其关闭。在执行表的一些操作时,也必须在关闭表的状态下才能成功完成。右击要关闭的表的选项卡标签,在弹出的快捷菜单中选择"关闭"命令,即可关闭该表。要关闭打开的多个表或其他数据库对象,可以右击任意一个选项卡标签,在弹出的快捷菜单中选择"全部关闭"命令,如图 2-16 所示。

图 2-16　一次性关闭所有打开的表

2.3.5　复制表

如果要在数据库中设计多个表,且这些表具有相同或相似的结构,甚至其中包含的数据也基本相同,那么就可以复制现有的表,然后对得到的表副本进行少量修改,即可快速完成多个相同或相似表的制作。

复制表之前,表是否打开无关紧要,只需在导航窗格中右击要复制的表,在弹出的快捷菜单中选择"复制"命令,然后在导航窗格中的空白处右击,在弹出的快捷菜单中选择"粘贴"命令,这时弹出如图 2-17 所示的"粘贴表方式"对话框,其中包含以下 3 个选项,它们决定了表的复制方式。

- 仅结构：只复制表的结构，即在表设计视图中添加的字段、数据类型和为字段设置的相关属性。
- 结构和数据：同时复制表的结构和表中现有的数据。
- 将数据追加到已有的表：将表中的数据添加到目标表的底部，该复制方式的用法将在第 6 章进行介绍。

图 2-17　选择表的复制方式

选择前两种复制方式时，需要在"表名称"文本框中输入复制后得到的表的名称，单击"确定"按钮，即可完成复制操作。

2.3.6　隐藏表

对于一些暂时没用但又不想删除的表，可以将其隐藏起来，以免对其他对象造成干扰。在导航窗格中右击要隐藏的表，然后在弹出的快捷菜单中选择"在此组中隐藏"命令即可。

在导航窗格中默认不会显示隐藏的表及其他对象，如果想要显示隐藏的对象，可以右击导航窗格中的空白处，在弹出的快捷菜单中选择"导航选项"命令，在打开的对话框中选中"显示隐藏对象"复选框，如图 2-18 所示，然后单击"确定"按钮。在导航窗格中隐藏的表显示为浅灰色，如图 2-19 所示的"表 1"即为隐藏的表。

图 2-18　选中"显示隐藏对象"复选框　　　　图 2-19　隐藏的表显示为浅灰色

在显示隐藏表的情况下，右击该表，在弹出的快捷菜单中选择"取消在此组中隐藏"命令，将取消该表的隐藏状态。

2.3.7 删除表

在删除表之前，需要关闭该表，然后才能执行删除操作。删除表的方法有以下两种。

- 在导航窗格中右击要删除的表，然后在弹出的快捷菜单中选择"删除"命令。
- 在导航窗格中选择要删除的表，然后按 Delete 键。

无论使用哪种方法，都将弹出如图 2-20 所示的对话框，单击"是"按钮即可删除该表，删除后无法撤销。

图 2-20　删除表时的提示信息

与重命名表存在同样的问题，删除表后，原来基于该表的所有查询、窗体和报表都会由于找不到原始表而出现问题。

第 3 章
设计表的结构

使用数据库的规范化设计规则将字段划分到不同的表中后，接下来就可以在表中实际创建这些字段，并对字段进行一系列设置。本章将介绍表的结构的设计方法，主要包括添加字段、设置字段的数据类型及其相关属性等内容，主键和索引的设置将在第 4 章进行介绍。

3.1　添加与编辑字段

设计表的结构的第一步是将字段添加到表中。以后可能需要对表中现有的字段进行一些调整，例如在现有字段之前插入新字段，或者更改现有字段的位置，还可能删除不需要的字段。数据表视图和设计视图都支持本节介绍的字段的相关操作。

3.1.1　添加字段

使用功能区中的"表设计"按钮创建的新表会自动在设计视图中打开，表中不包含任何字段。使用功能区中的"表"按钮创建的新表会自动在数据表视图中打开，表中默认包含一个 ID 字段，其数据类型为"自动编号"。

在数据表视图和设计视图中都可以完成添加字段的操作，在数据表视图中添加字段后可以直接输入数据，而在设计视图中添加字段后需要切换到数据表视图才能输入数据。

案例 3-1　在数据表视图中添加字段

在数据表视图中添加字段的操作步骤如下。

（1）在表中单击默认的 ID 字段右侧的"单击以添加"下拉按钮，然后在弹出的下拉列表中为新字段选择一种数据类型，如图 3-1 所示。

（2）选择一种数据类型后，将在 ID 字段右侧添加一个新字段，并进入名称编辑状态，输入所需的名称以代替默认名称，如图 3-2 所示，然后按 Enter 键确认。使用类似的方法可以继续添加其他所需的字段。

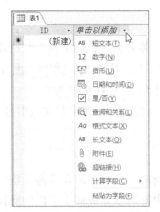

图 3-1 选择字段的数据类型

图 3-2 输入字段的名称

案例 3-2 在设计视图中添加字段

在设计视图中添加字段的操作步骤如下。

（1）在"字段名称"列中单击要添加字段的单元格，然后输入字段的名称，例如"姓名"，如图 3-3 所示。输入内容时，单元格中的竖线表明当前输入内容的位置。

图 3-3 添加第一个字段

（2）要想添加多个字段，可以在输入完一个字段后，按方向键，激活当前单元格下方的单元格，然后输入字段的名称，如图 3-4 所示。使用鼠标单击的方式也可以激活特定的单元格。

图 3-4 添加更多字段

提示：如果在设计视图中修改了表中的内容，则只有在保存表之后才能切换到数据表视图。如果直接切换视图，Access 会显示是否保存表的提示信息，只有单击"是"按钮才能切换到数据表视图。

为字段命名时需要遵循以下规则。

• 字段名的字符数不能超过 64 个。

- 字段名不能以空格开头。
- 字段名中可以包含汉字、英文字母、数字和一些特殊字符，但不能包含以下几个英文符号：句号（.）、感叹号（!）、中括号（[和]）、重音符号（`）。
- 字段名中不能包含 ASCII 值为 0~31 的字符。
- 不能在 Microsoft Access 项目文件中使用英文双引号。

3.1.2 插入字段

可以在现有字段的上方插入新的字段，从而在遗漏某些字段时，方便在特定位置添加所需字段。在数据表视图和设计视图中都可以完成插入字段的操作，插入后的效果相同，但在两个视图中插入字段的显示位置不同。在数据表视图中将在指定字段的左侧插入新字段，在设计视图中将在指定字段的上方插入新字段。

案例 3-3 在数据表视图中插入新字段

在数据表视图中插入新字段的操作步骤如下。

（1）切换到表的数据表视图，右击要在其左侧插入新字段的字段，在弹出的快捷菜单中选择"插入字段"命令，如图 3-5 所示。

（2）这时会在右击的字段左侧添加一个新字段，如图 3-6 所示，然后使用前面介绍的方法为其命名。

图 3-5 选择"插入字段"命令

图 3-6 在数据表视图中插入字段

案例 3-4 在设计视图中插入新字段

在设计视图中插入新字段的操作步骤如下。

（1）切换到表的设计视图，然后右击要在其上方插入字段的行中的任意一个单元格，在弹出的快捷菜单中选择"插入行"命令，如图 3-7 所示。

（2）这时会在右击的行的上方插入一个新行，在该行的"字段名称"列中输入字段名称，如图 3-8 所示。

图 3-7　选择"插入行"命令　　　　图 3-8　在设计视图中插入字段

　　提示： 将鼠标指针移动到行中第一个字段左侧的灰色区域上，当鼠标指针变为向右的箭头时右击，也会弹出相同的快捷菜单。

3.1.3　修改字段名称

　　可以在数据表视图或设计视图中修改现有字段的名称。在数据表视图中可以使用以下两种方法修改字段的名称。

- 双击要修改名称的字段标题，进入名称编辑状态，输入新名称后按 Enter 键。
- 右击要修改名称的字段标题，在弹出的快捷菜单中选择"重命名字段"命令，输入新名称后按 Enter 键。

　　在设计视图中单击"字段名称"列中要修改名称的单元格，按 Backspace 键或 Delete 键删除原有名称，然后输入新的名称。

3.1.4　调整字段位置

　　在表中添加字段后，可以根据需要随时调整字段的位置，以便以不同的排列方式显示表中的数据。在数据表视图和设计视图中调整字段位置的方法如下。

- 数据表视图：将鼠标指针移动到要调整位置的字段标题上，当出现向下的箭头时单击，选中该标题所在的列，然后将字段标题拖动到目标位置，拖动过程中显示的粗线表示当前移动到的位置，如图 3-9 所示。

图 3-9　在数据表视图中调整字段的位置

- 设计视图：将鼠标指针移动到要调整位置的字段所在行最左侧的灰色区域上，当出现向右箭头时单击以选中该行，然后将鼠标指针再次移动到该灰色区域上，当出现箭头时，将整个行拖动到目标位置，拖动过程中显示的水平粗线表示当前移动到的位置，如图 3-10 所示。

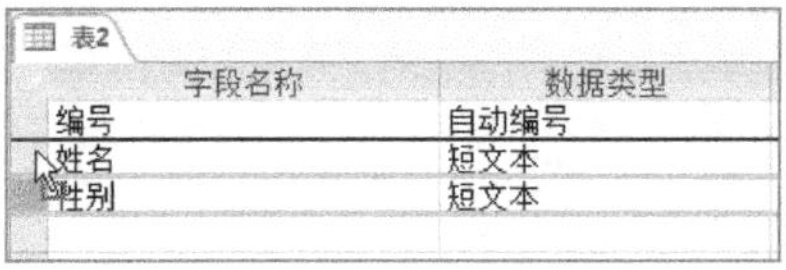

图 3-10　在设计视图中调整字段的位置

3.1.5　删除字段

可以在数据表视图或设计视图中删除不需要的字段，方法如下。

- 在数据表视图中，右击要删除的字段标题，在弹出的快捷菜单中选择"删除字段"命令。
- 在设计视图中，右击要删除的字段所在的行中任意一个单元格，在弹出的快捷菜单中选择"删除行"命令。

以上两种方法存在一些重要的区别：在数据表视图中删除字段后，不能撤销删除操作，在关闭表时也不会出现是否保存表更改的提示信息；在设计视图中删除字段后，可以使用 Ctrl+Y 组合键撤销删除操作，恢复被删除的字段，在关闭表时系统会询问用户是否保存对表的更改，如果选择"否"选项，将取消删除操作。

3.2　设置字段的数据类型

前面介绍添加字段的方法时，只介绍了如何输入字段的名称，没有介绍字段的另一个重要设置——数据类型。在创建字段时，如果用户没有明确指定字段的数据类型，则 Access 默认使用"短文本"作为字段的数据类型。本节将介绍 Access 支持的字段数据类型及设置方法，还将介绍将字段现有的数据类型转换为其他数据类型时需要注意的问题。

3.2.1　设置字段的数据类型

Access 为字段提供了可选的多种数据类型，可以根据字段的实际用途进行选择。字段的数据类型决定了在字段中可以存储什么类型的数据，例如文本、数字、日期等。数据类型还决定了字段包含哪些属性，属性控制着字段的外观和行为。具体来说，字段的数据类型决定着字段的一些重要特性，包括以下几项。

- 字段的格式。
- 字段的最大值和最小值。
- 在表达式中使用字段的方式。
- 是否可为字段设置索引。

表 3-1 列出了 Access 支持的字段数据类型，后面会对其进行详细介绍。

表 3-1　Access 支持的字段数据类型

数据类型	显示目标
文本	"文本"数据类型用于存储文本、数字和符号，分为"短文本"和"长文本"两种类型
数字	"数字"数据类型用于存储数值，但是货币值存储在独立的"货币"数据类型中
日期/时间	"日期/时间"数据类型用于存储日期和时间
货币	"货币"数据类型用于存储货币值
自动编号	"自动编号"数据类型用于存储由 Access 自动添加并维护的自然数序列
是/否	"是/否"数据类型用于存储只有两个值的数据，包括是/否、真/假、开/关
OLE 对象	"OLE 对象"数据类型以链接或嵌入的形式存储由其他程序创建的文件
超链接	"超链接"数据类型将字段值存储为超链接格式，单击时可在浏览器中打开超链接地址
附件	类似于"OLE 对象"数据类型，可将指定的文件附加到数据库中，并可打开和查看文件
计算	"计算"数据类型用于存储计算结果，可以使用表达式生成器创建用于计算的表达式
查阅向导	"查阅向导"数据类型用于显示一系列由用户指定的值或从其他表及查询中检索的值，为用户提供一个选项列表，将输入的数据限制在一个指定的范围内，避免输入无效数据

注意：.mdb 文件格式的数据库不支持"附件"和"计算"两种数据类型。

设置字段数据类型的操作可以在数据表视图或设计视图中完成。

案例 3-5　在数据表视图中设置字段的数据类型

在数据表视图中设置字段数据类型的操作步骤如下。

（1）切换到数据表视图，单击要设置数据类型的字段所在列中的任意一个单元格。

（2）激活功能区中的"表格工具|字段"选项卡，在"数据类型"下拉列表中选择所需的数据类型，如图 3-11 所示。

图 3-11　在数据表视图中设置字段的数据类型

案例 3-6　在设计视图中设置字段的数据类型

在设计视图中设置字段数据类型的操作步骤如下。

（1）切换到设计视图，单击"数据类型"列中要设置数据类型的字段对应的单元格。

（2）单击单元格右侧的下拉按钮，在打开的下拉列表中选择所需的数据类型，如图 3-12 所示。

图 3-12　在设计视图中设置字段的数据类型

3.2.2 文本

Access 中的"文本"数据类型分为"短文本"和"长文本"两种，"短文本"数据类型可存储最多不超过 255 个字符的内容，"长文本"数据类型可存储超过 255 个字符的内容。

用户可以指定文本字段的大小，这个属性决定在文本字段中可以存储的最大字符数，Access 会根据用户在该字段中实际输入的内容的长度来决定内容占用的存储空间大小。

- 如果输入内容的字符数小于文本字段的大小，则按内容的实际字符数进行存储。例如，如果将文本字段的字符数指定为 10 个字符，而实际输入内容的字符数只有 6 个，则按 6 个字符来存储，这样既可以避免浪费额外的存储空间，又能为可能包含较多字符数的项目预留足够的存储空间。
- 如果输入内容的字符数大于文本字段的大小，则自动将超出字符数上限的部分删除。

通过设置文本的格式，可以使用不同的方式显示文本，文本格式的设置将在 3.3.2 小节进行介绍。

3.2.3 数字

"数字"数据类型可以存储货币值以外的其他数值，这些数值可以参与计算。"数字"数据类型包含多种子类型，这些子类型决定了在"数字"数据类型中存储数值的方式。表 3-2 列出了"数字"数据类型中包含的子类型及其特性。

表 3-2　"数字"数据类型中包含的子类型及其特性

数字子类型	数值范围	小数位数	占用的存储空间
字节	0~255 的整数	无	1 字节
整型	–32768~32767 的整数	无	2 字节
长整型	–2147483648～2147483647 的整数	无	4 字节
单精度型	$-3.4\times10^{38}\sim3.4\times10^{38}$ 的整数和小数	7 位	4 字节
双精度型	$-1.797\times10^{308}\sim1.797\times10^{308}$ 的整数和小数	15 位	8 字节
小数	$-9.999\cdots\times10^{27}\sim9.999\cdots\times10^{27}$ 的整数和小数	15 位	12 字节

注意：要将字段与另一个表中的自动编号字段建立关联，需要将该字段设置为长整型。"数字"数据类型中还有一个名为"同步复制 ID"的子类型，在使用.accdb 文件格式时不支持该类型。

在指定"数字"数据类型的子类型时，应该确保所选择的子类型能够容纳实际可能使用到的最大值，否则会出现溢出问题，从而导致数据库崩溃。

通过设置数字的格式，可以使用不同的方式显示数值，数字格式的设置将在 3.3.2 小节进行介绍。

3.2.4 日期/时间

"日期/时间"数据类型用于存储日期和时间数据，可以对日期和时间数据进行相应的计算，例如计算两个日期之间相隔的天数。通过设置日期和时间的格式，可以使用不同的方式显示日期和时间，日期和时间格式的设置将在 3.3.2 小节进行介绍。

3.2.5 货币

"货币"数据类型用于存储货币值，该类型的数据在计算时不会自动进行舍入。在小数点左侧可以精确到 15 位数，在小数点右侧可以精确到 4 位数。

3.2.6 自动编号

"自动编号"数据类型用于存储从 1 开始的自然数序列，其值由 Access 自动维护，用户无法进行修改。一旦在表中创建了"自动编号"数据类型的字段，每次添加新记录时，编号值都会自动递增，即使删除了现有记录，后面添加的新记录的编号值仍然持续递增，不受已删除记录的影响。

每个表只能有一个"自动编号"数据类型的字段，如果存在多个该类型的字段，则在保存表时会显示如图 3-13 所示的提示信息。"自动编号"数据类型的字段将被自动指定为表的主键，这是因为"自动编号"字段中包含的都是不重复的自然数，可以唯一标识表中的每一条记录。

图 3-13 表中包含多个"自动编号"字段时显示的提示信息

3.2.7 是/否

"是/否"数据类型用于存储只有两种值的组合，包括以下 3 种。

- 真/假："真/假"的值显示为 True 或 False。
- 是/否："是/否"的值显示为 Yes 或 No。

- 打开/关闭:"打开/关闭"的值显示为 On 或 Off。

3.2.8 OLE 对象

"OLE 对象"数据类型用于以链接或嵌入的形式在表中存储由其他程序创建的文件,这些文件可以是现有文件或新建的空白文件。

链接形式是指 Access 表中的"OLE 对象"字段中的值只存储源文件的位置信息,而非源文件中的内容,只有对源文件进行修改,Access 表中的字段值才会进行相应的更新。

嵌入形式是指其他程序文件以嵌入的形式插入到 Access 表中,该嵌入对象成为 Access 表的一部分,而不再是源文件的一部分,因此使用嵌入形式通常会增加 Access 数据库文件的大小。修改源文件时,Access 表中的嵌入数据不会进行更新。

案例 3-7 为"OLE 对象"数据类型的字段设置值

为"OLE 对象"数据类型的字段设置值的操作步骤如下。

(1)在数据表视图中右击"OLE 对象"字段中的单元格,在弹出的快捷菜单中选择"插入对象"命令,如图 3-14 所示。

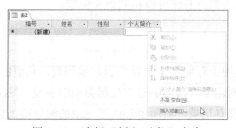

图 3-14 选择"插入对象"命令

(2)在打开的对话框中通过选择"新建"或"由文件创建"单选按钮来决定是使用新建的空白文件还是使用现有文件。选择"新建"单选按钮将显示如图 3-15 所示的对话框,从列表框中选择要新建文件的源程序。选择"由文件创建"单选按钮将显示如图 3-16 所示的对话框,单击"浏览"按钮,在打开的对话框中选择要添加到表中的文件,选中"链接"复选框可以以链接的形式插入文件,否则将以嵌入的形式插入文件。

图 3-15 选择插入新建的空白文件

图 3-16 选择插入现有文件

（3）单击"确定"按钮，将新建的文件或现有文件插入到当前的 Access 表中。

3.2.9　超链接

"超链接"数据类型将字段值存储为超链接格式，在该数据类型的字段中输入超链接地址后，单击该地址即可自动在浏览器中打开相应的网页，如图 3-17 所示。

图 3-17　单击"超链接"字段中的超链接地址可以打开相应的网页

3.2.10　附件

与"OLE 对象"数据类型类似，"附件"数据类型也可将其他程序创建的文件存储到表中。与"OLE 对象"数据类型不同的是，"附件"数据类型可以存储多个文件，并可接受更广泛的文件类型。

案例 3-8　为"附件"数据类型的字段设置值

为"附件"数据类型的字段设置值的操作步骤如下。

（1）在数据表视图中右击"附件"字段中的单元格，在弹出的快捷菜单中选择"管理附件"命令，如图 3-18 所示。也可以直接双击"附件"数据类型的单元格。

（2）打开"附件"对话框，单击"添加"按钮，如图 3-19 所示。

图 3-18　选择"管理附件"命令

图 3-19　单击"添加"按钮

（3）打开"选择文件"对话框，双击要添加到 Access 表中的文件，如图 3-20 所示。

（4）将所选文件添加到"附件"对话框中，如图 3-21 所示。可以使用相同的方法继续添加其他文件，完成后单击"确定"按钮。

（5）添加附件数据后的效果如图 3-22 所示，曲别针符号右侧括号中的数字表示当前添加的附件数量。

图 3-20 选择要添加的文件

图 3-21 将文件添加到"附件"对话框中

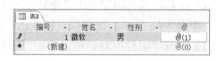

图 3-22 添加后的附件数据

　　这时可以在"附件"对话框中管理单元格中的附件,包括打开、另存和删除等。打开附件时,会自动启动创建该附件的源程序并在其中打开它。

3.2.11 计算

　　"计算"数据类型用于存储计算结果,可以使用表达式生成器创建用于计算的表达式。在设计视图中将字段的数据类型设置为"计算"时,会立刻弹出"表达式生成器"对话框。该对话框上方的文本框用于输入表达式的各个组成部分,下方的几个列表框提供了构成表达式的计算项和运算符。如图 3-23 所示为一个构建好的表达式,该表达式用于计算"销量"字段与"单价"字段的乘积。

　　单击"确定"按钮创建"计算"字段。在数据表视图中输入数据时,"计算"字段会自动得到计算结果,如图 3-24 所示。注意,不能直接编辑"计算"字段中的值。

图 3-23　"表达式生成器"对话框

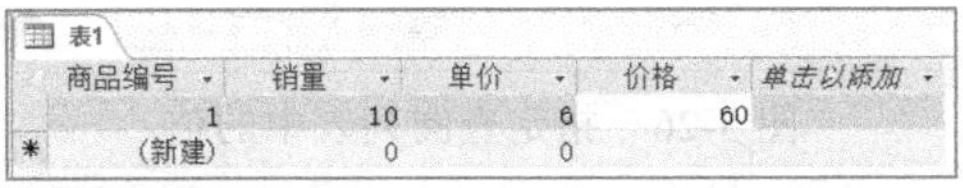

表1				
商品编号 ·	销量 ·	单价 ·	价格 ·	单击以添加
1	10	6	60	
* (新建)	0	0		

图 3-24　"计算"字段可以自动对现有字段的值进行计算

3.2.12　查阅向导

"查阅向导"数据类型用于在一个下拉列表中显示一系列由用户指定的值或从其他表及查询中检索的值。通过从列表中选择某一项，可以将该项数据输入到表中，从而将输入的数据限制在一个指定的范围内，避免用户输入无效的数据。

在设计视图中将字段的数据类型设置为"查阅向导"时，会立刻弹出"查阅向导"对话框，如图 3-25 所示。选择添加数据的方式，然后单击"下一步"按钮。

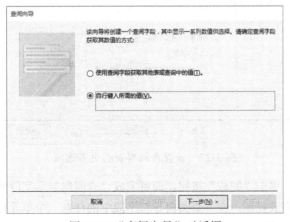

图 3-25　"查阅向导"对话框

　　假设选择的是"自行键入所需的值"单选按钮，将打开如图 3-26 所示的对话框，在这里用户可以指定添加到查阅列表中的值。默认创建的查阅列表只有一列，但是可以通过"列数"选项改变查阅列表的列数。

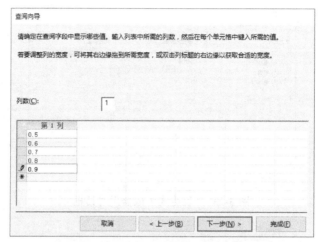

图 3-26　指定查阅列表中的值

　　设置好值后，单击"下一步"按钮，打开如图 3-27 所示的对话框，在这里可以对查阅列表进行更多控制方面的设置。例如，可以选中"限于列表"复选框，这样就只能在单元格中输入从查阅列表中选择的某个值，而不能手动输入列表中没有的值，从而避免在单元格中输入无效数据。"请为查阅字段指定标签"文本框中的内容实际上就是字段的名称。

图 3-27　设置查阅列表的更多选项

　　完成所有设置后，单击"完成"按钮，即可完成"查阅向导"字段的设置。保存表的设计结果，然后切换到数据表视图，在"查阅向导"字段中的任意一个单元格中都可以访问设置好的查阅列表，如图 3-28 所示，从中选择某一项即可将其输入到单元格中。

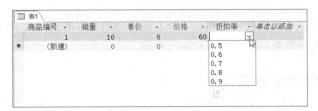

图 3-28　从查阅列表中选择预先设置好的值

3.2.13　数据类型之间的转换

并非各种数据类型之间都可以随意转换，实际上在将某种数据类型转换为另一种数据类型时，可能会出现一些意想不到的问题。下面列出了常用的数据类型之间转换的方式。

- 所有数据类型都不能转换为"自动编号"数据类型。

- "短文本"数据类型可以正确转换为"长文本"数据类型，但是"长文本"数据类型能否正确转换为"短文本"数据类型，要看"长文本"数据类型中的字符数是否超过"短文本"数据类型中的字符数上限。如果没超过，则可以正确转换，否则将会删除超出的部分。

- "数字"数据类型可以正确转换为"文本"数据类型，但是在将"文本"数据类型转换为"数字"数据类型时，如果"文本"数据类型中包含非数字类型的内容，则会转换失败并自动删除文本内容。"文本"数据类型转换为"日期/时间""货币""是/否"数据类型时也是类似的情况。

- 在将"数字"数据类型转换为"货币"数据类型时，由于"货币"数据类型使用固定的小数位，因此会对超出部分的小数位进行删除，这样将损失一些精度。在将"货币"数据类型转换为"数字"数据类型时，如果货币包含小数位，而"数字"数据类型使用的是"字节""整型""长整型"，则会删除"货币"数据类型的小数部分。

- 在将"自动编号"数据类型转换为"数字"数据类型时，如果"数字"数据类型使用的是"整型"，那么大于 32 767 的自动编号由于超出了"整型"的数字范围上限，因此超出部分会被删除。将"自动编号"数据类型转换为"文本"数据类型时也有类似的情况。

3.3　设置字段的属性

字段的属性决定字段的外观和行为，不同数据类型的字段拥有大部分相同的属性，但也有一些属性只出现在特定的数据类型中。在数据表视图和设计视图中都可以设置字段的属性，数据表视图中的字段属性选项位于功能区中，设计视图中的字段属性选项集中排列在属性窗格的"常规"选项卡中。由于设计视图提供了完整的字段属性选项，因此通常在该视图中设置字段的属性。

本节除介绍字段基本属性的功能和设置外，还将介绍文本格式、数字格式、日期和时间格式的设置方法，以及设置数据验证规则和输入掩码。

3.3.1 设置字段的常规属性

Access 为字段提供了多种数据类型，每种数据类型的字段都包含大量的属性，用于定义字段的特征。前面介绍的字段名称和数据类型实际上也是字段的两个属性，这两个属性放在单独的窗格中进行设置，说明了它们的重要性。只要设置了字段名称和数据类型，即使省略其他属性的设置，字段也可以正常工作，这是因为 Access 为很多属性提供了默认值，如果用户没有明确设置属性的值，则会按默认值来设置。

表 3-3 列出了不同数据类型的字段具有的常规属性，根据字段的数据类型的不同，字段可能只包含表中的部分属性。

表3-3 字段的常规属性及其说明

属 性	说 明
字段大小	对于"文本"字段来说，该属性决定字段中包含的字符总数。对于"数字"字段来说，该属性决定字段中数字的数值范围
新值	只能用于"自动编号"字段，决定编号方式是依次递增还是随机编号
格式	指定字段中数据的显示方式，数据本身的值不受影响
小数位数	指定"数字"和"货币"两种数据类型的小数位数
输入掩码	预先指定数据的输入格式，以使输入的数据具有统一的格式
标题	如果设置了该属性，则使用该属性的值代替"字段名称"
默认值	在添加新记录时，自动为字段指定的值，例如在添加新记录时，"数字"字段的值被自动设置为0
验证规则	确保输入的数据符合特定的条件，例如在"性别"字段中只能输入"男"或"女"
验证文本	当输入了不符合条件的数据时，显示的提示性内容
必需	指定在输入数据时，是否必须为字段提供一个值
允许空字符串	指定在"文本"字段中是否可以输入零长度的字符串
索引	指定是否为字段设置索引及使用哪种索引方式
文本对齐	指定控件内文本的对齐方式
Unicode 压缩	当存储的字符数少于 4096 个时，将对存储在字段中的文本进行压缩
输入法模式	当激活字段时，希望自动切换到的输入法模式
输入法语句模式	当激活字段时，希望自动切换到的输入法语句模式

案例 3-9　设置客户信息表中的字段属性

客户信息表中包含"姓名"和"年龄"两个字段，将"姓名"字段的"字段大小"设置为"10"，将"年龄"字段的"字段大小"设置为"字节"，并将这两个字段都设置为必填字段，操作步骤如下。

（1）在数据库中打开客户信息表，切换到设计视图。

（2）单击"姓名"字段所在行中的任意单元格，然后在下方的属性窗格中进行以下两项设置，如图 3-29 所示。

- 将"字段大小"属性设置为"10"。
- 将"必需"属性设置为"是"。

图 3-29　设置"姓名"字段的属性

（3）单击"年龄"字段所在行中的任意单元格，然后在下方的属性窗格中进行以下两项设置，如图 3-30 所示。

- 将"字段大小"属性设置为"字节"。
- 将"必需"属性设置为"是"。

图 3-30　设置"年龄"字段的属性

（4）完成以上设置后，单击快速访问工具栏中的"保存"按钮保存表设计。

3.3.2　为字段设置预置格式或自定义格式

Access 为不同的数据类型提供了预置的格式，同时也提供了格式代码，以便用户根据实际需求自定义数据的显示方式。无论是预置格式还是自定义格式，都只改变数据的外观，而不会影响数据本身。

要为字段设置 Access 预置的格式，可以在设计视图中单击要设置的字段所在行中的任意单元格，然后在属性窗格中单击"格式"属性右侧的文本框，激活其中的下拉按钮，单击该下拉按钮，在弹出的下拉列表中选择 Access 预置的格式。如图 3-31 所示为"日期/时间"字段中预置的日期和时间格式。

图 3-31　选择预置的日期和时间格式

除"日期/时间"数据类型外，"数字"和"是/否"数据类型也有预置的格式，如图 3-32 所示。

图 3-32　"数字"和"是/否"数据类型的预置格式

Access 预置格式的数量毕竟有限，更灵活的方法是用户自定义数据的格式。不同的数据类型有不同的自定义格式代码，但是它们也有一些通用的格式代码，表 3-4 列出了通用于不同数据类型的格式代码。

表 3-4　通用于不同数据类型的格式代码

符　号	含　义
（空格）	将空格显示为文本字符
"示例"	将双引号中的内容显示为实际的文本
!	为内容设置左对齐
*	使用下一个字符填充可用空间
\	将下一个字符显示为实际的文本
[颜色]	使用方括号中指定的颜色显示数据，可用颜色有：黑色、蓝色、绿色、蓝绿色、红色、洋红、黄色、白色

除表 3-4 中列出的通用格式代码外，不同的数据类型还各自有一套独立的格式代码，这些代码不能跨数据类型混合使用。

1．自定义文本格式

表 3-5 列出了专门用于"文本"数据类型的自定义格式代码。

表 3-5　"文本"数据类型的自定义格式代码

符　号	说　明
@	需要输入字符或空格
&	并非必须输入字符
<	强制将所有字符显示为英文小写形式
>	强制将所有字符显示为英文大写形式

"文本"数据类型的自定义格式代码包含以下两部分，它们之间使用分号分隔。

- 第一部分：包含文本的字段的格式。
- 第二部分：包含零长度字符串和空值的字段的格式。

当单元格中包含文本时，将显示由第一部分设置的格式，否则显示由第二部分设置的格式。

案例 3-10　自定义客户名称的显示方式

在客户信息表的"客户名称"字段中输入客户名称时，按输入的内容原样显示，如果该字段为空或包含零长度字符串，则显示为"缺少名称"，实现该功能的操作步骤如下。

（1）在设计视图中打开需要设置的表，单击"客户名称"字段所在行中的任意单元格。在下方的属性窗格中单击"格式"属性右侧的文本框，然后输入自定义格式代码"@;"缺少名称""，如图 3-33 所示。

（2）保存表设计，然后切换到数据表视图，在表中输入一些数据，效果如图 3-34 所示。

常规 查阅	
字段大小	255
格式	@;"缺少名称"
输入掩码	
标题	

图 3-33 输入自定义格式代码   图 3-34 自定义客户名称的显示方式

提示：在表中输入数据的方法将在第 6 章进行介绍。

2．自定义数字格式

表 3-6 列出了专门用于"数字"和"货币"数据类型的自定义格式代码。

表 3-6 "数字"和"货币"数据类型的自定义格式代码

符　　号	说　　明
.	指定小数点出现的位置
,	千位分隔符
0	0 和数字的占位符
#	空白和数字的占位符
$	显示美元符号
%	将值乘以 100 并添加一个百分比符号
E–或 e–	使用科学计数法显示数字，使用减号表示负的指数，没有减号则表示正的指数
E+或 e+	同上，但是使用加号表示正的指数

"文本"数据类型的自定义格式代码包含以下 4 部分，它们之间使用分号分隔。

- 第一部分：包含正数的字段的格式。
- 第二部分：包含负数的字段的格式。
- 第三部分：包含零值的字段的格式。
- 第四部分：包含空值的字段的格式。

案例 3-11 自定义金额的显示方式

当金额为正数时，显示为绿色并添加千位分隔符；当金额为负数时，显示两端带有括号的红色并添加千位分隔符；当金额为 0 时，显示 0；当单元格为空时，什么也不显示。实现以上功能的操作步骤如下。

（1）在设计视图中打开需要设置的表，单击"金额"字段所在行中的任意单元格。在下方的属性窗格中单击"格式"属性右侧的文本框，然后输入自定义格式代码"#,##0.00[蓝色];(#,##0.00)[红色]"，如图 3-35 所示。

（2）保存表设计，然后切换到数据表视图，在表中输入一些数据，效果如图 3-36 所示。

常规 查阅	
字段大小	单精度型
格式	#,##0.00[蓝色];(#,##0.00)[红色]
小数位数	自动
输入掩码	

图 3-35　输入自定义格式代码

图 3-36　自定义金额的显示方式

3. 自定义日期和时间格式

日期和时间格式受 Windows 操作系统中的区域设置的影响。表 3-7 列出了专门用于"日期/时间"数据类型的自定义格式代码。

表 3-7　"日期/时间"数据类型的自定义格式代码

符　号	说　明
:（冒号）	时间分隔符可在 Windows 区域设置中进行设置
/	日期分隔符
c	与常规日期预定义格式相同
d	使用一位或两位数字表示一个月中的第几天（1～31）
dd	使用两位数字表示一个月中的第几天（01～31）
ddd	星期的前 3 个英文字母（Sun～Sat）
dddd	星期的英文全称（Sunday～Saturday）
ddddd	与短日期预定义格式相同
dddddd	与长日期预定义格式相同
w	一周中的第几天（1～7）
ww	一年中的第几周（1～53）
m	使用一位或两位数字表示一年中的月份（1～12）
mm	使用两位数字表示一年中的月份（01～12）
mmm	使用月份的前 3 个英文字母（Jan～Dec）
mmmm	使用月份的英文全称（January～December）
q	显示为一年中的第几个季度（1～4）的数字
y	显示为一年中的第几天（1～366）
yy	使用年份的最后两位数字（01～99）
yyyy	显示完整的年份（0100～9999）
h	使用一位或两位数字表示小时（0～23）
hh	使用两位数字表示小时（00～23）
n	使用一位或两位数字表示分钟（0～59）
nn	使用两位数字表示分钟（00～59）
s	使用一位或两位数字表示秒（0～59）
ss	使用两位数字表示秒（00～59）

续表

符　号	说　明
ttttt	与长时间预定义格式相同
AM/PM	使用相应的大写字母"AM"或"PM"的十二小时制
am/pm	使用相应的小写字母"am"或"pm"的十二小时制
A/P	使用相应的大写字母"A"或"P"的十二小时制
a/p	使用相应的小写字母"a"或"p"的十二小时制
AMPM	使用 Windows 区域设置中定义的相应上午/下午指示符表示十二小时制

注意：如果要在自定义格式代码中添加逗号或其他分隔符，则需要将这些符号放在双引号中。

3.3.3　设置数据验证规则

在表中添加某些数据时，为了防止出现无效数据，通常需要将数据限制在一个指定的范围内。当用户输入范围以外的数据时，及时向用户发出提示信息，并要求更正数据，从而确保数据的有效性。字段的"验证规则"和"验证文本"两个属性专门用于完成这个任务。

验证规则是一个表达式，用于检查用户输入的数据是否符合表达式中指定的条件。如果符合条件，则表达式返回 True，此时就可以将用户输入的内容添加到表中；否则表达式返回 False，说明输入的数据不符合条件，禁止用户将数据输入到表中，并将错误原因和正确输入方式告知用户，以便用户修正不符合条件的数据。

验证规则表达式的复杂程度取决于验证规则的复杂程度。条件越苛刻的验证规则，构建它的表达式就会越复杂。以下几种数据类型的字段不支持验证规则：自动编号、OLE 对象、附件、同步复制 ID。

提示：表达式的相关内容将在第 10 章进行介绍。

可以使用以下两种方法设置验证规则。

- 在数据表视图中，单击要设置验证规则的字段所在列中的任意单元格，然后单击功能区"表格工具|字段"选项卡中的"验证"下拉按钮，在弹出的下拉列表中选择"字段验证规则"命令，如图 3-37 所示。在打开的"表达式生成器"对话框中进行设置，该对话框与 3.2.11 小节介绍"计算"数据类型时所使用的"表达式生成器"对话框相同。

- 在设计视图中，单击要设置验证规则的字段所在行中的任意单元格，然后在下方的属性窗格中单击"验证规则"属性右侧的文本框，在其中输入验证规则表达式。单击文本框右侧的 按钮，也将打开"表达式生成器"对话框。

图 3-37　选择"字段验证规则"命令

案例 3-12　限制在"性别"字段中只能输入"男"或"女"

在"性别"字段中只能输入"男"或"女"，当输入其他内容时，显示"只能输入男或女"，实现该功能的操作步骤如下。

（1）在设计视图中打开需要设置的表，单击"性别"字段所在行中的任意单元格，然后在下方的属性窗格中进行以下两项设置。

- 单击"验证规则"属性右侧的文本框，然后输入如图 3-38 所示的验证规则表达式。
- 单击"验证文本"属性右侧的文本框，然后输入"只能输入男或女"。

（2）保存表设计，然后切换到数据表视图，在"性别"字段中输入的不是"男"或"女"时，将会弹出如图 3-39 所示的对话框，只有更正错误后，才能将数据输入到单元格中。

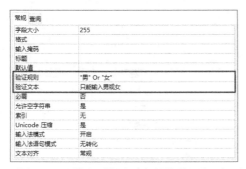

图 3-38　设置"性别"字段的验证规则　图 3-39　输入不满足验证规则的内容将显示提示信息

案例 3-13　限制在"出生日期"字段中只能输入不超过当天的日期

在"出生日期"字段中只能输入不超过当天的日期，当输入不符合要求的日期时，显示"出生日期不能晚于今天"，实现该功能的操作步骤如下。

（1）在数据表视图中打开需要设置的表，单击"出生日期"字段所在列中的任意单元格。

（2）单击功能区"表格工具|字段"选项卡中的"验证"下拉按钮，在弹出的下拉列表中选择"字段验证规则"命令。

（3）打开"表达式生成器"对话框，在"表达式元素"列表框中选择"操作符"，然后在"表达式类别"列表框中选择"比较",接着在"表达式值"列表框中双击"<="符号,将其添加到上方的文本框中,如图 3-40 所示。

图 3-40 将"<="符号添加到表达式文本框中

(4)在"表达式元素"列表框中双击"函数",然后在"表达式类别"列表框中选择"日期/时间",接着在"表达式值"列表框中双击"Date"函数,将该函数添加到上方的文本框中,如图 3-41 所示。

图 3-41 将内置函数添加到表达式文本框中

(5)单击"确定"按钮,关闭"表达式生成器"对话框。单击功能区"表格工具|字段"选

项卡中的"验证"下拉按钮,在弹出的下拉列表中选择"字段验证消息"命令,在打开的对话框中输入"出生日期不能晚于今天",如图 3-42 所示。

(6)单击"确定"按钮,然后在"出生日期"字段中输入一个晚于当天的日期,按 Enter 键后将显示如图 3-43 所示的提示信息。只有输入不超过当天的日期,才能将数据添加到单元格中。

图 3-42　设置不满足验证规则时显示的信息　　图 3-43　提示禁止输入不满足验证规则的内容

3.3.4　设置输入掩码

输入掩码是一串表示有效输入值格式的字符串,通过为字段设置"输入掩码",可以让用户按照既定的格式输入数据。例如,可以使用输入掩码确保用户在"电话号码"字段中输入格式正确的电话号码。如果用户输入了格式错误的电话号码,则 Access 不会将用户的输入显示到表中。

可以在表字段、查询字段,以及窗体和报表上的控件中使用输入掩码。输入掩码只影响 Access 是否接受用户在字段中输入的数据,不会改变数据的存储方式,存储方式由字段的数据类型和其他属性控制。

输入掩码由 3 部分组成,第一部分是必需的,后两个部分是可选的,各部分之间使用分号分隔,各部分含义如下。

- 第一部分:包括掩码字符或字符串,以及字面数据(例如括号、句点和连字符)。
- 第二部分:指定嵌入式掩码字符在字段中的存储方式。如果将该部分设置为 0,则这些字符与数据存储在一起;如果将该部分设置为 1,则仅显示而不存储这些字符,因此可以节省数据库的存储空间。
- 第三部分:指定使用哪种字符作为输入掩码的占位符。通过占位符可以了解要输入内容的格式和位数。输入实际内容后,占位符会自动消失。Access 默认使用下画线作为占位符,用户可以根据需要指定其他字符。

表 3-8 列出了设置输入掩码时可用的字符。

表 3-8　设置输入掩码时可用的字符

字　　符	说　　明
0	强制用户输入一个 0~9 之间的数字
9	用户可以输入一个 0~9 之间的数字,非强制

续表

字　符	说　明
#	用户可以输入一个数字、空格、加号或减号。如果忽略，则 Access 自动添加一个空格
L	强制用户输入一个字母
?	用户可以输入一个字母，非强制
A	强制用户输入一个字母或数字
a	用户可以输入一个字母或数字，非强制
&	强制用户输入一个字符或空格
C	用户可以输入一个字符或空格，非强制
.	小数分隔符
,	千位分隔符
:	日期分隔符和时间分隔符
-	连接线分隔符
/	斜线分隔符
>	将该字符右侧的所有字符转换为英文大写字母
<	将该字符右侧的所有字符转换为英文小写字母
!	从左到右填充输入掩码
\	按原样显示该字符右侧的一个字符
""	按原样显示双引号中的字符

案例 3-14　为"电话"字段设置输入掩码

客户信息表中的电话号码由 3 位区号和 8 位电话号码组成，为了确保用户可以按照该格式输入电话号码，需要为"电话"字段设置输入掩码，操作步骤如下。

（1）在设计视图中打开需要设置的表，单击"电话"字段所在行中的任意单元格，在下方的属性窗格中单击"输入掩码"属性右侧的文本框，然后输入输入掩码"\(000)-00000000;0;#"，如图 3-44 所示。

图 3-44　为"电话"字段设置输入掩码

（2）保存表设计，然后切换到数据表视图，当单击"电话"字段中的任意单元格时，会显示如图 3-45 所示的字符串，其中的#就是在输入掩码的第三部分指定的字符。输入实际数据后，会自动使用实际数据代替所设置的输入掩码，并且只能按照输入掩码中指定的格式和位数输入数据。

图 3-45　输入掩码的实际效果

除在设计视图中自定义输入掩码外，还可以使用输入掩码向导来设置输入掩码，操作步骤如下。

（1）在设计视图中单击要设置输入掩码的字段所在行中的任意单元格，在下方的属性窗格中单击"输入掩码"属性右侧的文本框，然后单击![...]按钮，如图 3-46 所示。

图 3-46　单击用于启动输入掩码向导的按钮

（2）弹出如图 3-47 所示的"输入掩码向导"对话框，从列表中选择要设置的掩码类型，然后在"尝试"文本框中输入实际的内容进行测试，设置完成后单击"下一步"按钮。

（3）打开如图 3-48 所示的对话框，可以修改所选择的输入掩码，还可以选择作为占位符的字符类型，设置完成后单击"下一步"按钮。

图 3-47　"输入掩码向导"对话框　　　　图 3-48　修改输入掩码和占位符

注意：输入掩码向导只能用于"文本"和"日期/时间"数据类型的字段。

（4）在打开的对话框中选择是否将掩码中包含的特殊字符与数据一起存储，最后单击"完成"按钮完成设置。

3.4　设置表的属性

　　前面介绍的属性设置针对的是表中的各个字段，Access 还提供了设置整个表属性的选项，以便控制表的外观和行为。设置表的属性需要进入设计视图，然后在功能区"表格工具|设计"选项卡中单击"属性表"按钮，弹出"属性表"窗格，如图 3-49 所示。与设置字段属性的方法类似，单击属性右侧的文本框，然后输入属性值或选择预置的属性值。

属性表	✕
所选内容的类型: 表属性	
常规	
断开连接时为只读	否
子数据表展开	否
子数据表高度	0cm
方向	从左到右
说明	
默认视图	数据表
验证规则	
验证文本	
筛选	
排序依据	
子数据表名称	[自动]
链接子字段	
链接主字段	
加载时的筛选器	否
加载时的排序方式	是

图 3-49　"属性表"窗格

第 4 章

设置表的主键和索引

主键在 Access 数据库中至关重要，主键可以唯一标识表中的每条记录，在一个数据库中的所有表之间建立关系也依赖于主键。通过为字段设置索引，可以提高查找和检索数据的效率。本章将介绍设置表的主键和索引的方法，为相关的多个表之间建立关系的方法将在第 5 章进行介绍。

4.1　理解主键

支撑 Access 数据库正常运转的关键是为底层数据所在的各个表创建关系，以便为各个表中的数据建立关联。关系的创建依赖各个表中设置的主键和外键。本节将介绍主键和外键的相关概念，并分析适合作为主键的字段所要具备的条件。

4.1.1　什么是主键和外键

每个表只能有一个主键，主键可以是一个字段，也可以包含多个字段。主键中的每个值在其所在的表中是唯一的，因此可以通过主键的值引用表中一条特定的记录。例如，在订单信息表中，每个订单都有一个不同于其他订单的"订单编号"，通过"订单编号"可以找到特定的订单，"订单编号"就是订单信息表中的主键。

外键是相对于主键来说的。例如，在客户信息表中，"客户编号"字段是该表的主键，而该字段在订单信息表中就是一个外键，如图 4-1 所示。也就是说，主键和外键是完全相同的两个字段，只不过它们位于两个不同的表中。相对于主键所在的表来说，另一个表中的相同字段就是外键。通过主键和外键可以为两个表中的数据建立关联。

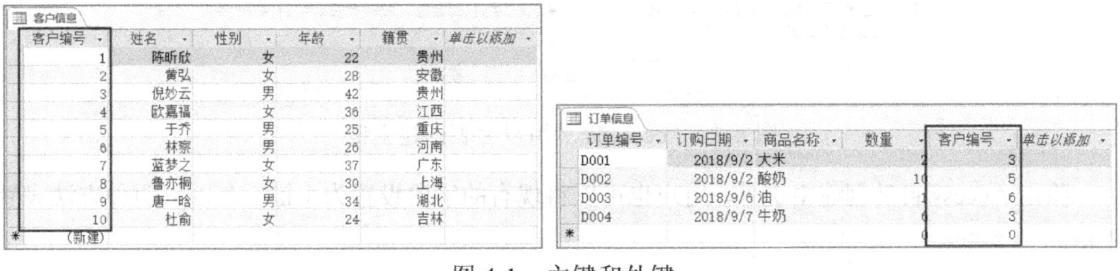

图 4-1　主键和外键

4.1.2 一个好的主键应具备的条件

在将一个字段指定为主键之前，应该检查该字段是否满足以下几个条件。

- 主键必须能够唯一标识表中的每条记录。
- 主键中的值不能出现重复。
- 主键中的值不能为空。
- 主键中的值不会发生改变。

表 4-1 列出了一些不适合作为主键的字段示例。

表 4-1　不适合作为主键的字段示例

不适合的主键	原　　因
个人姓名	很可能出现姓名相同的情况
电话号码	虽然不会重复，但可能会改变
电子邮件地址	可能会改变
邮政编码	可能多人共用一个邮政编码而出现重复

4.2　设置主键

可以将一个字段指定为主键，也可以同时将两个或多个字段指定为主键。在为表指定主键后，在表中新输入的数据会按照主键的顺序进行显示。如果是在已有数据的表中创建主键，则在创建主键后，数据会根据主键中的值重新排列。

4.2.1　将单一字段设置为主键

在数据表视图中创建新表时，Access 会自动创建一个数据类型为"自动编号"的 ID 字段，并将其设置为主键。如果在设计视图中创建新表，则不会自动创建主键。当用户第一次保存新建的表时，如果还没有为表指定主键，则 Access 将显示如图 4-2 所示的提示信息，单击"是"按钮将自动创建数据类型为"自动编号"的主键。

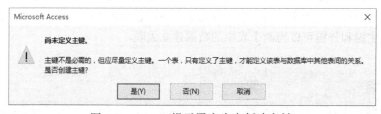

图 4-2　Access 提示用户为表创建主键

除由 Access 自动创建主键外，用户也可以将现有的字段设置为主键，有以下两种方法设置主键。

- 在设计视图中，右击要将其设置为主键的字段所在行中的任意单元格，然后在弹出的快捷菜单中选择"主键"命令，如图 4-3 所示。
- 在设计视图中，单击要将其设置为主键的字段所在行中的任意单元格，然后在功能区"表格工具|设计"选项卡中单击"主键"按钮。

将字段设置为主键后，该字段的左侧会显示一个钥匙图标，如图 4-4 所示。

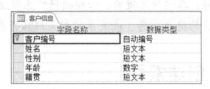

图 4-3　设置主键　　　　　　　　　图 4-4　被设置为主键的字段左侧会显示钥匙图标

4.2.2　将多个字段设置为主键

有时可能希望同时将多个字段指定为主键，包含多个字段的主键被称为"复合主键"。设置复合主键的方法与设置单字段主键的方法基本相同，唯一区别是在设置主键前，需要选择作为主键的多个字段。

设置复合主键的操作步骤如下。

（1）在设计视图中，将鼠标指针移动到要设置为主键的第一个字段左侧的行选择器上，当鼠标指针变为右箭头时，按住鼠标左键并向下拖动，选中所需的多个字段，如图 4-5 所示。

（2）单击功能区"表格工具|设计"选项卡中的"主键"按钮，将所选择的多个字段设置为主键，每个字段的左侧都会显示钥匙图标，如图 4-6 所示。

图 4-5　选择要作为复合主键的多个字段　　　　图 4-6　将多个字段设置为主键

提示：如果要设置为主键的多个字段的位置是不连续的，则可以在选择一个字段后按住 Ctrl 键，再继续选择其他字段。

虽然可以设置复合主键，但是很多用户更倾向于使用单字段主键，原因是当表中包含大量记录时，很难确保复合主键的值是否会出现重复，因为复合主键由多个字段组成，对主键值是否重复的判断要比单字段主键值是否重复的判断复杂得多。

4.3　更改和删除主键

可以随意更改表中的主键，也就是将主键从一个字段变更为另一个字段。进入设计视图，然后右击要作为主键的字段，在弹出的快捷菜单中选择"主键"命令，即可将该字段设置为主键，同时自动取消原来的主键。

删除主键的操作方法与设置主键的操作方法相同，在设计视图中右击已设置为主键的字段，然后在弹出的快捷菜单中选择"主键"命令，即可取消该字段的主键身份，该字段左侧的钥匙图标也会消失。删除主键不会删除表中的字段，但会删除为主键创建的索引。

注意：在删除主键前，必须确保该主键没被用于表关系的创建，否则 Access 会显示必须先删除关系的提示信息。表关系的相关内容将在第 5 章进行介绍。

4.4　创建索引

如果经常需要在 Access 中按照特定的字段查找或排序表中的记录，则可以通过为字段创建索引来加快执行这些操作的速度。创建索引后，在表中查找数据时，Access 就会在索引中搜索数据的位置，从而提高查找效率。本节将介绍索引的相关概念和创建方法。

4.4.1　哪些字段需要创建索引

虽然索引可以提高搜索和排序表中数据的效率，但是对于经常需要添加或更改数据的字段来说，并不适合创建索引，这是因为每次添加或更改表中的记录时，Access 都需要更新索引以使其保持最新状态，这样就会降低数据库的性能。

无法为数据类型为"OLE 对象""计算""附加"的字段创建索引。对于其他数据类型的字段，如果同时满足以下几个条件，则可以考虑为字段创建索引。

- 在字段中需要存储很多不同的值。
- 需要搜索字段中的值。
- 需要对字段中的值进行排序。

4.4.2　Access 自动创建索引

Access 会自动为表中的主键创建索引，一种情况是在为表设置主键后，Access 会自动为主键创建索引；另一种情况是在输入字段名称时，如果以 ID、key、code 或 num 这些字符作为字段名称的开始或结束部分，则 Access 会自动为这些字段创建索引。

对于第二种情况，可以通过"Access 选项"对话框来设置 Access 自动创建索引所监控的字符，操作步骤如下。

（1）单击"文件"|"选项"命令，打开"Access 选项"对话框。

（2）选择"对象设计器"选项卡，在"在导入/创建时自动索引"文本框中输入希望由 Access 监控的用于自动创建索引的字符，如图 4-7 所示，然后单击"确定"按钮。

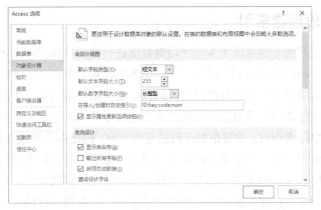

图 4-7　设置 Access 自动创建索引时监控的字符

4.4.3　为单字段创建索引

除由 Access 自动创建索引外，用户还可以为表中的任何字段手动创建索引。在为单一字段设置索引时，需要在设计视图中为该字段设置"索引"属性，包含以下 3 项。

- 无：不创建索引或删除现有索引。
- 有（有重复）：创建索引，字段中的值可以重复。
- 有（无重复）：创建索引，字段中的值不能重复。

案例 4-1　为"姓名"字段创建索引

为"姓名"字段创建索引，并且允许该字段中出现重复的姓名，操作步骤如下。

（1）在设计视图中打开需要设置的表，单击"姓名"字段所在行中的任意单元格，在下方的属性窗格中单击"索引"属性右侧的文本框。

（2）单击文本框右侧的下拉按钮，从打开的下拉列表中选择"有（有重复）"选项，如图 4-8 所示。

图 4-8　为"姓名"字段创建索引

4.4.4 为多字段创建索引

如果需要同时按照两个字段或更多个字段对数据进行搜索或排序，则可以为这些字段创建多字段索引，每个字段都是索引的一部分。在一个多字段索引中最多可以包含 10 个字段。

在使用多字段索引对表数据进行排序时，Access 会先按照索引定义中的第一个字段进行排序。当第一个字段中的值出现重复时，会按照索引定义中的第二个字段进行排序，依次类推。这意味着在创建多字段索引时，需要根据字段的重要程度，确定各个字段在索引中的先后次序。

与创建单字段索引不同，创建多字段索引需要在"索引"对话框中进行操作。在创建多字段索引时，需要将同一个索引中包含的各个字段分别排列在不同的行中，每个字段单独占据一行，行的顺序就是搜索和排序数据时所依据的字段顺序。只在第一行输入多字段索引的名称，同一个索引的其他行不设置名称，这样 Access 就会将包含名称的第一行及其下方没有名称的连续多行都视为同一个索引的组成部分。当遇到下一个包含名称的行时，就是另一个多字段索引的开始。

在设计视图中，在功能区"表格工具"|"设计"选项卡中单击"索引"按钮，弹出"索引"对话框，会显示当前已经创建了索引的字段。如果在表中设置了主键，那么 Access 会自动为主键创建索引，如图 4-9 所示。

图 4-9 "索引"对话框

在对话框下方的"索引属性"窗格中有以下 3 项设置。

- 主索引：如果将该项设置为"是"，则将该索引设置为表的主键。这意味着，如果已经为表设置了主键，那么在"索引"对话框中的该主键字段的该项设置就是"是"。
- 唯一索引：如果将该项设置为"是"，则索引中不能包含重复值。
- 忽略空值：如果将该项设置为"是"，则索引字段中具有空值的记录将被排除在索引之外。

案例 4-2 将"商品名称"和"产地"两个字段创建为多字段索引

将"商品名称"和"产地"两个字段创建为多字段索引，操作步骤如下。

（1）在设计视图中打开需要设置的表，在功能区"表格工具"|"设计"选项卡中单击"索引"按钮，如图 4-10 所示。

图 4-10　单击"索引"按钮

（2）弹出"索引"对话框，在一个空行的第一列中输入索引的名称，可以使用字段名称或自定义名称，然后单击该行的第 2 列，激活其中的下拉按钮，单击该下拉按钮，从弹出的下拉列表中选择索引中包含的第一个字段"商品名称"，如图 4-11 所示。之后可以在同一行的第 3 列指定索引的排序方式，包括"升序"和"降序"两种。

（3）在下一个空行的第 2 列打开下拉列表，从中选择索引中包含的第二个字段"产地"，然后设置"排序次序"。因为创建的是多字段索引，所以需要确保在设置索引中的第二个字段时，其第一列必须为空，如图 4-12 所示。

图 4-11　设置索引中包含的第一个字段

图 4-12　设置索引中包含的第二个字段

（4）如果想设置多字段索引的索引属性，则需要单击多字段索引所属部分的第一行的"索引名称"列，如图 4-13 所示。

图 4-13　设置多字段索引的索引属性

（5）设置完成后，单击"索引"对话框右上角的"关闭"图标，将该对话框关闭。

4.4.5　编辑和删除索引

可以根据需要随时对已创建的索引进行编辑。切换到设计视图，在功能区"表格工具"|"设计"选项卡中单击"索引"按钮，弹出"索引"对话框，可以修改指定索引的名称、关联字段及排序方式，还可以通过拖动索引左侧的行选择器来调整各个索引的先后次序。

如果要在现有索引的上方添加索引，则可以右击现有的索引，在弹出的快捷菜单中选择"插入行"命令，如图 4-14 所示。

图 4-14　选择"插入行"命令后在现有索引上方添加新行

如果发现某个索引多余或对数据库的性能产生较大的影响，则可以将该索引删除，有以下两种方法。

● 　右击要删除的索引所在行中的任意单元格，在弹出的快捷菜单中选择"删除行"命令。

● 　单击要删除的索引名称左侧的行选择器，选中索引所在的行，然后按 Delete 键。

删除索引时，只会删除索引本身，而不会删除创建索引时所依据的字段。

第5章
创建表之间的关系

　　将业务数据拆分到多个表中的目的是让每条数据在数据库中只显示一次，以便消除数据重复和冗余。数据分散存储在不同的多个表中，为了可以在查询、窗体和报表中跨表使用并整合各个表中的数据，需要在这些表中放置公共字段并定义各个表之间的关系。本章将介绍在 Access 数据库中创建表关系的方法和注意事项，在开始创建表关系之前，先介绍表关系的几种类型和参照完整性规则，最后介绍管理现有表关系的方法。

5.1　表关系的 3 种类型

　　表关系是指两个表之间存在的某种内在关联，不同类型的关系决定了两个表之间的数据关联方式。Access 数据库中的表主要包括 3 种关系：一对一、一对多、多对多。

5.1.1　一对一

　　一对一关系是指第一个表中的每条记录在第二个表中只有一个匹配的记录，而第二个表中的每条记录在第一个表中也只有一个匹配的记录。

　　具有一对一关系的两个表中的数据实际上可以合并到同一个表中，因此一对一关系并不常见。然而，在某些特定的需求下，需要为两个表创建一对一关系。例如，在一个包含客户个人信息、账号和登录密码的表中，出于安全考虑，需要将登录密码从表中分离出去，放到另一个表中，拆分后的两个表之间就是一对一的关系，如图 5-1 所示。

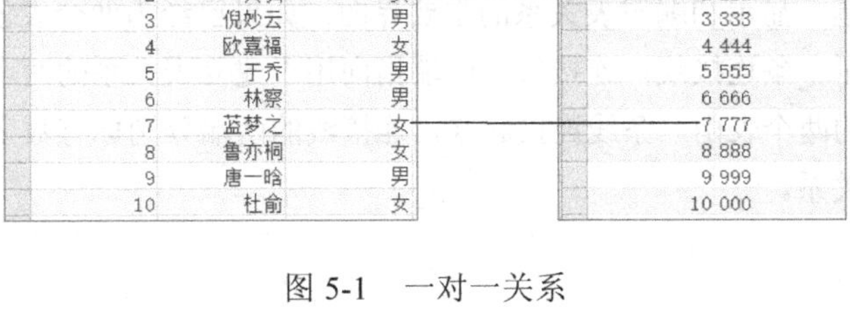

图 5-1　一对一关系

5.1.2　一对多

一对多关系是两个表之间比较常见的关系，这种关系是指第一个表中的每条记录在第二个表中有一条或多条匹配的记录，而第二个表中的每条记录在第一个表中只有一条匹配的记录。将此处的第一个表称为"父表"，将第二个表称为"子表"，父表中每次只有一条记录与子表中的一条或多条记录匹配，因此父表和子表是一对多的关系。

例如，客户和订单的关系就是一对多关系的一个示例。每个客户可以提交一个或多个订单，但每个订单只能对应一个客户，如图 5-2 所示。在客户信息表中，"客户编号"字段用于唯一确定每个客户，在订单信息表中也添加该字段，以便让 Access 通过"客户编号"字段正确找到每个订单对应的客户。

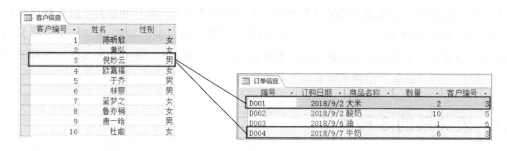

图 5-2　一对多关系

5.1.3　多对多

多对多关系是指第一个表中的每条记录在第二个表中有一条或多条匹配的记录，而第二个表中的每条记录在第一个表中也有一条或多条匹配的记录。

例如，订单和商品的关系就是多对多关系的一个示例。在一个订单中可以包含多种商品，而同一种商品可以出现在多个订单中。

为了正确表示两个表之间的多对多关系，需要创建第三个表，将该表称为"联接表"，以便将多对多关系划分为两个一对多关系。将多对多关系中的两个表的主键都放置到第三个表中，然后分别为第一个表和第三个表、第二个表和第三个表创建一对多关系。

5.1.4　了解关系视图

关系视图是创建、显示和编辑表关系的主要界面。如果已经为两个表创建了关系，那么在两个表之间将会显示一条连接线，连接线的两端指向用于建立表关系的两个表中的特定字段。

如图 5-3 所示的两个表由一条线连接起来，连接线的两端分别标有数字 1 和无穷符号，说明这是一个一对多关系。

图 5-3　关系视图

连接线的一端指向客户信息表中的"编号"字段，在连接线的这一端上有一个数字 1，表示一对多关系中的"一"端表，也就是父表，该表中每次只有一条记录与另一个表中的一条或多条记录匹配。

连接线的另一端指向订单信息表中的"客户编号"字段，在连接线的这一端上有一个无穷符号∞，表示一对多关系中的"多"端表，也就是子表，该表中每次有一条或多条记录与另一个表中的一条记录匹配。

在这个示例中，左侧的表是父表，右侧的表是子表。然而，并非由位置决定一个表是父表还是子表，而要看连接线上显示的数字 1 和无穷符号的位置。数字 1 一侧的表是父表，无穷符号一侧的表是子表。

还有一个细节需要注意，图 5-3 中的连接线显示为加粗外观，说明两个表当前实施了参照完整性规则，该规则可以使两个表中的数据保持同步，避免在数据库中出现"孤儿记录"。"孤儿记录"是指该记录所参照的其他记录并不存在，例如参照不存在的客户记录的订单记录。参照完整性规则将在 5.3 节进行介绍。

要进入关系视图，可以在功能区"数据库工具"选项卡中单击"关系"按钮，打开"关系"窗口的同时激活功能区"关系工具|设计"选项卡，其中包含了用于创建和管理表关系的命令，如图 5-4 所示。

图 5-4　创建和管理表关系的命令

各命令的功能如下。

- 编辑关系：单击该命令会打开"编辑关系"对话框，可以修改表关系的关联字段和联接类型，还可以选择是否实施参照完整性及其相关选项。
- 清除布局：从"关系"窗口中隐藏所有显示的表和关系，但不是真正删除它们。
- 关系报告：创建显示数据库中的表和关系的报表，其中只包括在"关系"窗口中未隐藏的表和关系。
- 显示表：单击该命令会打开"显示表"对话框，可以选择要添加到"关系"窗口中的表和查询。

- 隐藏表：隐藏在"关系"窗口中选中的表。
- 直接关系：在"关系"窗口中显示当前选中的表的所有关系和相关表。
- 所有关系：在"关系"窗口中显示数据库中包含的所有关系和相关表，但不会显示设置为隐藏属性的表及其关系。
- 关闭：单击该命令会关闭"关系"窗口。如果对"关系"窗口中显示的表和关系进行了更改，则会提示保存更改的信息。

5.2 表关系的联接类型

创建表关系后，通过查询可以从多个相关表中返回指定的信息。默认情况下，返回的信息只包括两个表中的匹配记录，不包括不相关的其他记录，这是因为表关系的联接类型默认为内部联接。联接是指对表中的数据执行匹配和组合的操作，联接类型决定在查询结果中包括哪些记录。Access 提供了以下 3 种联接类型。

- 内部联接：只返回两个表中公共字段相同的记录。例如，从客户信息表和订单信息表中返回已提交订单的所有客户及其订单信息。
- 左外部联接：返回"编辑关系"对话框左侧表中的所有记录，以及该对话框右侧表中的匹配记录。例如，从客户信息表和订单信息表中返回提交订单的所有客户及其订单信息，以及其他没有提交订单的客户信息。
- 右外部联接：返回"编辑关系"对话框右侧表中的所有记录，以及该对话框左侧表中的匹配记录。例如，从客户信息表和订单信息表中返回提交订单的所有客户及其订单信息，以及没有对应客户的订单信息。

当把表关系的联接类型设置为左外部联接或右外部联接时，在表关系连接线的一端会显示一个箭头，箭头指向的表是只返回匹配记录的表，没有箭头的另一端的表将返回所有记录，如图 5-5 所示。

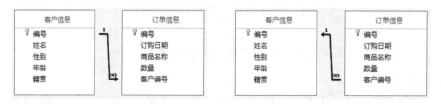

图 5-5　左外部联接和右外部联接

5.3 理解参照完整性

在为多个相关表创建关系后，这些表中的数据通过主键和外键建立关联，但是在修改和删除表中的记录时，可能会出现各个表中的相关数据不同步的问题。

例如，客户信息表和订单信息表之间存在一对多关系，即一个客户可以有多个订单，但每个订单只属于一个特定的客户。在客户信息表中删除某个客户后，如果在订单信息表中存在该客户的多个订单，那么这些订单就会成为"孤儿记录"，它们无法找到原来的客户信息，因为它们所参照的客户记录已被删除。修改表中的记录也会遇到同样的问题。

Access 为表关系提供了参照完整性，目的是防止表中出现"孤儿记录"，并使各个表中的相关记录始终保持同步和完整。为表关系启用参照完整性选项即可实施参照完整性，具体方法将在 5.4.1 小节进行介绍。

实施参照完整性后，Access 将拒绝执行任何违反参照完整性的操作，包括拒绝用户对参照目标进行修改和删除等操作。但这并不是说在实施参照完整性后，再也不能修改参照目标的内容了。正如前面列举的示例，可能希望在实施参照完整性后，修改父表（客户信息表）某些记录中的"客户编号"字段的值，并希望将修改结果同时更新到子表（订单信息表）中所有匹配的记录，以使各个相关表中的数据保持一致。从父表中删除特定记录时也有类似的情况。

为了实现这个目的，Access 提供了以下两个选项。

- 级联更新相关字段：如果在实施参照完整性的情况下启用了该选项，则在更新父表中的主键时，其他表中所有参照该主键的字段都会自动更新。
- 级联删除相关记录：如果在实施参照完整性的情况下启用了该选项，则在父表中删除记录时，其他表中所有参照该主键的记录都会被删除。例如，如果将客户信息表中编号为"10"的客户记录删除了，那么订单信息表中客户编号为 10 的所有订单记录也会被自动删除。

5.4 创建表关系并实施参照完整性

本节将介绍创建表关系并实施参照完整性的具体方法。只要理解了前面介绍的相关概念，实际的操作过程并不复杂。在创建和管理表关系时，涉及关系的所有表都必须提前关闭，否则 Access 禁止用户创建表关系。

5.4.1 为两个表创建表关系并实施参照完整性

在创建表关系时，需要先打开"关系"窗口，将涉及关系的两个表添加到"关系"窗口中，然后为一个表中的主键及其在另一个表中的外键建立关联，再根据需要启用参照完整性选项，并设置更新字段和删除记录时是否保持数据同步，最后对"关系"窗口中的布局进行保存，下次打开"关系"窗口时，将会显示相关表及它们之间的关系连接线。即使不保存布局，创建的关系也会被存储到数据库中，只不过在打开"关系"窗口时不会显示相关的表。

打开"关系"窗口的方法在 5.1.4 小节中曾经介绍过，只需在功能区"数据库工具"选项卡中单击"关系"按钮即可。将需要创建关系的表添加到"关系"窗口中，有以下两种方法。

- 在功能区"关系工具|设计"选项卡中单击"显示表"按钮，或者右击"关系"窗口中的空白处，从弹出的快捷菜单中选择"显示表"命令，然后在弹出的对话框中选择要添加到"关系"窗口中的表。

- 从 Access 窗口左侧的导航窗格中，将需要的表拖动到"关系"窗口中。

下面通过 3 个案例分别介绍创建一对一、一对多、多对多关系的具体方法。

案例 5-1　创建一对一关系

为客户信息表和密码管理表创建一对一关系，关联字段为客户信息表中的"编号"字段和密码管理表中的"编号"字段，操作步骤如下：

（1）在 Access 中打开包含所需表的数据库，但不要在数据库中打开本案例将要创建关系的两个表。在功能区"数据库工具"选项卡中单击"关系"按钮，如图 5-6 所示，打开"关系"窗口。

图 5-6　单击"关系"按钮

（2）右击"关系"窗口中的空白处，在弹出的快捷菜单中选择"显示表"命令，如图 5-7 所示。

（3）弹出"显示表"对话框，在"表"选项卡中按住 Ctrl 键，依次单击需要创建关系的表，以便同时将这些表选中，如图 5-8 所示。

图 5-7　选择"显示表"命令　　　　图 5-8　选择需要创建关系的表

（4）依次单击"添加"按钮和"关闭"按钮，将选中的表添加到"关系"窗口中，如图 5-9 所示。

图 5-9　将所选择的表添加到"关系"窗口中

（5）将客户信息表中的"编号"字段拖动到登录密码表中的"编号"字段上，如图 5-10 所示。

图 5-10　拖动字段建立关联

（6）这时弹出"编辑关系"对话框，在"表/查询"和"相关表/查询"中自动设置好了两个表，在两个表下方的单元格中也自动设置好了联接的字段，由于这两个表是一对一关系，因此这两个字段分别是这两个表中的主键。为了实施参照完整性，需要选中"实施参照完整性"复选框，如图 5-11 所示。

（7）完成设置后单击"创建"按钮，为客户信息表和登录密码表创建一对一关系，如图 5-12 所示。最后按 Ctrl+S 组合键保存创建好的关系布局。

图 5-11　设置表关系并实施参照完整性

图 5-12　创建一对一关系

案例 5-2　创建一对多关系

为客户信息表和订单信息表创建一对多关系，关联字段为客户信息表中的"编号"字段和订单信息表中的"客户编号"字段，操作步骤如下。

（1）在 Access 中打开包含所需表的数据库，但不要在数据库中打开本案例将要创建关系的两个表。在功能区"数据库工具"选项卡中单击"关系"按钮，打开"关系"窗口。

（2）在功能区"关系工具|设计"选项卡中单击"显示表"按钮，弹出"显示表"对话框，在"表"选项卡中按住 Ctrl 键，依次单击需要创建关系的表，以便同时将这些表选中，如图 5-13 所示。

（3）依次单击"添加"按钮和"关闭"按钮，将选中的表添加到"关系"窗口中。将客户信息表中的"编号"字段拖动到订单信息表中的"客户编号"字段上，如图 5-14 所示。

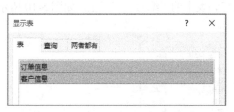

图 5-13　选择需要创建关系的表

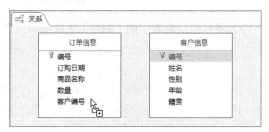

图 5-14　拖动字段建立关联

（4）这时弹出"编辑关系"对话框，在"表/查询"和"相关表/查询"文本框中自动设置好了两个表，在两个表下方的单元格中也自动设置好了联接的字段。由于两个表是一对多关系，因此两个字段分别是客户信息表中的主键和订单信息表中的外键。为了实施参照完整性，需要选中"实施参照完整性"复选框，然后选中"级联更新相关字段"和"级联删除相关记录"两个复选框，如图 5-15 所示。

（5）完成设置后单击"创建"按钮，为客户信息表和订单信息表创建一对多关系，如图 5-16 所示。最后按 Ctrl+S 组合键保存创建好的关系布局。

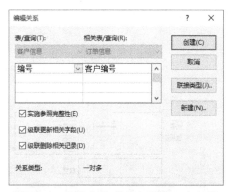

图 5-15　设置表关系并实施参照完整性

图 5-16　创建一对多关系

案例 5-3　创建多对多关系

为订单信息表和商品信息表创建多对多关系。创建时需要添加一个联接表，以便将多对多关系拆分为两个一对多关系。在联接表中需要同时包含商品信息表和订单信息表的主键，本案例为"商品编号"和"订单编号"两个字段，并将这两个字段设置为联接表的复合主键。复合主键的相关内容请参考第 4 章。

为商品信息表和订单信息表创建多对多关系的操作步骤如下。

（1）在 Access 中打开包含所需表的数据库，然后在功能区"创建"选项卡中单击"表设计"按钮，在设计视图中添加一个新表。

（2）在表中添加两个字段，与订单信息表中的"订单编号"字段和商品信息表中的"商品编号"字段一一对应，如图 5-17 所示。本案例中这两个字段的数据类型需要设置为"数字"，因为需要用户根据订单及其中商品的具体情况，手动输入相应的订单编号和商品编号，以便与指定的订单和商品进行联接。如果将字段的数据类型设置为"自动编号"，则无法输入所需的编号，因为"自动编号"字段禁止用户随意输入和修改。

图 5-17　添加两个字段

（3）同时选择步骤（2）添加的两个字段，然后右击两个字段所在任意行中的单元格，从弹出的快捷菜单中选择"主键"命令，将它们设置为复合主键，如图 5-18 所示。

图 5-18　将两个字段设置为复合主键

（4）在表中可以继续添加其他字段，比如订购数量。按 Ctrl+S 组合键，保存表并将其命名为"订单明细"，然后关闭订单明细表。

（5）在功能区"数据库工具"选项卡中单击"关系"按钮，打开"关系"窗口。

（6）在功能区"关系工具|设计"选项卡中单击"显示表"按钮，弹出"显示表"对话框，在"表"选项卡中依次将订单信息表、订单明细表、商品信息表添加到"关系"窗口中。方法是：每次选择一个表，然后单击"添加"按钮，也可直接双击要添加的表。这 3 个表将按添加的顺序依次排列在"关系"窗口中，如图 5-19 所示。

（7）创建两个一对多关系。将订单信息表中的"订单编号"字段拖动到订单明细表中的"订单编号"字段上，这时弹出如图 5-20 所示的"编辑关系"对话框，选中"实施参照完整性""级联更新相关字段""级联删除相关记录"3 个复选框。

图 5-19　将 3 个表添加到"关系"窗口中

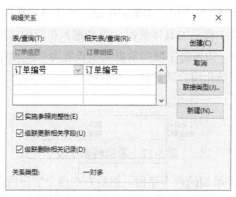

图 5-20　设置第一个一对多关系

（8）单击"创建"按钮，为订单信息表和订单明细表创建一对多关系，如图 5-21 所示。

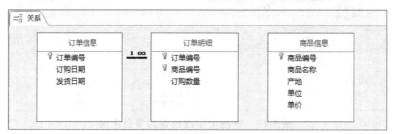

图 5-21　为订单信息表和订单明细表创建关系

（9）使用类似的方法，为商品信息表和订单明细表创建一对多关系，如图 5-22 所示。最后按 Ctrl+S 组合键保存创建好的关系布局。

图 5-22　为商品信息表和订单明细表创建关系

5.4.2 设置表关系的联接类型

表关系的联接类型在 5.2 节介绍过，这里主要介绍联接类型的设置方法。表关系的联接类型需要在"编辑关系"对话框中进行设置。在创建表关系时，在"编辑关系"对话框中可以单击"联接类型"按钮，将弹出如图 5-23 所示的"联接属性"对话框，从 3 种联接类型中选择一种即可。

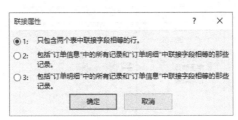

图 5-23　选择联接类型

5.5 查看和编辑表关系

可以随时查看数据库中各个表之间的关系，以了解所有数据的关联方式。根据业务的实际需求，可能需要更改现有的表关系、联接类型及参照完整性设置。

5.5.1 查看表关系

要查看表关系，需要打开包含这些表的数据库，然后在功能区"数据库工具"选项卡中单击"关系"按钮，打开"关系"窗口。如果数据库中包含创建好的表关系，并保存了关系布局，那么就会在"关系"窗口中显示现有的表关系。

如果没有显示任何表关系或表关系没有完全显示，则可以在功能区"关系工具|设计"选项卡中单击"所有关系"按钮。

想要删除"关系"窗口中的所有表，可以在功能区"关系工具|设计"选项卡中单击"清除布局"按钮，这样可以将所有表及其关系连接线从"关系"窗口中移除，但不会真正删除。

在关闭"关系"窗口时，如果对之前的布局进行了更改，则会提示用户保存当前布局。保存布局后，下次打开"关系"窗口时将显示上次保存的布局。

5.5.2 更改表关系

如果需要，可以随时更改现有的表关系，包括表关系的类型、参照完整性及表关系的联接类型。

要更改表关系，需要打开"关系"窗口。如果"关系"窗口中没显示指定的表关系，可以使用 5.5.1 小节介绍的方法使其显示，或者打开"显示表"对话框，将所需的表添加到"关系"窗口中。如果它们之间已经创建好关系，则会同时显示它们之间的关系连接线。

在更改表关系时，需要单击两个表之间的关系连接线，选中后的连接线将加粗显示。此时可以使用以下 3 种方法打开"编辑关系"对话框。

- 在功能区"关系工具|设计"选项卡中单击"编辑关系"按钮。
- 右击关系连接线，在弹出的快捷菜单中选择"编辑关系"命令，如图 5-24 所示。
- 双击选中的关系连接线。

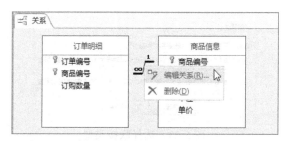

图 5-24　选择快捷菜单中的"编辑关系"命令

使用以上任意一种方法将弹出"编辑关系"对话框，其中包含的选项与创建关系时使用的"编辑关系"对话框相同。对所需选项的设置进行更改，完成后单击"确定"按钮。

注意：如果更改表关系的表正处于打开状态，则无法更改表关系。只有在关闭表关系涉及的相关表后，才能更改表关系。

5.5.3　删除表关系

对于不再需要的表关系，应该将其删除，以免错误地联接表中的数据。在删除关系时，如果启用了参照完整性，则会同时删除该关系的参照完整性。因此，Access 将不再自动禁止在关系的"多"方创建孤立记录。

与更改表关系类似，删除表关系前也需要选中两个表之间的关系连接线，然后使用以下两种方法删除表关系。

- 按 Delete 键。
- 右击关系连接线，在弹出的快捷菜单中选择"删除"命令。

无论使用哪种方法，都会弹出如图 5-25 所示的对话框，单击"是"按钮将删除当前选中的表关系。

图 5-25　确认删除表关系的提示信息

如果表关系中涉及的任何一个表当前处于打开状态，则在单击图 5-25 中的"是"按钮后，将弹出如图 5-26 所示的对话框，此时只能单击"确定"按钮，然后将相关的表关闭，再执行删除表关系的操作。

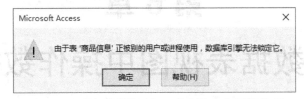

图 5-26　无法删除处于打开状态的表之间的关系

　　删除两个表之间的关系后，在"关系"窗口中依次选择每个表并按 Delete 键，将表从"关系"窗口中删除，最后保存"关系"窗口中的布局。

第 6 章
在数据表视图中操作数据

通过对前面几章内容的学习，读者现在已经具备了设计符合要求的表结构的能力。接下来的工作是向表中添加实际的数据，有了基本数据，Access 提供的各种数据库工具才能有用武之地。本章将介绍在表中输入和编辑数据的方法和技巧，还将讲解在表中对数据进行的其他一些操作，包括排序和筛选数据、导入外部数据、打印数据等。

6.1　理解数据表视图

第 1 章曾经介绍过，表包含设计视图和数据表视图两种视图。设计视图用于设计表的结构，数据表视图虽然也可用于简单地设计表结构，但其主要用于在表中输入和编辑数据，这些数据是数据库中的底层数据，主要提供给查询、窗体和报表等数据库对象使用。在向表中输入数据之前，应该了解数据表视图的界面环境及在其中进行导航的方法。

6.1.1　数据表视图的结构

数据表视图是表的一种视图类型，只要当前操作的是表，就可以随时切换到数据表视图。有以下几种方法可以打开表的数据表视图。

- 当表位于设计视图中时，单击状态栏中的"数据表视图"按钮。
- 当表位于设计视图中时，单击功能区"表格工具|设计"选项卡中的"视图"按钮。
- 在导航窗格中双击表。
- 从导航窗格中将表拖动到"数据表"窗口中。"数据表"窗口就是显示表数据的界面，它位于导航窗格的右侧。

在数据表视图中打开一个表后，表中数据的显示方式与 Excel 工作表类似，所有数据排列在行和列中，每行表示一条记录，每列表示一个字段，行与列的交叉位置是特定的值，如图 6-1所示。

在数据区域的下方有一个工具栏，可以使用工具栏中的命令在不同记录之间导航。工具栏的右侧有一个搜索框，用于在表中搜索特定的数据。在表中导航的具体方法将在 6.1.2 小节进行介绍。

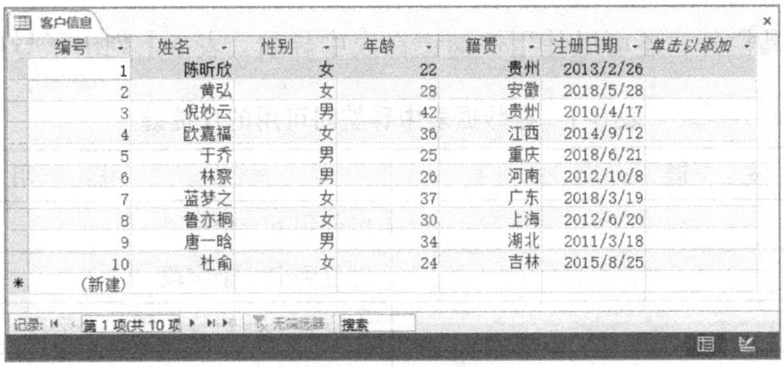

图 6-1　数据表视图

如果表中的数据过多，以致于不能完全显示在当前屏幕中，则会在"数据表"窗口的右侧和下方分别显示垂直滚动条和水平滚动条。垂直滚动条用于控制记录的滚动显示，水平滚动条用于控制字段的滚动显示。

6.1.2　在数据表中导航

导航工具栏位于"数据表"窗口的底部，其中的控件用于在表记录之间进行导航，如图 6-2 所示。

图 6-2　导航工具栏

各控件的功能如下。

|◀：定位到第一条记录。

▶|：定位到最后一条记录。

◀：定位到上一条记录。

▶：定位到下一条记录。

▶*：在表的末尾添加一条新记录。

第 1 项(共 10 项)：在该控件中输入记录编号并按 Enter 键，可以快速定位到指定的记录。如果输入的记录编号大于表中的记录总数，则会弹出如图 6-3 所示的提示信息，禁止定位到不存在的记录。

无筛选器：如果对表执行了筛选操作，则该控件上的文字会显示"已筛选"，然后可以反复单击该控件，在筛选和未筛选之间切换，以便查看数据筛选前和筛选后的效果。

搜索：在该控件中输入想要查找的内容，表中会自动突出显示第一个匹配项。

图 6-3　输入大于记录总数的记录号时显示的提示信息

除使用导航工具栏外，还可以使用快捷键在表中导航。表 6-1 列出了导航时可用的快捷键。

表 6-1　在数据表中导航时可用的快捷键

按　　键	说　　明
Tab 或右箭头	定位到下一个字段
Shift+Tab 或左箭头	定位到上一个字段
Home	定位到当前记录的第一个字段
End	定位到当前记录的最后一个字段
Ctrl+Home	定位到第一条记录的第一个字段
Ctrl+End	定位到最后一条记录的最后一个字段
上箭头	定位到上一条记录
下箭头	定位到下一条记录
PgUp	上滚一页
PgDn	下滚一页

6.1.3　自定义导航方式

前面介绍的导航方式是 Access 中的默认设置，用户可以根据操作习惯，自定义导航方式。单击"文件"|"选项"命令，打开"Access 选项"对话框，选择"客户端设置"选项卡，在右侧的"编辑"选项区中可以自定义表中的导航方式，如图 6-4 所示。

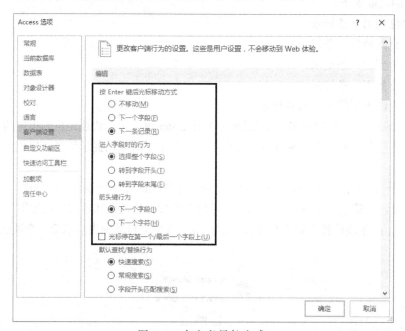

图 6-4　自定义导航方式

1．按 Enter 键后光标移动方式

默认情况下，在一条记录的某个字段中输入内容后，按 Enter 键将会自动定位到下一条记录。"按 Enter 键后光标移动方式"选项提供了按 Enter 键后光标的移动方式，有以下 3 种。

- 不移动：将光标驻留在当前字段。
- 下一个字段：将光标移动到下一个字段，如图 6-5 所示。
- 下一条记录：将光标移动到下一条记录的当前字段，如图 6-6 所示，该项是 Access 的默认设置。

图 6-5 "下一个字段"选项的效果

图 6-6 "下一条记录"选项的效果

2．进入字段时的行为

默认情况下，从一个字段定位到另一个字段时，将自动选中该字段中的内容。"进入字段时的行为"选项提供了定位到另一个字段时光标的行为，有以下 3 种。

- 选择整个字段：在定位到另一个字段时，自动选中该字段中的所有内容，该项是 Access 的默认设置。
- 转到字段开头：在定位到另一个字段时，光标位于字段的开头，如图 6-7 所示，并显示为一条竖线。
- 转到字段末尾：在定位到另一个字段时，光标位于字段的末尾，并显示为一条竖线。

图 6-7 "转到字段开头"选项的效果

3．箭头键行为

默认情况下，在按下左箭头键或右箭头键时，光标将从当前字段移动到下一个字段。当到达记录的最后一个字段时，按右箭头键将定位到下一条记录的第一个字段；当到达记录的第一个字段时，按左箭头键将定位到上一条记录的最后一个字段。"箭头键行为"选项提供了按左箭头键和右箭头键时光标的行为，有以下 3 种。

- 下一个字段：按左箭头键定位到上一个字段，按右箭头键定位到下一个字段，该项是

Access 的默认设置。

- 下一个字符：按左箭头键定位到字段中的前一个字符，按右箭头键定位到字段中的后一个字符。
- 光标停在第一个/最后一个字段上：选中该复选框后，如果光标位于一条记录的最后一个字段，当按下右箭头键时，光标仍然保留在该字段中，而不会定位到下一条记录的第一个字段。同理，如果光标位于一条记录的第一个字段，当按下左箭头键时，光标仍然保留在该字段中，而不会定位到上一条记录的最后一个字段。

6.1.4　设置数据表的默认外观

在"Access 选项"对话框的"数据表"选项卡中，可以设置数据表的默认外观，如图 6-8 所示。"默认外观"是指经过设置后，以后创建的新表都会使用此处设置的格式。默认设置选项包括两部分：网格线和单元格效果、默认字体。

图 6-8　设置数据表的默认外观

默认情况下，工作表中的行、列之间由线条进行视觉分隔，这些线条称为网格线。可以根据需要设置是否显示网格线。如果不想显示网格线，则可以取消选中"水平"和"垂直"复选框。

单元格的外观效果默认为"平面"，还可以改为"凸起"或"凹陷"。如图 6-9 所示为设置单元格"凸起"后的效果。

在"默认列宽"文本框中可以输入一个作为默认列宽的数值，以后创建的表的列宽都以该值为准。

编号	姓名	性别	年龄	籍贯	注册日期	单击以添加
1	陈昕欣	女	22	贵州	2013/2/26	
2	黄弘	女	28	安徽	2018/5/28	
3	倪妙云	男	42	贵州	2010/4/17	
4	欧嘉福	女	36	江西	2014/9/12	
5	于乔	男	25	重庆	2018/6/21	
6	林黎	男	26	河南	2012/10/8	
7	蓝梦之	女	37	广东	2018/3/19	
8	鲁亦桐	女	30	上海	2012/6/20	
9	唐一晗	男	34	湖北	2011/3/18	
10	杜俞	女	24	吉林	2015/8/25	
*	(新建)					

图 6-9　将单元格效果设置为"凸起"

在"默认字体"选项区中可以设置数据表中的文字默认格式，包括字号、粗细、下画线、倾斜 4 个选项。以后创建的新表都会具有在此处设置的字号、粗细、下画线和倾斜等文字格式。

注意：如果在进行以上设置前，已经打开了一个或多个表，那么在进行以上设置后需要关闭这些表，并重新打开它们，设置结果才会作用于这些表。

6.2　在数据表中输入数据

在设计好表结构后，接下来要做的就是向表中添加数据。掌握正确的数据输入方法，可以提高输入效率，并避免出现错误。可能读者已经非常熟悉在像 Excel 这样的电子表格程序中输入数据，但是仍然有必要学习在 Access 表中输入数据的方法，因为两者存在一些重要的区别。

6.2.1　影响数据输入的因素

如果使用过 Excel，那么可能知道在 Excel 工作表中可以随意输入任何内容。但凡事都有两面性，输入的灵活性为后续的数据处理带来了隐患，以致于频繁发生公式错误或其他无法预料的问题。

与 Excel 不同，Access 对用户向表中输入的数据有着较为严格的限制，虽然影响了输入的畅快体验，但却为后续的数据处理的正确和安全提供了保证。在向表中输入数据前，应该了解一下在 Access 中影响数据输入的因素。

1. 字段的数据类型

字段的数据类型限制了用户能够在字段中输入哪些数据，大多数类型的字段只接受一种数据类型的值。例如，在"数字"数据类型的字段中只能输入数字，如果输入文本，则在定位到另一个字段或保存表时，会显示如图 6-10 所示的提示信息。

图 6-10　输入不支持的数据类型的值时显示的提示信息

与"数字"数据类型具有类似限制输入功能的数据类型还有"日期/时间"和"是/否",而"自动编号"数据类型根本不允许用户输入或编辑字段中的值。

2.输入掩码

如果为字段设置了"输入掩码"属性,则在数据表中输入数据时,必须按照输入掩码中指定的格式来输入数据,否则将禁止向表中添加正在输入的数据。

3.验证规则

如果为字段设置了"验证规则",则只能在字段中输入符合验证规则的数据,不符合验证规则的数据将被禁止输入到表中。

4.必填字段

如果将字段的"必需"属性设置为"是",则在该字段中必须输入一个值,否则无法保存记录。

6.2.2 添加新记录

新记录是指在记录选择器上显示星号(*)的行。记录选择器是一个灰色的矩形区域,位于每条记录的开头,如图 6-11 所示。

图 6-11 记录选择器

无论表中是否包含数据,都会显示一条新记录,新记录始终位于表的底部。可以使用以下几种方法添加新记录。

- 使用前面介绍的导航方式,定位到以星号开头的记录的第一个字段。
- 单击导航工具栏中的 按钮。
- 在功能区"开始"选项卡中单击"新建"按钮,如图 6-12 所示。
- 在功能区"开始"选项卡中单击"转至"|"新建"命令,如图 6-13 所示。
- 按 Ctrl++(加号)组合键。
- 右击表中任意一条现有的记录,在弹出的快捷菜单中选择"新记录"命令。

图 6-12 单击"新建"按钮

图 6-13 单击"转至"|"新建"命令

6.2.3 输入数据

在打开要输入数据的表之后，就可以向表中输入数据了。由于一个表中通常包括不止一种数据类型的字段，并且在表设计时可能为字段设置了输入掩码和验证规则，因此在字段中输入数据时，应该注意这些设置对数据输入的影响。

新数据的输入通常是从新记录的第一个字段开始的。定位到新记录的第一个字段，然后输入该字段支持类型的数据。输入好一个字段后，按 Tab 键或右箭头键，定位到同一条记录的下一个字段并输入内容，其他字段的输入方法以此类推。

在一个字段中输入数据时，该字段所在记录的记录选择器上的星号会变为铅笔图标，新记录会自动在当前正在编辑的记录下方出现，如图 6-14 所示。

图 6-14　输入数据时会显示铅笔图标

无法在"自动编号"数据类型的字段中输入值，该字段中的值只能由 Access 自动分配，并且该字段中的值永远不会重复。

6.2.4 撤销操作

Access 中的撤销功能主要作用于编辑某条记录的过程中。在编辑某条记录时，可以使用以下几种方法随时撤销对当前字段的修改。

* 单击快速访问工具栏中的"撤销"按钮。
* 按 Ctrl+Y 组合键。
* 按 Esc 键。

如果要撤销对当前整条记录的修改，则可以按两次 Esc 键。在编辑好一条记录，并将光标定位到另一条记录中时，仍然可以撤销对上一条记录的修改。但是如果在另一条记录的任意字段中输入了数据，就无法撤销对上一条记录的修改了。

6.2.5 保存记录

使用以下任意一种方法都可以保存正在编辑的记录。

* 单击快速访问工具栏中的"保存"按钮。
* 按 Ctrl+S 组合键。
* 按 Shift+Enter 组合键。
* 使用不同的导航方式从当前记录定位到另一条记录。

如果行选择器中的铅笔图标消失了，说明当前记录已被保存。在保存记录时，Access 会检查记录中的各个字段的数据是否有效。例如，将某个字段设置为必填字段，如果在该字段中没有输入任何内容，保存记录时将会显示类似如图 6-15 所示的提示信息，只有在该字段中输入数据后，才能保存记录。

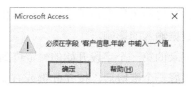

图 6-15　保存记录时会自动检查数据的有效性

6.2.6　删除记录

删除一条记录的方法有以下几种。

- 右击记录开头的记录选择器，然后在弹出的快捷菜单中选择"删除记录"命令，如图 6-16 所示。
- 单击记录开头的记录选择器，然后在功能区"开始"选项卡中单击"删除"按钮。
- 单击记录开头的记录选择器，然后按 Delete 键。
- 单击记录中的任意字段，然后在功能区"开始"选项卡中单击"删除"按钮右侧的下拉按钮，从弹出的下拉列表中选择"删除记录"命令，如图 6-17 所示。

图 6-16　使用快捷菜单中的删除命令　　　图 6-17　使用功能区中的删除命令

无论使用哪种方法，都会弹出如图 6-18 所示的对话框，单击"是"按钮即可将该记录删除。删除操作无法撤销，因此需要谨慎操作。

图 6-18　删除记录前的确认信息

如果想一次性删除多条记录，则要先选择多条记录，可以拖动记录选择器进行选择，也可以先选择一条记录，然后按住 Shift 键再选择另一条记录，这样位于这两条记录之间的所有记录都会被选中。之后可以按 Delete 键或在功能区"开始"选项卡中单击"删除"按钮右侧的下拉按钮，从弹出的下拉列表中选择"删除记录"命令，即可将选中的多条记录删除。

注意：如果已经为记录所在的表创建了关系并实施参照完整性，则不能随意删除父表中的记录，除非启用了"级联删除相关记录"选项。

6.3 编辑数据表中的数据

在表中添加数据后，可能需要对现有数据进行编辑，例如复制数据并进行粘贴，或者修改特定字段中的内容，这时可以手动修改内容，也可以利用替换功能批量修改位于表中多个位置上的相同或相似的内容。

6.3.1 复制和粘贴数据

可以复制一个或多个字段中的内容，也可以复制一条或多条记录。复制的内容会进入剪贴板，然后可以将剪贴板中的内容粘贴到当前表或其他表中。

在 Access 中复制和粘贴数据时，需要注意复制的源数据的数据类型与粘贴到目标位置的数据类型是否相同，类型不同就会导致粘贴错误。

如果复制的是一个单独的字段，则需要确保复制的源字段与粘贴到的目标字段具有相同的数据类型。如果复制的是多个字段或整条记录，则需要确保复制的这些字段的数据类型与粘贴到的目标位置上的各个字段的数据类型一一对应。

例如，如果复制的整条记录中包含姓名、性别、年龄 3 个字段，它们的数据类型依次为"文本""文本""数字"，那么粘贴到目标位置上的 3 个字段也必须是"文本""文本""数字"3 种数据类型，否则就会导致粘贴错误，会显示如图 6-19 所示的提示信息。

图 6-19　数据类型不匹配时的提示信息

单击"确定"按钮后，Access 会将不匹配的数据粘贴到一个新建的名为"粘贴错误"的表中，如图 6-20 所示。用户修复了字段数据类型不匹配的问题后，可以从该表中复制数据并粘贴到目标表中。

图 6-20　Access 将不匹配的数据粘贴到一个新建的表中

复制和粘贴数据的操作并不复杂，复制字段或记录的方法如下。

1. 复制单个字段

将鼠标指针移动到要复制数据的单元格靠左的位置，当鼠标指针变为一个大的白色加号时，如图 6-21 所示，单击即可选中该字段。选中后的单元格四周会显示一个加粗的边框，然后右击选中的单元格，在弹出的快捷菜单中选择"复制"命令，将该单元格中的内容复制到剪贴板，如图 6-22 所示。

图 6-21　选择单个字段　　　　　　图 6-22　复制所选字段中的内容

在目标表中选择要粘贴数据的目标字段，然后右击该字段，从弹出的快捷菜单中选择"粘贴"命令，如图 6-23 所示，将剪贴板中的内容粘贴到目标字段中。

也可以将复制的字段粘贴为一个新字段，为此可以在目标表中单击"单击以添加"字段标题，然后从下拉列表中选择"粘贴为字段"命令，如图 6-24 所示。

图 6-23　在目标位置粘贴数据　　　　图 6-24　选择"粘贴为字段"命令

提示：复制和粘贴操作可以使用快捷键完成，复制时使用 Ctrl+C 组合键，粘贴时使用 Ctrl+V 组合键。

2．复制多个字段

要复制多个字段，就要先选择这些字段，方法是：先选择多个字段中的第一个字段，然后按住 Shift 键，再单击多个字段中的最后一个字段，即可选中这些字段。Access 会使用加粗的边框包围这些字段，如图 6-25 所示。

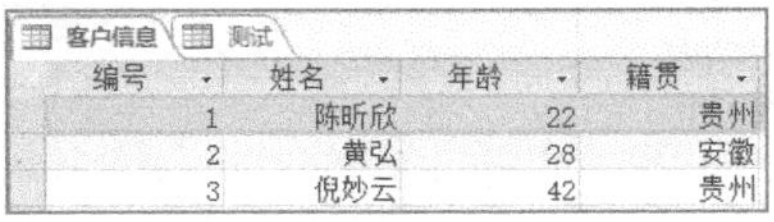

图 6-25　选择多个字段

右击选中的任意字段，在弹出的快捷菜单中选择"复制"命令。在目标表中选中数量相同的多个字段，并且这些字段的数据类型必须与复制的字段的数据类型一一对应，然后右击选中的任意目标字段，在弹出的快捷菜单中选择"粘贴"命令。

3．复制整条记录

复制整条记录的操作与复制多个字段的操作类似，实际上更简单。要复制整条记录，可以右击记录开头的记录选择器，在弹出的快捷菜单中选择"复制"命令，如图 6-26 所示。然后右击目标表中要粘贴记录的位置的记录选择器，从弹出的快捷菜单中选择"粘贴"命令。

图 6-26　复制整条记录

6.3.2　追加其他表中的数据

有时可能需要将具有相同结构的两个表中的数据合并到一个表中，通过手动复制多条记录并将其粘贴到目标表中，虽然可以实现这个需求，但是操作过程略为烦琐。此时可以使用另一种方法，即复制并粘贴表，然后使用"追加"功能自动合并来源表和目标表中的数据。

案例 6-1　合并两个客户信息表中的数据

在客户信息表与客户信息汇总表中包含结构相同的客户信息，现在需要将客户信息表中的数据合并到客户信息汇总表中，操作步骤如下。

（1）在导航窗格中右击客户信息表，在弹出的快捷菜单中选择"复制"命令，如图 6-27 所示。

（2）在导航窗格的空白处右击，从弹出的快捷菜单中选择"粘贴"命令，如图 6-28 所示。

图 6-27 选择"复制"命令　　　　　图 6-28 选择"粘贴"命令

（3）弹出"粘贴表方式"对话框，在"表名称"文本框中输入目标表的名称"客户信息汇总"，并选择"将数据追加到已有的表"单选按钮，如图 6-29 所示。

图 6-29 设置数据追加选项

（4）单击"确定"按钮，将客户信息表中的所有记录追加到客户信息汇总表中。

如果追加数据前目标表处于打开状态，则在向目标表追加数据后，需要关闭并重新打开目标表，才会显示追加后的数据。

注意：如果源表和目标表中的记录在主键值上发生冲突，则在追加数据时，相应的记录可能会丢失。如果源表和目标表中的记录存在数据类型不同的字段，则在追加数据时，会丢失这些字段。

6.3.3 查找数据

通过 Access 提供的查找功能，可以快速定位数据表中的特定内容。在表中查找数据有以下两种方法。

- 使用"数据表"窗口中的"搜索"控件。
- 使用"查找和替换"对话框中的"查找"选项卡。

1．使用"搜索"控件查找数据

在数据表视图中打开一个表，在"数据表"窗口底部的导航工具栏中有一个"搜索"控件，该控件是一个文本框，在其中输入想要查找的内容，表中会自动突出显示第一个匹配项，如图 6-30 所示。

图 6-30   使用"搜索"控件查找数据

2．使用"查找和替换"对话框中的"查找"选项卡查找数据

查找指定的内容在表中出现的所有位置，需要使用"查找和替换"对话框中的"查找"选项卡。可以使用以下两种方法打开"查找"选项卡。

- 在功能区"开始"选项卡中单击"查找"按钮。
- 按 Ctrl+F 组合键。

打开的"查找和替换"对话框中的"查找"选项卡如图 6-31 所示，其中包含以下几个选项，它们共同决定了查找数据的范围和方式。

图 6-31   "查找和替换"对话框中的"查找"选项卡

- 查找内容：输入要查找的内容，可以使用通配符，其中星号（*）表示任意多个字符，问号（?）表示任意一个字符，井号（#）表示任意一个数字。
- 查找范围：指定查找的范围，包含"当前字段"和"当前文档"两个选项，"当前字段"是指光标所属的字段列，"当前文档"是指当前打开的表，每次只能在数据库的一个表中进行查找。
- 匹配：指定查找内容的匹配模式，其功能类似于通配符，包含"字段任何部分""整个字段""字段开头"3 个选项。"字段任何部分"选项用于匹配包含"查找内容"的内容，例如查找内容为"10"，那么表中的"10""2010""2100"都与查找内容匹配。"整个字段"选项用于完全匹配"查找内容"。"字段开头"选项用于匹配以"查找内容"作为开头部分的内容。

- 搜索：指定查找的方向，包含"向上""向下""全部"3 个选项。
- 区分大小写：如果选中该复选框，则严格按照英文字母大小写形式在表中查找与查找内容完全匹配的英文。
- 按格式搜索字段：如果选中该复选框，则按照数据在表中的显示格式进行查找，而不是按照数据本身的值进行查找。如果将"查找范围"设置为"当前文档"，则该项被自动选中且不可更改。如果将"查找范围"设置为"当前字段"，则可由用户决定是否选中该项。

提示："查找和替换"对话框是非模式的，这意味着在不关闭该对话框的情况下，用户也可以对表进行各种操作。

案例 6-2　在表中查找 2018 年注册的客户信息

表中有一个"注册日期"字段，其中的数据表示客户注册账号的日期，查找 2018 年注册的客户信息的操作步骤如下。

（1）在表中选中"注册日期"字段，然后按 Ctrl+F 组合键，弹出"查找和替换"对话框的"查找"选项卡。

（2）在"查找内容"文本框中输入"2018*"，其中的星号是通配符。将"查找范围"设置为"当前文档"，如图 6-32 所示。

图 6-32　设置查找选项

（3）反复单击"查找下一个"按钮，将依次选中年份为 2018 年的日期，直到选中表中最后一个匹配的日期为止。

6.3.4　手动替换数据

如果只对表中的个别数据进行修改，则可以使用手动替换的方式；如果要完全替换字段中的内容，则可以按 Tab 键、左箭头键或右箭头键，定位到要修改的字段，此时会选中字段中的所有内容，输入新的内容将完全替换原有内容。

也可以像复制单个字段那样，将鼠标指针移动到包含要复制数据的单元格靠左的位置，当鼠标指针变为一个大的白色加号时，单击即可选中该单元格，然后输入新的内容。

还可以单击字段内部，按 F2 键以选中字段中的内容，然后输入新的内容。

如果要修改字段中的部分内容，则可以直接单击字段，在字段中会显示一个闪烁的竖线，称为插入点。单击、按左箭头键或右箭头键都可以移动竖线的位置。当移动到合适的位置后，按 Delete 键可以删除竖线右侧的字符，或者按 Backspace 键可以删除竖线左侧的字符，然后输入所需的内容。

提示：在选中字段内容的状态下，可以按 F2 键将全选状态改为闪烁的竖线状态。

6.3.5　使用替换功能批量替换数据

如果要对表中位于多个位置上的同一个内容进行统一修改，则可以使用替换功能进行批量操作。可以使用以下两种方法打开"查找和替换"对话框中的"替换"选项卡。

- 在功能区"开始"选项卡中单击"替换"按钮。
- 按 Ctrl+H 组合键。

打开的"查找和替换"对话框中的"替换"选项卡如图 6-33 所示，其界面与"查找"选项卡基本相同，只是多了一个"替换为"文本框和两个用于执行替换操作的按钮。

图 6-33　"查找和替换"对话框中的"替换"选项卡

在"查找内容"和"替换为"两个文本框中分别输入要查找的内容和修改后的内容，然后设置查找选项，这些选项与"查找"选项卡中的对应选项的含义相同。

如果想要对查找范围内所有匹配的内容进行统一修改，则可以单击"全部替换"按钮。如果只想对匹配的部分内容进行修改，可以先单击"查找下一个"按钮，在找到一个匹配内容后，如果确定要对其进行修改，则单击"替换"按钮，然后重复该操作直到修改完所需修改的所有内容。

案例 6-3　将客户信息表中的 2018 年统一修改为 2017 年

将客户信息表中所有 2018 年的注册日期统一改为 2017 年，操作步骤如下。

（1）按 Ctrl+H 组合键，弹出"查找和替换"对话框的"替换"选项卡。

（2）在"查找内容"文本框中输入"2018"，在"替换为"文本框中输入"2017"，将"查找范围"设置为"当前文档"，将"匹配"设置为"字段任何部分"，如图 6-34 所示。

图 6-34　设置查找和替换选项

（3）单击"全部替换"按钮，弹出如图 6-35 所示的对话框，提示替换操作无法撤销，如果确定进行替换，则单击"是"按钮，可以将表中包含的所有"2018"都替换为"2017"。由于只有"注册日期"字段中包含"2018"，因此替换操作只会作用于该字段。

图 6-35　无法撤销替换操作的提示信息

6.4　设置数据表的外观和布局格式

除可以在数据表中输入和编辑数据外，还可以设置数据表的外观和布局格式，主要是指可以改变数据表外观且不影响记录本身的一些格式方面的设置，包括数据的文本格式和对齐方式、字段的排列顺序、字段的显示宽度和高度、隐藏和锁定列等。数据表中的记录输入与布局设置是分开保存的。

6.4.1　设置数据的文本格式和对齐方式

在 Word 中为文本设置格式前，需要选择要设置格式的文本，但是在 Access 中，为表中数据设置文本格式前，不需要选择要设置格式的文本，因为无论是否选择文本，设置的文本格式都会自动作用于表中的所有内容。

在 Access 中可以为表数据设置的文本格式包括以下几项：字体、字号、加粗、倾斜、下画线、文本颜色。文本格式的相关命令位于功能区"开始"选项卡的"文本格式"组中，如图 6-36所示。从"字体""字号""文本颜色"下拉列表中可以选择文本的字体、字号和颜色，加粗、倾斜和下画线是 3 个可反复单击的按钮，按钮被按下时表示启用相应选项，按钮被弹起时表示未启用相应选项。

图 6-36   文本格式的相关命令

Access 中数据的对齐方式是指数据在列中的水平位置，包括左对齐、居中、右对齐 3 种。可以在功能区 "开始" 选项卡的 "文本格式" 组中设置数据的对齐方式，如图 6-37 所示。

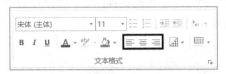

图 6-37   对齐方式的相关命令

不同类型的数据具有不同的默认对齐方式。文本在单元格中默认左对齐，数字和日期/时间在单元格中默认右对齐。"默认" 是指直接在单元格中输入数据，而不手动改变单元格中数据的对齐方式。

如图 6-38 所示，姓名、性别、籍贯 3 列数据都是文本，因此在单元格中默认左对齐，编号、年龄、注册日期 3 列数据是数字和日期/时间，因此在单元格中默认右对齐。

客户信息					
编号	姓名	性别	年龄	籍贯	注册日期
1	陈昕欣	女	23	贵州	2013/2/26
2	黄弘	女	29	安徽	2018/5/28
3	倪妙云	男	43	贵州	2010/4/17
4	欧嘉福	女	37	江西	2014/9/12
5	于乔	男	26	重庆	2018/6/21
6	林綮	女	27	河南	2012/10/8
7	蓝梦之	女	38	广东	2018/3/19
8	鲁亦桐	女	31	上海	2012/6/20
9	唐一晗	男	35	湖北	2011/3/18
10	杜俞	女	25	吉林	2015/8/25

图 6-38   不同数据类型在单元格中的默认对齐方式

案例6-4   将表中的所有数据居中对齐

通过设置对齐方式，让表中的所有数据在各列居中对齐，操作步骤如下。

（1）单击表中第一列中的任意一个单元格，然后在功能区 "开始" 选项卡中单击 "居中" 按钮，如图 6-39 所示，将第一列数据居中对齐。

图 6-39   单击 "居中" 按钮

（2）使用类似的方法，将其他列中的数据也居中对齐，如图 6-40 所示。

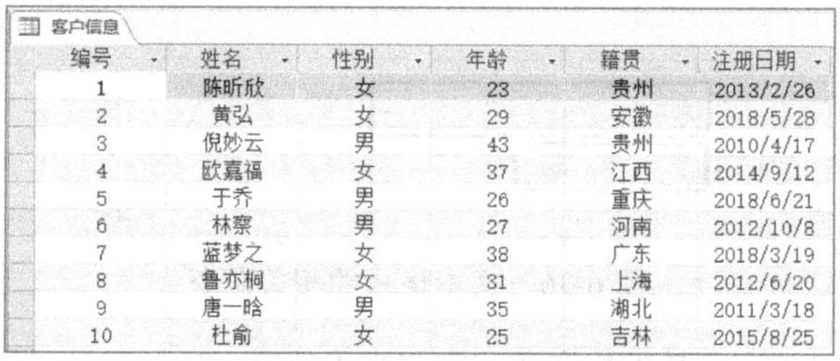

图 6-40　将表中的所有数据居中对齐

设置数据对齐方式的另一种方法是在设计视图中，为字段设置"文本对齐"属性，从其下拉列表中选择对齐方式，如图 6-41 所示。

图 6-41　在设计视图中设置字段的对齐方式

6.4.2　设置字段的排列顺序

在设计视图中设计表结构时，各个字段的排列顺序是表在数据表视图中的默认显示顺序。在数据表视图中可以根据显示或其他方面的需要，手动调整字段的排列顺序，排序结果不会影响设计视图中的字段顺序。调整字段排列顺序的方法很简单，将字段标题拖动到目标位置即可。

案例 6-5　将"年龄"字段和"性别"字段的位置对调

为了将"年龄"字段和"性别"字段的位置对调，需要将"年龄"字段移动到"性别"字段的左侧，操作步骤如下。

（1）将鼠标指针移动到要改变排列顺序的字段标题上，本例要改变排列顺序的是"年龄"字段，当鼠标指针变为向下的箭头时，如图 6-42 所示，单击以选中"年龄"字段所在的列。

（2）选中列后的鼠标指针显示为白色箭头，如图 6-43 所示，确保鼠标指针仍然位于字段标题上。

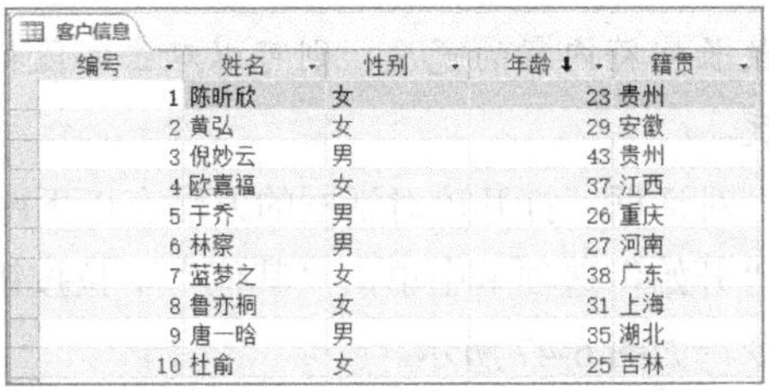

图 6-42　当鼠标指针变为向下的箭头时单击 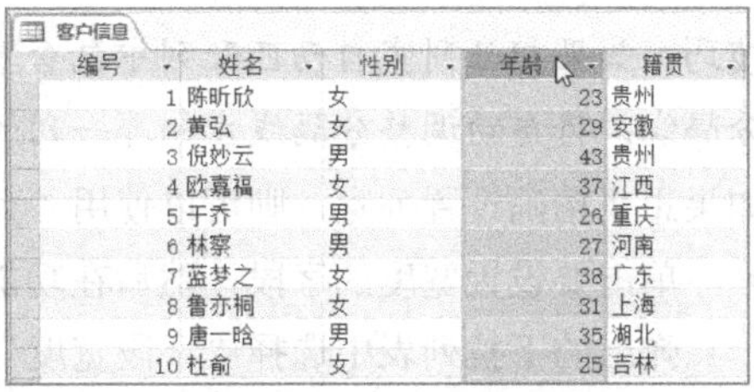　　　图 6-43　选中列后鼠标指针变为白色箭头

（3）按住鼠标左键将选中的列拖动到目标位置，拖动过程中会显示一条粗线，它指示当前放置的位置，如图 6-44 所示。

（4）将列拖动到目标位置后释放鼠标，此时"年龄"字段就移动到了"性别"字段的左侧，如图 6-45 所示。

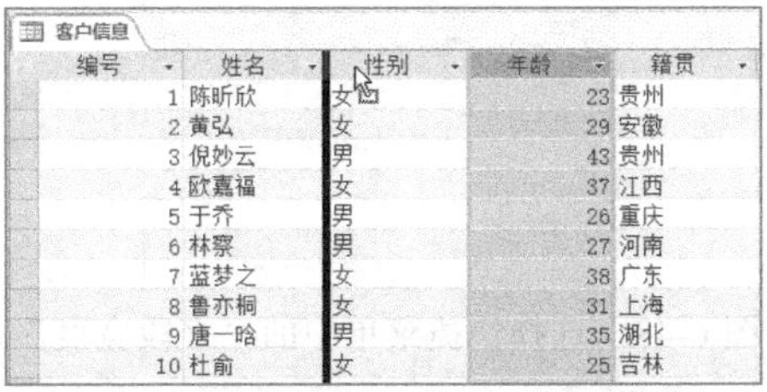

图 6-44　拖动列到目标位置 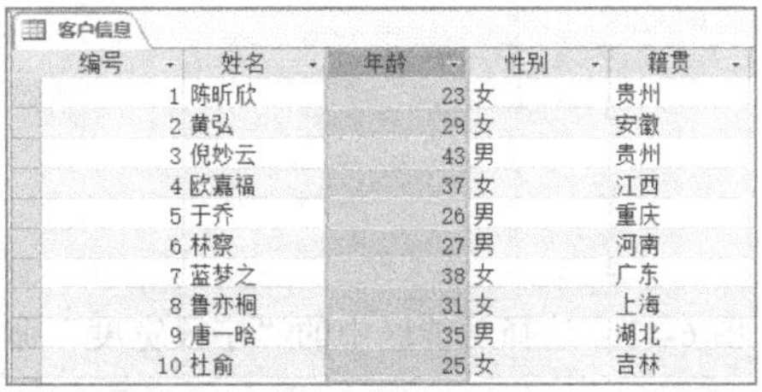　　　　　　　　图 6-45　排列后的字段位置

不仅可以移动一个字段的位置，还可以同时移动多个字段，只要同时选择要移动的多个字段所在的列，然后将这些列拖动到目标位置即可。

注意：在 Access 中只能选择连续的多列，如果要选择的列不是连续的，则需要通过移动的方式将这些列排列在一起，然后对它们进行统一操作。

6.4.3　设置字段的显示宽度和显示高度

在设计表结构时，"文本"和"数字"类型的字段都有一个"字段大小"的属性，该属性决定"数字"字段的数值范围和"文本"字段的字符总数。在数据表视图中可以设置字段的显示宽度，"显示"是指字段的视觉效果，而非改变字段本身容纳的内容量。

改变字段显示宽度的最简单方法是使用鼠标拖动两个字段标题之间的分隔线。首先将鼠标指针移动到两个字段标题之间的分隔线上，当鼠标指针变为左右箭头时，向左或向右拖动，即可调整位于分隔线两侧的列宽。拖动过程中会显示一条竖线，以指示当前拖动到的位置，如图 6-46 所示。

图 6-46　拖动前（左）和拖动过程中（右）

技巧：如果想让列宽自动匹配列中包含具有最长字符内容的宽度，则可以双击字段标题之间的分隔线，将自动调整分隔线左侧那一列的宽度。

如果想要精确设置列宽，则可以使用"列宽"对话框，打开该对话框的方法有以下两种。

- 单击要设置宽度的字段，然后在功能区"开始"选项卡中单击"其他"下拉按钮，在弹出的下拉列表中选择"字段宽度"命令，如图 6-47 所示。
- 右击要设置宽度的字段标题，在弹出的快捷菜单中选择"字段宽度"命令，如图 6-48 所示。

图 6-47 选择功能区中的"字段宽度"命令　图 6-48 选择快捷菜单中的"字段宽度"命令

无论使用哪种方法，都会弹出"列宽"对话框，如图 6-49 所示。可以在"列宽"文本框中输入以字符为单位的宽度，或者单击"最佳匹配"按钮让列宽与列中最长的内容自动匹配。如果想要恢复字段的默认宽度，则可以选中"标准宽度"复选框。

图 6-49 "列宽"对话框

显示高度是指数据表中每条记录所在行的高度。与列宽不同，行高的设置结果会自动作用于表中的所有行，因此无法单独设置某行的高度。

与设置列宽的方法类似，可以通过鼠标拖动和对话框两种方法来设置行高。将鼠标指针移动到两条记录开头的记录选择器之间，当鼠标指针变为上下箭头时，向上或向下拖动，即可调整位于分隔线两侧的行高。拖动过程中会显示一条横线，以指示当前拖动到的位置，如图 6-50 所示。

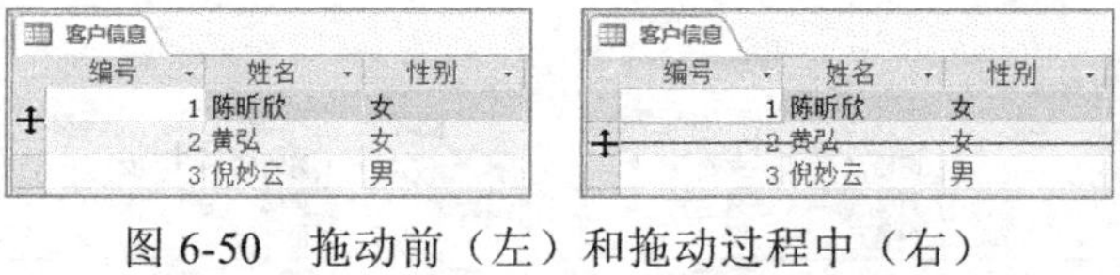

图 6-50 拖动前（左）和拖动过程中（右）

提示：改变文本大小时，行高会自动随文本大小进行调整。

6.4.4　设置网格线和背景色

　　默认情况下，数据表由白色背景和灰色背景的行交替组成，通过网格线从视觉上分隔行和列。在 6.1.4 小节中介绍的网格线和其他显示格式是数据表的应用程序级的默认设置，其结果作用于所有在 Access 中打开的现有表和创建的新表。

　　如果只想为当前打开或新建的表设置这些格式，则可以使用功能区"开始"选项卡"文本格式"组中的命令，如图 6-51 所示是网格线和填充色的相关命令。

图 6-51　网格线和填充色的相关命令

　　网格线和填充色的相关命令的功能如下。

- "背景色"按钮 用于设置数据表中奇数行的颜色。
- "可选行颜色"按钮 用于设置数据表中偶数行的颜色。
- "网格线"按钮 用于设置数据表中是否显示网格线。

　　如果想将偶数行的背景色设置为无色，则可以单击"可选行选择"下拉按钮，从下拉列表中选择"无颜色"命令，如图 6-52 所示。

　　如果想要进行更多的设置，则可以单击"文本格式"组右下角的"对话框启动器"按钮，弹出"设置数据表格式"对话框，如图 6-53 所示。该对话框中不仅包含本小节前面介绍的网格线和背景色的设置选项，还提供了用于设置单元格样式效果、网格线颜色、数据表边框和线型的选项。

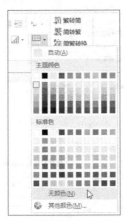

图 6-52　将偶数行的背景色设置为无颜色　　　图 6-53　"设置数据表格式"对话框

案例 6-6　自定义数据表的网格线和背景色

　　将数据表奇数行的背景色设置为浅蓝色，将数据表偶数行的背景色设置为白色，将网格线的颜色设置为黑色，并隐藏水平网格线，操作步骤如下。

（1）在数据表视图中打开要设置的表，然后在功能区"开始"选项卡中单击"文本格式"组右下角的"对话框启动器"按钮 ☑。

（2）弹出"设置数据表格式"对话框，单击"背景色"下拉按钮，从弹出的颜色面板中选择浅蓝色，如图 6-54 所示。

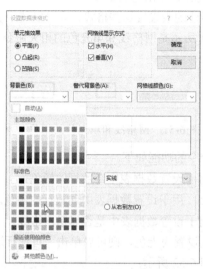

图 6-54　设置奇数行的背景色

（3）单击"替代背景色"下拉按钮，从弹出的颜色面板中选择白色，如图 6-55 所示。

（4）单击"网格线颜色"下拉按钮，从弹出的颜色面板中选择黑色，然后取消选中"水平"复选框，如图 6-56 所示。

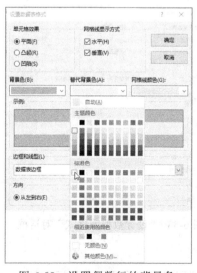
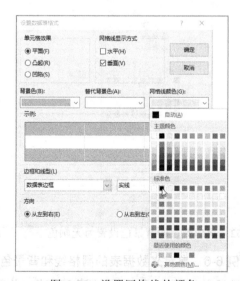

图 6-55　设置偶数行的背景色　　　　　图 6-56　设置网格线的颜色

（5）单击"确定"按钮，设置后的数据表如图 6-57 所示。

编号	姓名	性别	年龄	籍贯	注册日期	单击以添加
1	陈昕欣	女	23	贵州	2013/2/26	
2	黄弘	女	29	安徽	2018/5/28	
3	倪妙云	男	43	贵州	2010/4/17	
4	欧嘉福	女	37	江西	2014/9/12	
5	于乔	男	26	重庆	2018/6/21	
6	林絮	男	27	河南	2012/10/8	
7	蓝梦之	女	38	广东	2018/3/19	
8	鲁亦桐	女	31	上海	2012/6/20	
9	唐一晗	男	35	湖北	2011/3/18	
10	杜俞	女	25	吉林	2015/8/25	
*	(新建)		0			

图 6-57　设置后的数据表

6.4.5　隐藏列和取消隐藏列

对于暂时不想显示的列，可以将其隐藏起来，无须删除后重建。隐藏列的方法有以下几种。

- 右击要隐藏的列的顶部的标题（字段标题），在弹出的快捷菜单中选择"隐藏字段"命令。
- 定位到要隐藏的列中的任意单元格，然后在功能区"开始"选项卡中单击"其他"下拉按钮，在弹出的下拉列表中选择"隐藏字段"命令。
- 使用鼠标拖动两列之间的分隔线，使分隔线与前一个字段的分隔线重叠。
- 右击字段标题，在弹出的快捷菜单中选择"字段列宽"命令，然后在弹出的对话框中将"列宽"设置为 0。

要重新显示处于隐藏状态的列，可以使用与隐藏列类似的方法，但是需要选择的命令是"取消隐藏字段"，将弹出"取消隐藏列"对话框，其中复选框未被选中的项目表示隐藏的列，如图 6-58 所示。只需选中这些复选框，即可让相应的列显示出来。

图 6-58　"取消隐藏列"对话框

6.4.6　冻结列和取消冻结列

当表中包含数量较多的字段时，所有字段通常无法全部显示在屏幕中。为了查看位于屏幕之外的字段，就需要使用水平滚动条来横向移动表的显示区域。如果想要重点查看表中的某些字段，那么可以使用 Access 中的冻结功能，将这些字段所在的列固定在屏幕中。无论如何水平滚动表区域，冻结的字段始终都会显示在屏幕中。

冻结列的方法有以下两种。

- 右击要冻结的列顶部的标题（字段标题），在弹出的快捷菜单中选择"冻结字段"命令。
- 定位到要冻结的列中的任意单元格，然后在功能区"开始"选项卡中单击"其他"下拉按钮，在弹出的下拉列表中选择"冻结字段"命令。

冻结的列会被自动移动到数据表的最左侧，如图 6-59 所示冻结了"姓名"字段所在的列，在向右滚动数据表时，"姓名"字段始终显示在屏幕中。

图 6-59　冻结"姓名"列

取消冻结列的方法与冻结列的方法相同，只是需要选择"取消冻结所有字段"命令。取消冻结列后，这些列不会自动恢复到原来的位置，用户需要手动将这些列移动到冻结前的位置。

6.4.7　保存表布局的更改

当对表的外观格式进行任意一种或多种设置后，关闭表时将显示如图 6-60 所示的提示信息。如果要保存对表布局的更改，则单击"是"按钮。如果单击"否"按钮，则放弃自上次保存以来对表所做的所有布局方面的更改。

图 6-60　关闭表时显示的提示信息

6.5　排序和筛选数据

利用 Access 中的排序和筛选功能，可以以特定的顺序或条件显示和查看表中的数据。

6.5.1 排序数据

Access 中的排序功能包括升序和降序两种,排序时将对不同类型的数据应用不同的排序规则。

- 对于数字来说,按数值的大小进行排序。
- 对于文本来说,按字符首字母的先后顺序进行排序。
- 对于日期来说,按日期的早晚进行排序。

单击或右击要排序的字段标题,在弹出的下拉菜单或快捷菜单中选择"升序"或"降序"命令,如图 6-61 所示。

图 6-61 选择排序方式

如图 6-62 所示对"年龄"字段按年龄从小到大进行排序。在排序后的字段标题上会显示一个排序状态的图标,向上的箭头表示升序排序,向下的箭头表示降序排序。

客户信息						
编号	姓名	性别	年龄	籍贯	注册日期	单击以添加
1	陈昕欣	女	23	贵州	2013/2/26	
10	杜俞	女	25	吉林	2015/8/25	
5	于乔	男	26	重庆	2018/6/21	
6	林翠	男	27	河南	2012/10/8	
2	黄弘	女	29	安徽	2018/5/28	
8	鲁亦桐	女	31	上海	2012/6/20	
9	唐一晗	男	35	湖北	2011/3/18	
4	欧嘉福	女	37	江西	2014/9/12	
7	蓝梦之	女	38	广东	2018/3/19	
3	倪妙云	男	43	贵州	2010/4/17	
*	(新建)		0			

图 6-62 按年龄从小到大进行排序

如果想要恢复到排序前的数据状态,则可以单击功能区"开始"选项卡中的"取消排序"按钮,如图 6-63 所示。

图 6-63 单击"取消排序"按钮退出排序状态

6.5.2 筛选数据

通过"筛选"功能，可以在表中只显示符合特定条件的数据，并隐藏其他不相关的数据。Access 提供了"按选择筛选""筛选器""按窗体筛选" 3 种筛选方式，下面分别介绍它们的用法。

1. 按选择筛选

"按选择筛选"是指将光标所在单元格中的内容作为筛选条件来筛选表中的数据。单击要作为筛选条件的单元格，然后在功能区"开始"选项卡中单击"选择"下拉按钮，弹出的下拉列表中包含的命令由光标所在单元格中的内容及其数据类型决定。

例如，如果光标所在单元格中的内容是"贵州"，数据类型是"文本"，则"选择"下拉列表中会显示以下 4 个命令，双引号中的内容对应单元格中的内容，如图 6-64 所示。

- 等于"贵州"。
- 不等于"贵州"。
- 包含"贵州"。
- 不包含"贵州"。

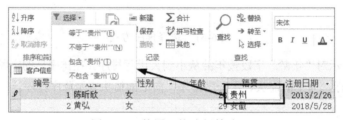

图 6-64　使用"按选择筛选"

假设选择"等于'贵州'"命令，筛选后的结果如图 6-65 所示，表中只显示籍贯为"贵州"的记录。设置了筛选条件的字段标题上会显示一个漏斗形的筛选标记。

图 6-65　"按选择筛选"的筛选结果

如果要删除字段中的筛选条件，则可以单击该字段标题，然后在弹出的下拉菜单中选择"从'籍贯'清除筛选器"命令，如图 6-66 所示。

实际上，可以在不删除筛选条件的情况下，随时切换显示筛选前和筛选后的数据，有以下两种方法。

- 在功能区"开始"选项卡中反复单击"切换筛选"按钮。
- 在"数据表"窗口底部的导航工具栏中反复单击搜索框左侧的按钮。在数据处于筛选状态下时，该按钮显示为"已筛选"，单击后将显示筛选前的完整数据，此时该按钮显示为"未筛选"，如图 6-67 所示。

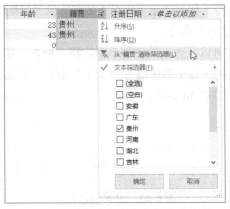

图 6-66　删除特定字段中的筛选条件

图 6-67　使用导航工具栏中的按钮切换筛选状态

提示：上面介绍的删除筛选条件和切换显示筛选数据的方法，并非只适用于"按选择筛选"，也适用于其他筛选方式。

2．筛选器

与"按选择筛选"相比，"筛选器"是更为灵活的筛选方式，它可以根据不同类型的数据提供不同的筛选选项。单击要筛选的字段标题，在弹出的下拉菜单中通过选中或取消选中复选框来确定要在当前字段中显示哪些值，如图 6-68 所示。

图 6-68　选择在字段中显示的值

如果只选择下拉菜单中的少量选项，则可以先取消选中"全部"复选框，这样会清除所有项目的复选标记，然后选中所需项目的复选框。如果想要发挥筛选器的威力，则需要在下拉菜单中选择"文本筛选器"命令。如果当前字段是"数字"或"日期/时间"数据类型，则会显示"数字筛选器"或"日期筛选器"命令。

无论显示哪种命令，都可以从弹出的子菜单中选择一种表示筛选条件的命令，然后设置条件值。如图 6-69 所示为选择"数字筛选器"|"大于"命令后弹出的对话框，将条件值设置为30，表示筛选出年龄大于或等于 30 岁的记录。

图 6-69　设置筛选条件

案例 6-7　筛选出在 2015 年之前注册的所有男性客户

从表中筛选出"注册日期"在 2015 年之前，并且"性别"为男性的所有客户记录，操作步骤如下。

（1）在数据表视图中打开要进行筛选的表，单击"性别"字段标题，在弹出的下拉菜单中先取消选中"（全选）"复选框，然后选中"男"复选框，如图 6-70 所示。

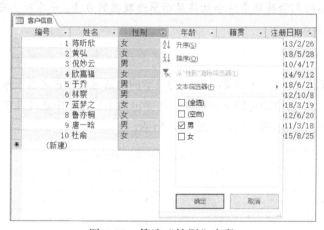

图 6-70　筛选"性别"字段

（2）单击"确定"按钮，将筛选出性别为"男"的所有数据。单击"注册日期"字段标题，从弹出的下拉菜单中选择"日期筛选器"|"之前"命令，如图 6-71 所示。

（3）弹出"自定义筛选"对话框，在文本框中输入"2015/1/1"，如图 6-72 所示。

（4）单击"确定"按钮，将在表中显示筛选后的数据，如图 6-73 所示。由于同时对"性别"和"注册日期"两个字段进行筛选，因此这两个字段标题上分别会显示一个筛选标记。

图 6-71　筛选"注册日期"字段

图 6-72　设置日期的筛选条件

图 6-73　筛选结果

　　如果要清除在多个字段上设置的筛选条件，则可以在功能区"开始"选项卡中单击"高级"下拉按钮，然后在弹出的下拉列表中选择"清除所有筛选器"命令，如图 6-74 所示。

图 6-74　清除在表中设置的所有筛选条件

3. 按窗体筛选

Access 还提供了一种筛选方式——"按窗体筛选"。在功能区"开始"选项卡中单击"高级"下拉按钮，然后在弹出的下拉列表中选择"按窗体筛选"命令，将打开类似如图 6-75 所示的窗口，窗口的选项卡名称的显示格式为"来源表的名称：按窗体筛选"，例如本例为"客户信息：按窗体筛选"。窗口下方包含"查找"和"或"两个选项卡，暂时只能在"查找"选项卡中操作。

图 6-75　按窗体筛选

与数据表的外观类似，在顶部的行中显示了来源数据表的各个字段，在第二行的各个单元格中单击，将显示下拉按钮，单击下拉按钮后可从下拉列表中选择要设置的筛选条件。可以同时在多个字段上设置筛选条件。

提示：在"按窗体筛选"时，可以在存放筛选条件的各单元格中输入表达式，以构建复杂的筛选条件。表达式的相关内容将在第 10 章进行介绍。

在任意一个字段上设置筛选条件后，窗口底部的"或"选项卡将变为可用状态。该选项卡中的布局与"查找"选项卡中的布局完全相同，可以使用"或"选项卡继续设置筛选条件，而且可以有多个"或"选项卡，在上一个"或"选项卡中设置至少一个条件后，下一个"或"选项卡会自动出现，如图 6-76 所示。所有选项卡中设置的条件是"或"关系，即只要满足其中一个选项卡中的条件，数据就会被筛选出来。

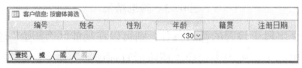

图 6-76　使用"或"选项卡添加更多筛选条件

设置好所需的筛选条件后，在功能区"开始"选项卡中单击"高级"下拉按钮，然后在弹出的下拉列表中选择"应用筛选/排序"命令，将按照当前显示的选项卡中设置的条件对表中的数据进行筛选。

6.6　导入外部数据

在很多情况下，用于构建 Access 数据库的基本数据并不是用户在 Access 中完全手动输入的，而是来自于其他程序生成或导出的数据。Access 提供了将其他程序中的数据导入到 Access

数据库中的功能，也允许用户将其他 Access 数据库中的数据导入到当前数据库中，"导入"的本质是将当前数据库之外的数据复制到当前数据库中。

6.6.1　导入其他 Access 数据库中的表和其他对象

可以将其他 Access 数据库中的表和对象导入到当前数据库中，如果已经为这些表创建了关系，则可以在导入时选择是否导入表关系及其他相关选项。

案例 6-8　在当前数据库中导入客户信息表和订单信息表

将客户信息表和订单信息表的表结构、数据及它们之间的关系，都导入到当前数据库中，操作步骤如下。

（1）新建或打开要导入数据的 Access 数据库，在功能区"外部数据"选项卡中单击"Access"按钮，如图 6-77 所示。

图 6-77　单击"Access"按钮

（2）弹出"获取外部数据-Access 数据库"对话框，单击"浏览"按钮，在弹出的对话框中选择包含要导入数据的 Access 数据库，返回"获取外部数据-Access 数据库"对话框，然后选择"将表、查询、窗体、报表、宏和模块导入当前数据库"单选按钮，如图 6-78 所示。

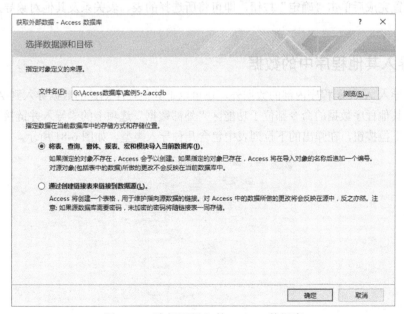

图 6-78　选择要导入的 Access 数据库

（3）单击"确定"按钮，弹出"导入对象"对话框，其中包含与 Access 数据库对象类型对应的多个选项卡，不同类型的对象分别位于各个选项卡中，如图 6-79 所示。

（4）根据要导入的对象类型，选择相应的选项卡，然后从中选择要导入的具体对象。如果导入的是表或查询，则可以单击"选项"按钮，然后设置导入选项。例如，要导入表关系，需要选中"关系"复选框，如图 6-80 所示。

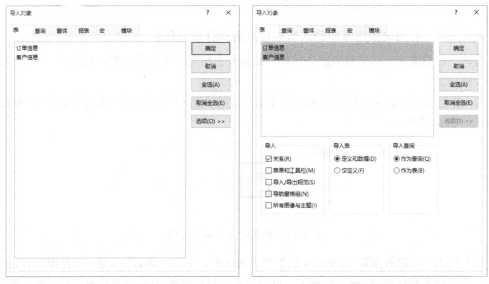

图 6-79 "导入对象"对话框   图 6-80 设置导入选项

（5）设置完成后单击"确定"按钮，即可将所选择的表、表关系及其他对象导入到当前数据库中。

6.6.2 导入其他程序中的数据

除可以导入 Access 程序内部的数据外，还可以把其他程序创建的数据导入到 Access 数据库中。导入其他程序数据的命令都位于功能区"外部数据"选项卡的"导入并链接"组中，单击"其他"下拉按钮，在弹出的下拉列表中包含几种导入类型，如图 6-81 所示。

图 6-81 导入外部数据的相关命令

导入其他程序数据的操作过程，与 6.6.1 小节介绍的导入 Access 数据库中的表和其他对象的整体过程类似，但是导入过程中的个别细节会根据所导入的文件类型的不同而存在一些区别。下面以导入文本文件为例，介绍在 Access 中导入其他程序数据的方法。

案例 6-9　在当前数据库中导入客户信息表和订单信息表

将文本文件形式的销售数据导入到 Access 数据库中，操作步骤如下。

（1）新建或打开要导入数据的 Access 数据库，在功能区"外部数据"选项卡中单击"文本文件"按钮。

（2）弹出"获取外部数据-文本文件"对话框，单击"浏览"按钮，在弹出的对话框中选择包含要导入数据的文本文件，返回"获取外部数据-文本文件"对话框，然后选择"将源数据导入当前数据库的新表中"单选按钮，如图 6-82 所示。

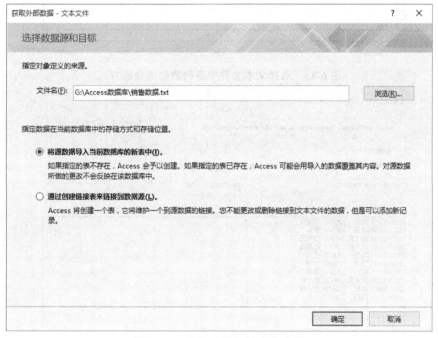

图 6-82　选择要导入的文本文件

（3）单击"确定"按钮，弹出"导入文本向导"对话框，其中显示了要导入的文本文件中的数据格式，由于本例中的各列数据都以分号分隔，因此需要选择"带分隔符-用逗号或制表符之类的符号分隔每个字段"单选按钮，如图 6-83 所示。

（4）单击"下一步"按钮，打开如图 6-84 所示的对话框，选择分隔符的类型，本例为中文分号，因此需要选中"其他"单选按钮，然后在其右侧的文本框中输入";"。

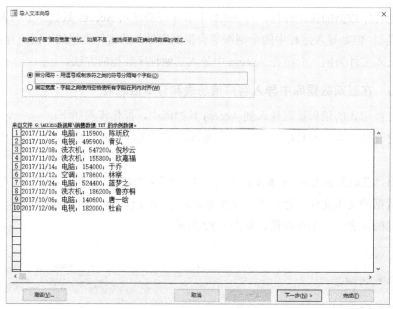

图 6-83　选择文本文件中各列数据的分隔方式

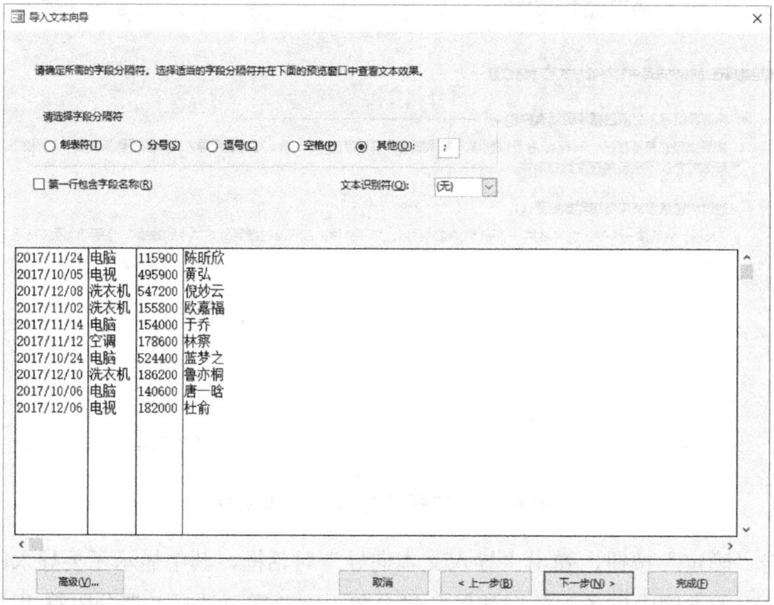

图 6-84　设置分隔符的类型

提示：在界面左下角有一个"高级"按钮，单击该按钮可以在打开的对话框中进一步设置导入规则。

（5）单击"下一步"按钮，打开如图 6-85 所示的对话框，可以对要导入的文本文件中的各列数据进行设置，包括每列数据导入到 Access 后的字段名、数据类型、是否创建索引等。"字段选项"选项区中的各个选项针对的是在下面的列表框中当前突出显示的列数据,可以通过单击不同的列以将其突出显示。

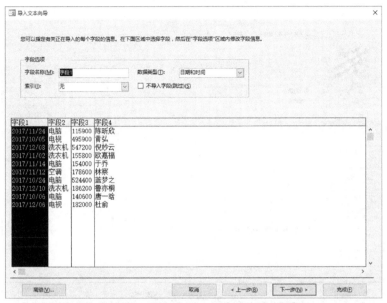

图 6-85　设置各列数据的字段名、数据类型和索引

（6）单击"下一步"按钮,打开如图 6-86 所示的对话框,可以选择表的主键。如果导入的数据没有适合作为主键的字段,则可以选择"让 Access 添加主键"单选按钮,Access 会自动添加一个"自动编号"数据类型的字段并将其作为主键。

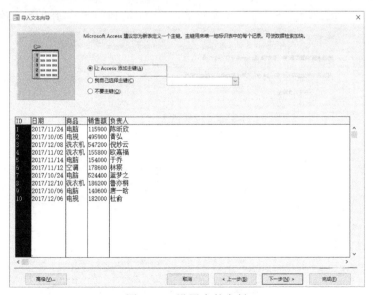

图 6-86　设置表的主键

（7）单击"下一步"按钮，打开如图 6-87 所示的对话框，可以设置导入数据后所创建的表的名称。

图 6-87　设置导入数据后的表的名称

（8）单击"完成"按钮，打开如图 6-88 所示的对话框，可以选择是否保存导入文本文件的整个步骤。最后单击"关闭"按钮，将所选择的文本文件中的数据以前面设置的格式导入到当前 Access 数据库中。

图 6-88　选择是否保存导入步骤

如图 6-89 所示为导入前的文本文件和导入到 Access 后的表数据。

图 6-89　导入前的文本文件和导入后的表数据

6.6.3　使用复制和粘贴的方法导入 Excel 数据

在导入 Excel 工作表中的数据时，可以直接使用复制和粘贴的方法完成导入，而无须使用 Access 中的导入数据功能，操作步骤如下。

（1）在 Excel 中打开包含要导入到 Access 数据库中的数据的工作表。

（2）在工作表中选择要导入到 Access 中的数据区域，按 Ctrl+C 组合键将所选数据复制到剪贴板，如图 6-90 所示。

（3）在 Access 中新建或打开要导入数据的数据库，在导航窗格中的空白处右击，然后在弹出的快捷菜单中选择"粘贴"命令，如图 6-91 所示。

图 6-90　复制 Excel 中的数据　　　图 6-91　选择"粘贴"命令

（4）弹出如图 6-92 所示的对话框，如果在 Excel 中复制的数据区域包含标题行，则单击"是"按钮，否则单击"否"按钮。

（5）如果数据被成功导入到 Access 中，则会显示如图 6-93 所示的对话框，单击"确定"按钮。

图 6-92　粘贴数据时的提示对话框　　　图 6-93　导入成功的提示信息

（6）Access 会自动创建一个表，其中包含了导入的数据，并自动将该表命名为 Excel 数据所在工作表的名称，如图 6-94 所示。

姓名	性别	年龄	籍贯	入职日期
陈昕欣	女	22	贵州	2013/2/26
黄弘	女	28	安徽	2018/5/28
倪妙云	男	42	贵州	2010/4/17
欧嘉福	女	36	江西	2014/9/12
于乔	男	25	重庆	2018/6/21
林察	男	26	河南	2012/10/8
蓝梦之	女	37	广东	2018/3/19
鲁亦桐	女	30	上海	2012/6/20
唐一晗	男	34	湖北	2011/3/18
杜俞	女	24	吉林	2015/8/25

图 6-94　导入 Excel 数据后的 Access 表

6.7　打印数据

通常情况下，用户不会直接在数据表视图下打印表中的数据，而是使用 Access 中的报表功能，经过布局设计后，以特定的格式进行打印。报表的相关内容将在第 9 章进行介绍，本节主要介绍在数据表视图中打印数据的方法。

为数据表设置的布局选项会按原样打印到纸张上，包括为数据设置的文本格式和对齐方式、排好顺序的字段、设置的列宽和行高、设置网格线的显示和颜色、为奇数行和偶数行设置的背景色等。如果设置了隐藏列，则不会打印这些列。

要预览打印效果，需要在数据库中打开所需的表，然后单击"文件"|"打印"命令，在打开的窗口中选择"打印预览"命令，如图 6-95 所示。

图 6-95　选择"打印预览"命令

在 Access 窗口中将显示数据的打印预览效果，在功能区中使用"打印预览"选项卡代替原来的所有选项卡，如图 6-96 所示。可以使用该选项卡中的命令修改与打印相关的选项，包括纸张尺寸、纸张方向、页边距、单双页和多页打印等。

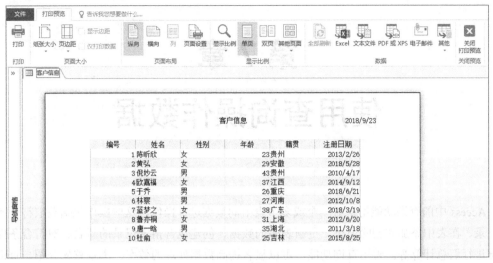

图 6-96　预览打印效果

　　完成所需设置后，单击功能区中的"打印"按钮，弹出如图 6-97 所示的"打印"对话框，可以进行打印前的最后设置，包括选择要使用的打印机、设置打印的页面范围、设置打印的文件份数等。确认无误后单击"确定"按钮开始打印。

图 6-97　"打印"对话框

第 7 章
使用查询操作数据

Access 中的查询功能用于对一个或多个表中的数据进行操作，这些操作包括获取符合条件的记录、在表中添加和删除记录、更新表中的数据、创建包含指定记录的新表、对符合条件的数据进行汇总计算等。善用查询功能，可以显著提高数据处理的效率。本章首先介绍与查询有关的一些基本概念，以及创建一个查询的基本步骤，便于读者从整体上了解查询的创建过程，然后介绍查询创建过程中涉及的各个选项的设置方法，最后介绍创建不同类型查询的方法。

7.1　理解查询

本节将介绍与查询有关的一些基本概念，理解这些内容有助于更好地创建和使用查询。

7.1.1　什么是查询

Access 中的查询实际上是一个提出问题和解答问题的过程。在创建查询前，首先提出问题，即希望对数据执行怎样的操作，是想查看符合指定条件的所有记录，还是要对记录执行添加、删除等操作，然后根据所提出的问题进行查询设计。查询的设计过程就是对查询的一系列相关选项进行设置，以便告诉 Access 要返回的记录必须具备哪些要求和条件。运行查询后，从返回的查询结果中得到问题的答案。

与表类似，查询也是 Access 数据库中的一种对象类型，因此适用于表的基本操作也适用于查询，包括对查询进行打开、保存、另存、关闭、重命名、复制、删除等操作。查询本身不存储任何数据，仅用于显示来自一个或多个表中的数据、来自其他查询的数据，以及同时来自表和查询的数据组合。

如果创建来自于多个表的查询，则在创建查询前，需要为这些表建立关系，否则无法从这些表中正确获取数据。可以在设计查询前就为表创建关系，也可以在查询设计界面中临时建立表关系。例如，可能想要在客户信息表中查看所有男性客户的信息，也可能想要从客户信息表和订单信息表中提取所有 20 岁以上的客户在 2018 年成功交易的订单记录。

一旦创建好查询，就可以重复使用该查询，从而为特定操作节省大量的时间。

7.1.2　查询的类型

在 Access 中可以创建不同类型的查询，它们用于实现不同的目的。查询可以是向数据库提出的返回数据结果的请求，也可以是数据操作的请求，一般将前者称为"选择查询"，这类查询返回符合条件的一组记录，可以将其用作窗体或报表的数据源，以便在窗体和报表中显示这些记录；一般将后者称为"动作查询"，这类查询用于对表中的记录进行添加、更改、删除等操作，而且这些操作无法撤销。

还有一些特殊功能的查询，例如用于汇总特定字段值的查询、返回指定记录数的查询，或者需要输入 SQL 语句才能创建的查询。本章 7.4 节将介绍常用类型查询的创建方法。

默认情况下，如果打开未保存在受信任位置的数据库或未选择信任该数据库，则 Access 将阻止运行数据库中的所有动作查询，包括更新查询、追加查询、生成表查询和删除查询。此时如果运行某个动作查询，则会在 Access 窗口底部的状态栏中显示"操作或事件已被禁用模式阻止"的提示信息，如图 7-1 所示。这时单击导航窗格上方的"启用内容"按钮即可解决此类问题。

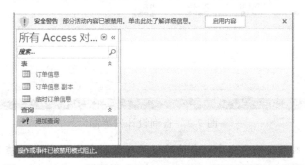

图 7-1　Access 禁用模式阻止动作查询时显示的提示信息

7.1.3　查询视图和查询设计器

不同类型的数据库对象都有自己特定的视图类型，例如表拥有数据表视图和设计视图。查询作为 Access 中的一种数据库对象，也拥有自己的视图类型。Access 为创建、编辑和运行查询提供了以下 3 种视图。

- 设计视图：与表的设计视图类似，查询的设计视图用于对控制查询的方式和条件等一系列相关选项进行设置，包括在查询结果中包含的字段、字段的排列顺序、限定返回记录的条件、字段值的排序和汇总方式等。

- SQL 视图：通过在该视图中输入 SQL 语句来创建所需的查询。SQL（Structured Query Language）即结构化查询语言，通过输入 SQL 语句来操作数据库中的数据。本小节介绍的查询操作基于查询设计界面中的命令，而在运行查询时，实际上是在执行查询设计背后的 SQL 语句。

- 数据表视图：运行查询后，将在该视图中显示查询返回的结果，可以将运行查询后返回的结果称为"记录集"，即返回的是一个或多个表中符合指定条件的一组记录构成的集合。

切换到查询的设计视图后，就打开了查询设计器，它由上、下两部分组成，如图 7-2 所示。上半部分与在第 5 章创建表关系时使用的"关系"窗口类似，用于显示一个或多个表窗口，每个窗口都列出了表中包含的所有字段，这些窗口被称为"字段列表窗口"。用户可以将窗口中的字段添加到查询设计中，以便在查询返回的结果中包含所需的字段。

查询设计器的下半部分由多行多列组成，每行提供了一种查询设计类别，每列可以放置一个字段，这个多行多列的区域被称为"查询设计网格"，它是查询设计的主要工作区域。

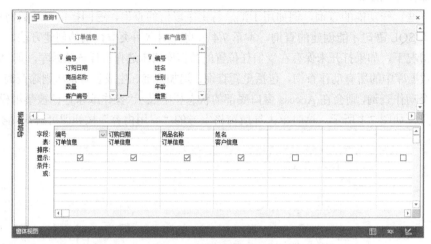

图 7-2　查询设计器界面

注意：在本章及本书后续内容中，查询的设计视图、查询设计器、"查询"窗口这几种描述方式指的都是同一个界面环境。

打开查询设计器时，功能区中会自动激活"查询工具|设计"选项卡，其中提供了查询设计的相关命令，如图 7-3 所示。

图 7-3　"查询工具|设计"选项卡

7.1.4　创建查询的 3 种方式

在 Access 中可以使用 3 种方式创建查询：查询向导、查询设计器和 SQL 语句。查询设计器是本章介绍的重点，将在本章后续内容中进行详细介绍。SQL 语句的使用方法将在第 10 章进行介绍，本节主要介绍查询向导的使用方法。

与各种程序中的设置向导类似，Access 中的查询向导通过步进式的界面，引导用户一步步地完成查询的创建工作。要启动查询向导，需要在功能区"创建"选项卡中单击"查询向导"

按钮，如图 7-4 所示。

启动查询向导并弹出"新建查询"对话框，如图 7-5 所示，从中选择一种查询类型，例如选择"简单查询向导"选项，然后单击"确定"按钮。

图 7-4 单击"查询向导"按钮   图 7-5 "新建查询"对话框

打开如图 7-6 所示的"简单查询向导"对话框，可以选择要添加到查询设计中的字段。在"表/查询"下拉列表中列出了当前数据库中的所有表和查询，从中选择一个表或查询；下方的"可用字段"列表框中列出了该表或查询中包含的所有字段，选择要添加到查询设计中的字段，然后单击 ＞ 按钮或直接双击字段，将所选字段添加到右侧的"选定字段"列表框中。如果要添加左侧列表框中的所有字段，则可以单击 ＞＞ 按钮。当添加分属于不同表中的同名字段时，Access 会在这些字段名称的左侧添加表名，以区分同名不同表的字段。

如果添加了错误的字段，则可以在右侧列表框中选择该字段，然后单击 ＜ 按钮将其删除，或者单击 ＜＜ 按钮一次性删除右侧列表框中的所有字段。

图 7-6 向查询设计中添加所需字段

注意：如果添加的字段属于两个表或多个表，而这些表之间还没有建立任何关系，则会显示如图 7-7 所示的提示信息，要求用户为这些表创建关系，或者删除分属于不同表的字段。

图 7-7　当字段所属的多个表之间没有建立关系时显示的提示信息

　　重复以上操作，可以从"表/查询"下拉列表中选择不同的表，然后添加所需的字段。完成后单击"下一步"按钮，打开如图 7-8 所示的对话框，选择查询结果以记录原样显示，还是对记录中的数值字段进行汇总。这里选择"明细（显示每个记录的每个字段）"单选按钮，然后单击"下一步"按钮。

图 7-8　选择查询返回记录的形式

　　打开如图 7-9 所示的对话框，在这里设置查询的名称，然后选择接下来的操作。

- 　　打开查询查看信息：在查询的数据表视图中显示查询结果。
- 　　修改查询设计：在查询的设计视图中打开查询设计器，可以对查询设计进行修改和完善。

图 7-9　设置查询的名称和后续步骤

　　这里选择"打开查询查看信息"单选按钮，然后单击"完成"按钮，将在数据表视图中显示查询结果。操作过程中可以随时单击"取消"按钮退出查询向导。

7.2 创建一个查询的基本步骤

使用查询向导创建查询虽然简单方便，但是缺乏灵活性，因此大多数用户都会选择在查询设计器中创建查询。本节将介绍使用查询设计器创建一个查询的基本步骤，使用户对查询的创建过程有一个整体的了解。本章后续内容会对查询的设计细节进行详细介绍，还会介绍不同类型查询的创建方法。

7.2.1 打开查询设计器并添加表

查询结果中包含的字段来自数据库中的一个表或多个表，因此在查询设计中首先要添加包含所需字段的表。在此之前，需要打开查询设计器。如果是创建新的查询，则需要在功能区"创建"选项卡中单击"查询设计"按钮。对于已经存在的查询，可以使用以下两种方法在查询设计器中将其打开。

- 在导航窗格中右击查询，然后在弹出的快捷菜单中选择"设计视图"命令。
- 在导航窗格中双击查询，将在数据表视图中将其打开，然后单击 Access 窗口状态栏中的"设计视图"按钮 。

打开查询设计器后，将在功能区中激活"查询工具|设计"选项卡，并自动弹出"显示表"对话框。如果没有显示该对话框，则可以在"查询工具|设计"选项卡中单击"显示表"按钮，如图 7-10 所示。

弹出"显示表"对话框，从中选择包含所需字段的一个表或多个表，还可以选择现有查询。选择后单击"添加"按钮，或者直接双击所需的表和查询，完成后单击"关闭"按钮。这里只添加了一个客户信息表，如图 7-11 所示。

图 7-10　单击"显示表"按钮　　　　图 7-11　向查询中添加所需的表和查询

到目前为止，与第 5 章介绍的创建表关系时的操作基本相同。接下来将在查询设计器中显示已添加的表，每个表都是一个小窗口，其中列出了表中包含的所有字段，如图 7-12 所示。

图 7-12　字段列表窗口

7.2.2　设计查询

向查询设计器中添加包含所需字段的表之后，就可以开始对查询进行具体的设计了。首先需要在查询设计网格中添加希望在查询结果中出现的字段，单击查询设计网格中"字段"行上的第一个单元格，激活右侧的下拉按钮，单击该下拉按钮，从弹出的下拉列表中选择所需的字段，如图 7-13 所示。

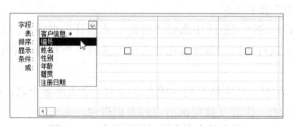

图 7-13　选择要添加到查询中的字段

使用相同的方法，将希望出现在查询结果中的其他字段依次添加到"字段"行的其他单元格中，如图 7-14 所示。

字段:	编号	姓名	性别	年龄	
表:	客户信息	客户信息	客户信息	客户信息	
排序:					
显示:	☑	☑	☑	☑	
条件:					
或:					

图 7-14　添加其他字段

接下来在"条件"行中设置记录的返回条件。本例希望返回所有女性客户的信息，因此需要在"性别"列与"条件"行交叉位置上的单元格中输入"女"，输入后 Access 会自动在文字两侧添加一对英文双引号，如图 7-15 所示。

图 7-15　设置查询的条件

7.2.3　运行查询

完成查询设计后，只有运行查询才能看到查询的结果。运行查询的方法有以下两种。

- 在功能区"查询工具|设计"选项卡中单击"运行"按钮。
- 单击 Access 窗口状态栏中的"数据表视图"按钮。

运行查询后，将返回所有女性客户的信息，如图 7-16 所示。

图 7-16　运行查询并返回结果

7.2.4　保存查询

为了以后可以重复使用同一个查询，可以将创建好的查询进行保存。保存查询的方法与保存表的方法类似，有以下几种。

- 右击"查询"窗口中的选项卡标签，在弹出的快捷菜单中选择"保存"命令，如图 7-17 所示。
- 单击快速访问工具栏中的"保存"按钮。
- 单击"文件"|"保存"命令。
- 按 Ctrl+S 组合键。

无论使用哪种方法，都将弹出如图 7-18 所示的"另存为"对话框，在文本框中输入查询的名称，然后单击"确定"按钮，即可将查询保存到数据库中。

图 7-17　右击表的选项卡标签弹出的菜单

图 7-18　"另存为"对话框

以后打开包含查询的数据库时，在导航窗格中双击查询，即可运行该查询。如果要在查询设计器中打开并修改查询，则可以在导航窗格中右击查询，然后在弹出的快捷菜单中选择"设计视图"命令。

7.3 在查询设计器中设计查询

查询的设计过程包括以下两部分。

- 添加数据源：添加要在查询中显示的数据所属的表或查询，然后将其中的所需字段添加到当前正在设计的查询中。
- 设计查询选项：在查询设计网格中设计查询的相关选项。

本节将对这两部分涉及的操作进行详细介绍。

7.3.1 在查询中添加一个表或多个表

查询结果中包含的字段可以来自一个表、多个表或查询，也可以来自表和查询的组合数据。前面案例介绍的查询中的字段都来自于同一个表，但在实际应用中，通常需要从多个表中提取数据，因此查询结果中的字段将来自多个表。

向查询中添加一个表的方法已在前面的案例中介绍过，添加多个表的方法与此类似，而且在查询中添加表与在创建表关系时添加表的操作基本相同。可以使用以下两种方法打开"显示表"对话框。

- 在功能区"查询工具|设计"选项卡中单击"显示表"按钮。
- 右击查询设计器中的空白处，在弹出的快捷菜单中选择"显示表"命令。

打开"显示表"对话框后，选择"表"、"查询"或"两者都有"选项卡，选择哪个选项卡取决于要添加的是表、查询还是两者都有。可以使用以下两种方法向查询中添加所需的表或查询。

- 在选定的选项卡中，依次双击要添加到查询中的表或查询。
- 在选定的选项卡中，单击要添加的其中一个表或查询，然后按住 Shift 键并单击另一个表或查询，将自动选中包含这两个表或查询在内的连续多个表或查询。如果按住 Ctrl 键，则可以依次单击不同的表或查询，从而选中不连续的多个表或查询，如图 7-19 所示。选择多项后单击"添加"按钮，将它们一次性添加到查询设计器中。

如果在查询设计器中添加了多个表，且之前已经在这些表之间创建了关系，那么将会显示表之间的连接线，如图 7-20 所示。

如果添加的多个表之间没有建立关系，则需要在查询设计器中手动为这些表建立临时关系，否则查询结果中会返回错误信息。在查询设计器中为两个表之间建立临时关系的方法，与在"关系"窗口中为表之间创建关系的方法类似，只需将一个表中的特定字段拖动到另一个表中的特定字段上，即可建立临时关系。临时建立的关系在连接线两端不会显示类似数字 1 和无穷符号这样的标记，如图 7-21 所示。

图 7-19　借助 Ctrl 键选择不连续的表

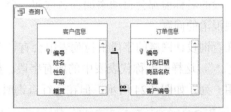

图 7-20　在查询设计器中显示表之间的连接线

图 7-21　在查询设计器中为两个表临时建立关系

当添加到查询设计器中的两个表同时满足以下几个条件时，Access 会自动为它们建立临时关系并添加连接线。

- 两个表具有同名字段。
- 同名字段的数据类型相同。
- 同名字段的其中一个是表的主键。

7.3.2　添加和删除字段

在将一个表或多个表添加到查询设计器中之后，就可以开始对查询的相关选项进行设置了。首先需要将一个字段或多个字段添加到查询设计网格中，因为字段是进行查询设计的基础。这些字段就是要出现在查询结果中的字段，它们构成了最终返回的记录。

　　添加字段的方法已在前面的案例中进行了介绍，只需在查询设计网格中单击字段行上的某个单元格，激活其中的下拉按钮，然后单击该下拉按钮并从弹出的下拉列表中选择所需字段。当查询设计器中只添加了一个表时，下拉列表中的字段将以原始名称显示，如图 7-22 所示。

图 7-22　查询设计器中只添加了一个表时显示的字段名称

　　还可以使用另一种方法在查询设计网格中添加字段，从字段列表窗口中将特定字段拖动到查询设计网格中希望将字段放置到的列中，即可完成字段的添加操作。

　　如果在查询设计器中添加了两个表或多个表，则在查询设计网格中打开字段下拉列表时，每个字段的名称前都会自动添加表名称和一个英文句点，如图 7-23 所示，这样就避免了同名字段出现混淆的问题。

　　在查询设计网格的字段下拉列表中会有一个或多个以星号（*）结尾的字段名称，例如"订单信息.*"，这样的名称代表表中的所有字段。如果将其添加到查询设计网格中，虽然添加后它只占用一列，如图 7-24 所示，但在运行查询时会返回指定表中的所有字段。

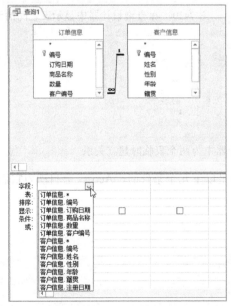

图 7-23　每个字段名称由表名和字段名组成　　图 7-24　添加指定表中所有字段的快捷方法

　　如果各个表中包含的字段数量非常多，那么在查询设计网格的字段下拉列表中选择特定的字段会非常困难，此时可以先指定字段所在的表，然后选择字段。在查询设计网格的"表"下拉列表中可以选择当前添加到查询设计器中的表，如图 7-25 所示。

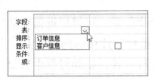

图 7-25　在查询设计网格中指定要使用的表

一旦在"表"下拉列表中选择了某个特定的表，此时再打开"字段"下拉列表，其中就只显示特定表中包含的所有字段了，如图 7-26 所示。

图 7-26　先指定表再选择字段

如果在查询设计网格中添加了错误的字段，则可以使用以下几种方法将其删除。

- 单击要删除的字段所在的列，然后在功能区"查询工具|设计"选项卡中单击"删除列"按钮，如图 7-27 所示。
- 将鼠标指针移动到查询设计网格中想要删除的字段列顶部的灰色区域，当鼠标指针变为向下的箭头时，如图 7-28 所示，单击即可选中该字段所在的列，然后按 Delete 键或单击上一种方法中的"删除列"按钮。

图 7-27　单击"删除列"按钮　　　图 7-28　单击以选择当前字段列

- 右击要删除的字段顶部的灰色区域，在弹出的快捷菜单中选择"剪切"命令，如图 7-29 所示。
- 在"字段"下拉列表中选中要删除的字段名称，然后按 Delete 键。当单击其他单元格时，查询设计窗格中与该字段相关的所有选项的设置值将被自动清空。

图 7-29　通过剪切的方式删除字段列

7.3.3　调整字段的排列顺序

在查询设计网格中添加了多个字段后，可以根据需要随时改变各个字段之间的排列顺序。首先选中要移动的字段列，然后将鼠标指针移动到选区上，当鼠标指针变为向左的白色箭头时，按住鼠标左键并将字段列拖动到目标位置，拖动过程中会显示一条粗线，以指示当前字段列拖动到的位置，如图 7-30 所示。

图 7-30　调整字段的排列顺序

7.3.4　设置字段值的排序方式

通过排序可以按照特定的规律显示数据，就像使用"自动编号"数据类型的字段作为表的主键时，表中的数据默认以自动编号从小到大的顺序进行排列。在查询设计中，可以指定查询返回结果中的数据的排序方式，例如按照订购日期从早到晚的顺序排列查询返回的所有记录。

要设置特定字段中值的排序方式，需要在查询设计网格中单击该字段所在的"排序"行中的单元格，激活下拉按钮，单击该下拉按钮后，从弹出的下拉列表中选择排序方式，如图 7-31所示。

图 7-31　为字段指定排序方式

如图 7-32 所示为按照订购日期排序前和排序后查询返回的记录集。

图 7-32　排序前和排序后的查询结果

7.3.5 设置一个或多个条件

查询设计网格中的"条件"行用于为字段设置条件,只有符合条件的字段值才会出现在查询结果中,这样就可以控制在查询结果中返回哪些记录。在查询中为字段设置的条件可以简单到只是一个具体值,也可以是一个复杂的表达式,使用哪种形式取决于条件本身的复杂度。下面通过几个案例介绍不同形式的条件的设置方法。

案例 7-1   查询产地为北京的所有商品信息

设计一个查询,从商品信息表中返回产地为北京的所有商品信息,操作步骤如下。

(1)打开查询设计器,在其中添加商品信息表。

(2)在查询设计网格中添加"编号""商品名称""产地""单价"4 个字段,然后单击"产地"字段所在的"条件"行,并在其中输入"北京",如图 7-33 所示。

字段	编号	商品名称	产地	单价
表	商品信息	商品信息	商品信息	商品信息
排序				
显示	☑	☑	☑	☑
条件			"北京"	
或				

图 7-33   为"产地"字段设置条件

(3)在功能区"查询工具|设计"选项卡中单击"运行"按钮,运行查询后返回的结果如图 7-34 所示。

编号	商品名称	产地	单价
1	牛奶	北京	2
2	酸奶	北京	3
7	饮料	北京	6
10	大米	北京	35
*	(新建)		

图 7-34   查询结果

案例 7-2   查询年龄在 30～40 岁的所有客户信息

设计一个查询,从客户信息表中返回年龄在 30～40 岁的所有客户信息,操作步骤如下。

(1)打开查询设计器,在其中添加客户信息表。

(2)在查询设计网格中添加"编号""姓名""性别""年龄"4 个字段,然后单击"年龄"字段所在的"条件"行,并在其中输入条件">=30 And <=40",如图 7-35 所示。

字段	编号	姓名	性别	年龄
表	客户信息	客户信息	客户信息	客户信息
排序				
显示	☑	☑	☑	☑
条件				>=30 And <=40
或				

图 7-35   为"年龄"字段设置条件

提示: 在上面的条件中,And 是一个逻辑运算符,当 And 两侧的内容都成立时,整个表达式才成立。条件中的>、<和=都是关系运算符，用于对运算符两侧的值进行比较，返回的比较结果是一个逻辑值（True 或 False）。运算符和表达式的相关内容将在第 10 章进行介绍。

（3）在功能区“查询工具|设计”选项卡中单击“运行”按钮，运行查询后返回的结果如图 7-36 所示。

查询1

	编号	姓名	性别	年龄
	4	欧嘉福	女	37
	7	蓝梦之	女	38
	8	鲁亦桐	女	31
	9	唐一晗	男	35
*	（新建）			0

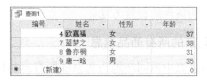

图 7-36　查询结果

前面两个案例都是为一个字段设置条件，实际上可以同时为多个字段设置条件。

案例 7-3　查询年龄在 30～40 岁且性别为女性的所有客户信息

设计一个查询，从客户信息表中返回年龄在 30～40 岁且性别为女性的所有客户信息，操作步骤如下。

（1）打开查询设计器，在其中添加客户信息表。

（2）在查询设计网格中添加“编号”“姓名”“性别”“年龄”4 个字段，然后在“条件”行中分别为“性别”和“年龄”字段设置以下条件，如图 7-37 所示。

“性别”字段的条件："女"

“年龄”字段的条件：>=30 And <=40

字段:	编号	姓名	性别	年龄
表:	客户信息	客户信息	客户信息	客户信息
排序:				
显示:	☑	☑	☑	☑
条件:			"女"	>=30 And <=40
或:				

图 7-37　为“性别”和“年龄”字段分别设置条件

（3）在功能区“查询工具|设计”选项卡中单击“运行”按钮，运行查询后返回的结果如图 7-38 所示。

查询1

	编号	姓名	性别	年龄
	4	欧嘉福	女	37
	7	蓝梦之	女	38
	8	鲁亦桐	女	31
*	（新建）			0

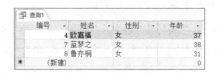

图 7-38　查询结果

通过在查询设计网格的“或”行中设置条件，可以为一个或多个字段设置并列条件，只要满足其中任意一个条件即可。

案例 7-4　查询年龄在 30～40 岁或性别为女性的所有客户信息

设计一个查询，从客户信息表中返回年龄在 30～40 岁或性别为女性的所有客户信息，操作步骤如下。

（1）打开查询设计器，在其中添加客户信息表。

（2）在查询设计网格中添加"编号""姓名""性别""年龄"4 个字段，然后分别为"性别"和"年龄"字段设置以下条件，然后将这两个条件分别放置在"条件"行和"或"行中，如图 7-39 所示。

"性别"字段的条件：＂女＂

"年龄"字段的条件：>=30 And <=40

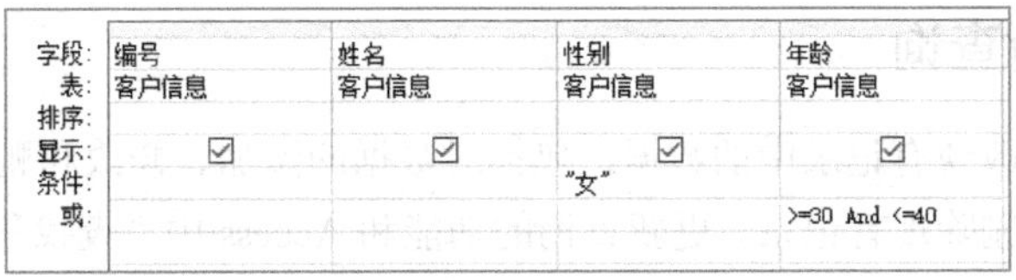

字段	编号	姓名	性别	年龄
表	客户信息	客户信息	客户信息	客户信息
排序				
显示	☑	☑	☑	☑
条件			"女"	
或				>=30 And <=40

图 7-39 分别为"性别"和"年龄"字段设置条件

（3）在功能区"查询工具|设计"选项卡中单击"运行"按钮，运行查询后返回的结果如图 7-40 所示。

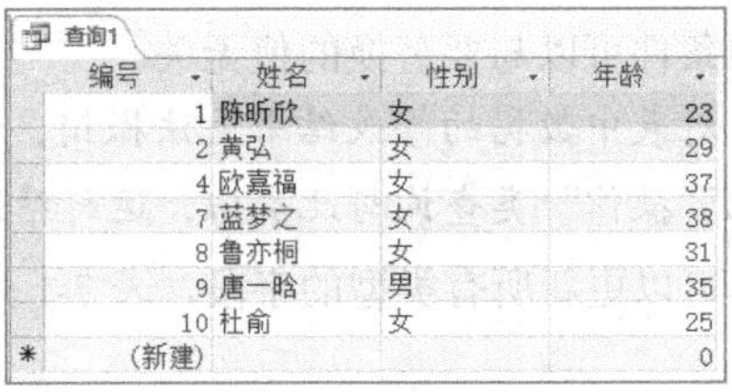

编号	姓名	性别	年龄
1	陈昕欣	女	23
2	黄弘	女	29
4	欧嘉福	女	37
7	蓝梦之	女	38
8	鲁亦桐	女	31
9	唐一晗	男	35
10	杜俞	女	25
*	(新建)		0

图 7-40 查询结果

7.3.6 指定在查询结果中显示的字段

在查询设计网格中有一个名为"显示"的行，该行中的选项显示为复选框的形式。通过为字段设置"显示"选项，可以决定相应的字段是否出现在最终返回的查询结果中。选中复选框时表示在查询结果中显示相应的字段，取消选中复选框时表示在查询结果中不显示相应的字段。

如图 7-41 所示，由于"订购日期"和"数量"字段的"显示"复选框没有被选中，因此在返回的查询结果中不会显示这两个字段。

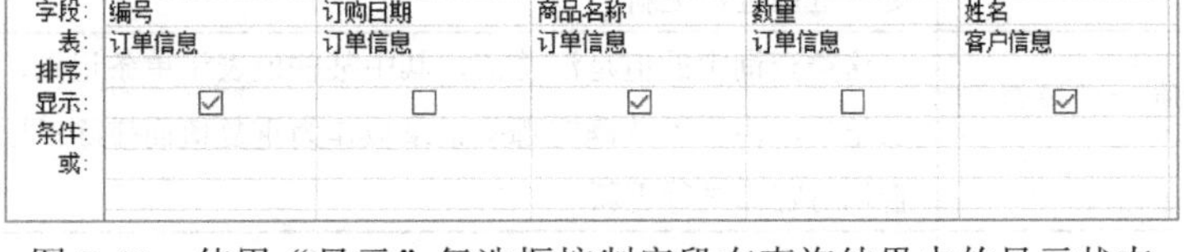

字段	编号	订购日期	商品名称	数量	姓名
表	订单信息	订单信息	订单信息	订单信息	客户信息
排序					
显示	☑	☐	☑	☐	☑
条件					
或					

图 7-41 使用"显示"复选框控制字段在查询结果中的显示状态

注意：即使取消选中某个字段的"显示"复选框，只要该字段位于查询设计窗格中，并为该字段设置了其他查询选项，那么该字段仍然会影响最终返回的查询结果。

7.4 创建不同类型的查询

在 Access 中可以创建多种类型的查询，用于实现不同的应用需求。最常用的查询类型是选择查询，用于从一个或多个表中提取所需的信息，并构成特定的记录集，以便将关注的重点集中在特定的字段和记录上，还可以将查询结果作为创建窗体和报表时的数据源，以在窗体或报表中显示或打印符合特定条件的数据。前面介绍的几个案例都是选择查询，本节将介绍其他常见类型的查询的创建方法。

7.4.1 创建更新查询

更新查询用于更改现有记录中的数据，包括对数据的添加、修改和删除等操作，但是不能在表中添加新记录或删除现有记录。更新查询的功能和 Access 中"查找和替换"的功能有些类似，它们都可以对表中的数据进行替换操作，但是更新查询的功能更强大，体现在以下几个方面。

- 更新查询可以一次性更新大量记录。
- 更新查询可以同时更改多个表中的记录。
- 在更新查询中指定的条件可以与要替换的值无关。

注意：运行更新查询后，对表中数据的修改结果无法撤销，因此应该在运行更新查询前，对要操作的表进行备份。其他"操作"类查询与此类似，运行结果都是不可逆的。

在使用更新查询时，并非可以更新所有类型的字段，表 7-1 列出了 Access 不允许更新的字段类型。

表 7-1　不能使用更新查询更新的字段类型

字 段 类 型	说　　明
自动编号字段	"自动编号"数据类型的字段值只能由 Access 维护，用户无法手动编辑，因此更新查询也无法更改该类型字段中的值
表关系中的主键字段	如果在表关系设置中没有启用"级联更新相关字段"选项，则无法使用更新查询更新处于表关系中的主键字段
计算字段	由于计算字段只存储在临时内存中，因此无法更新计算字段
总计查询和交叉表查询中的字段	与计算字段类似，这两类查询中的值是通过计算得到的，因此无法使用更新查询进行更新
唯一值查询和唯一记录查询中的字段	这类查询中的值是汇总值，其中某些值表示单条记录，而其他值表示多条记录，由于无法确定哪些记录被作为重复值而排除，因此无法使用更新查询对它们进行更新
联合查询中的字段	由于在联合查询中，多个数据源中的每条记录只出现一次，重复的记录已被移除，因此无法使用更新查询对各个数据源中的重复记录进行更新

创建更新查询时，首先创建一个选择查询，其中包含要更新的记录，然后将创建好的选择

查询转换为更新查询并设置更新，最后运行更新查询对符合条件的值进行更新。

案例 7-5　使用更新查询将商品的产地从"北京"改为"天津"

设计一个更新查询，将商品信息表中的商品产地从"北京"改为"天津"，操作步骤如下。

（1）打开查询设计器，在其中添加商品信息表。

（2）在查询设计网格中添加"编号""商品名称""产地"3 个字段，然后单击"产地"字段所在的"条件"行，并在其中输入"北京"（"北京"两侧的英文双引号由 Access 自动添加），如图 7-42 所示。

（3）可以在功能区"查询工具|设计"选项卡中单击"运行"按钮，查看查询的运行结果，如图 7-43 所示。如果条件设置正确，则查询结果中会包含所有需要修改的数据记录。

图 7-42　为"产地"字段设置条件

图 7-43　查询的返回结果

（4）单击状态栏中的"设计视图"按钮，返回查询的设计视图。在功能区"查询工具|设计"选项卡中单击"更新"按钮，如图 7-44 所示。

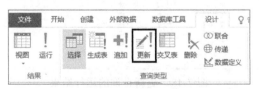

图 7-44　单击"更新"按钮

提示：在查询设计器的空白处右击，在弹出的快捷菜单中选择"查询类型"|"更新查询"命令，如图 7-45 所示，也可以将查询类型转换为更新查询。

图 7-45　使用快捷菜单中的命令将选择查询转换为更新查询

（5）将选择查询转换为更新查询，查询设计网格中的选项会发生相应的变化，原来的"排序"和"显示"行没有了,新增了"更新到"行。由于本例要将产地"北京"更改为"天津",因此需要在"产地"字段的"更新到"行中输入"天津"("天津"两侧的英文双引号由 Access 自动添加),如图 7-46 所示。

(6)在功能区"查询工具|设计"选项卡中单击"运行"按钮,弹出如图 7-47 所示的对话框,由于更新数据后无法撤销,因此需要用户确认是否进行更新。

图 7-46 设置更新查询的条件   图 7-47 更新数据前的确认信息

(7)单击"是"按钮,将商品信息表中所有产地为"北京"的记录的产地更改为"天津",如图 7-48 所示。

编号	商品名称	产地	单位	单价	单击以添加
1	牛奶	天津	袋	2	
2	酸奶	天津	袋	3	
3	牛奶	上海	袋	3	
4	牛奶	广东	袋	3	
5	饮料	上海	瓶	5	
6	酸奶	上海	袋	2	
7	饮料	天津	瓶	6	
8	酸奶	广东	袋	3	
9	饮料	广东	瓶	5	
10	大米	天津	袋	35	

图 7-48 更新查询的运行结果

7.4.2 创建追加查询

追加查询用于将当前数据库中的一个或多个表中的记录添加到当前数据库或其他数据库的指定表中,接收追加记录的表必须已经存在。使用追加查询可以自动完成一条或多条记录的合并工作,这样就不用将一个表中的记录复制或手动输入到具有同类记录的另一个表中。

追加查询涉及的两个表中的字段必须匹配,如果字段数量不同,则只在匹配的字段中追加数据,多出的字段会被留空。例如,包含追加记录的表有 5 个字段,而另一个接收追加记录的表有 8 个字段,如果这两个表中只有 3 个字段匹配,则在追加记录后,包含 8 个字段的表中只有 3 个字段被追加了数据,而其他 5 个字段被留空。

在创建追加查询时,首先创建一个选择查询,其中包含要追加的记录,然后将创建好的选择查询转换为追加查询,并选择接收追加记录的表,还需要为追加查询中的每一列选择目标字段,最后运行追加查询将指定记录添加到目标表中。

案例 7-6　使用追加查询将临时订单信息表中的订单记录添加到订单信息表中

设计一个追加查询，将临时订单信息表中的所有订单记录添加到订单信息表中，操作步骤如下。

（1）打开查询设计器，在其中添加临时订单信息表，该表包含的记录如图 7-49 所示。

图 7-49　包含要追加记录的临时订单信息表

（2）由于要将临时订单信息表中的所有记录添加到订单信息表中，因此在查询设计网格中添加带有星号（*）的字段即可，如图 7-50 所示。

（3）在功能区"查询工具|设计"选项卡中单击"追加"按钮，如图 7-51 所示。

　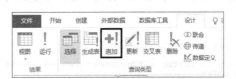

图 7-50　添加带有星号的字段　　图 7-51　单击"追加"按钮

（4）将选择查询转换为追加查询，并弹出"追加"对话框，选择"当前数据库"单选按钮，然后在"表名称"下拉列表中选择接收追加记录的表，如图 7-52 所示。

图 7-52　选择接收追加记录的表

（5）单击"确定"按钮，查询设计网格中自动添加了"追加到"行，并在其中输入了带有星号的字段名，字段名中的表名就是步骤（4）所选择的表，如图 7-53 所示。

（6）在功能区"查询工具|设计"选项卡中单击"运行"按钮，弹出如图 7-54 所示的对话框，由于追加记录后无法撤销，因此需要用户确认是否进行追加操作。

图 7-53　设置"追加到"选项　　图 7-54　追加数据前的确认信息

（7）单击"是"按钮，将临时订单信息表中的所有记录追加到订单信息表中，如图 7-55 所示。

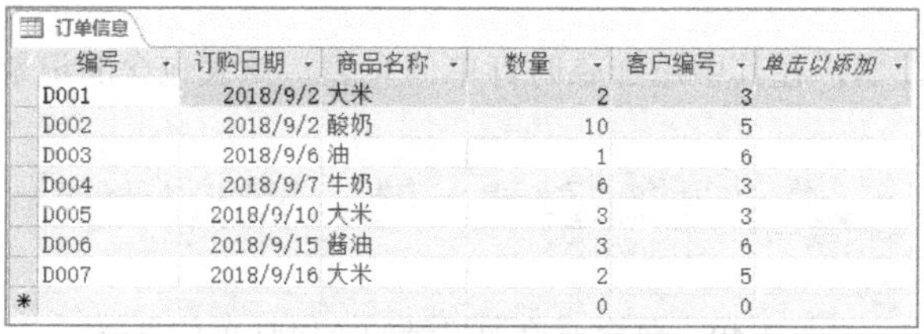

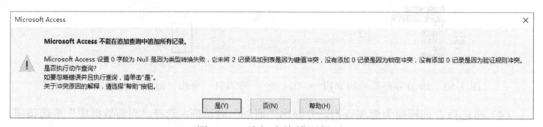

图 7-55　追加查询的运行结果

在运行追加查询时，可能会显示类似如图 7-56 所示的错误提示，出现这种情况通常是待追加记录表中的主键字段的值与接收追加记录表中的主键字段的值重复，发生了冲突，解决方法是修改任意一个表中主键字段的值，避免重复即可。

图 7-56　追加查询错误提示

7.4.3　创建生成表查询

生成表查询与追加查询有些类似，它们都是处理一条或多条记录。与追加查询不同的是，生成表查询是将指定记录单独保存为一个新表，而不是将记录添加到一个现有表中。由生成表查询创建的新表可以位于当前数据库或其他数据库中。

创建生成表查询时，首先创建一个选择查询，其中包含要添加到新表中的记录，然后将创建好的选择查询转换为生成表查询，并设置新表的存储位置和名称，最后运行生成表查询创建新表，并将指定记录添加到新表中。

案例 7-7　使用生成表查询将所有男性客户记录保存到"男客户信息"新表中

设计一个生成表查询，将客户信息表中所有男性客户的记录保存到名为"男客户信息"的新表中，操作步骤如下。

（1）打开查询设计器，在其中添加客户信息表。

（2）将客户信息表中的所有字段依次添加到查询设计网格中，并在"性别"字段的"条件"行中输入"男"，如图 7-57 所示。

字段:	编号	姓名	性别	年龄	籍贯	注册日期
表:	客户信息	客户信息	客户信息	客户信息	客户信息	客户信息
排序:						
显示:	☑	☑	☑	☑	☑	☑
条件:			"男"			
或:						

图 7-57　为"性别"字段设置条件

技巧：在查询设计网格中逐个添加表中所有字段的效率较低，可以使用一种快捷的方法：先在查询设计网格中添加一个带有星号（*）的字段，这样就相当于添加了表中的所有字段，然后在查询设计网格中添加作为查询条件的字段，例如本例中的"性别"字段，并在该字段的"条件"行中设置具体的条件。在运行生成表查询之前，取消选中"性别"字段的"显示"复选框即可，如图 7-58 所示。

字段:	客户信息.*	性别
表:	客户信息	客户信息
排序:		
显示:	☑	☐
条件:		"男"
或:		

图 7-58　添加表中所有字段的快捷方法

（3）单击状态栏中的"数据表视图"按钮，可以查看选择查询的结果，其中只包含性别为"男"的所有记录，如图 7-59 所示。

查询1					
编号 ▾	姓名 ▾	性别 ▾	年龄 ▾	籍贯 ▾	注册日期 ▾
3	倪妙云	男	43	贵州	2010/4/17
5	于乔	男	26	重庆	2018/6/21
6	林寮	男	27	河南	2012/10/8
9	唐一晗	男	35	湖北	2011/3/18
*	(新建)		0		

图 7-59　选择查询的结果

（4）单击状态栏中的"设计视图"按钮，返回查询设计器，然后在功能区"查询工具|设计"选项卡中单击"生成表"按钮，如图 7-60 所示。

图 7-60　单击"生成表"按钮

（5）将选择查询转换为生成表查询，并弹出"生成表"对话框，选择"当前数据库"单选按钮，然后在"表名称"文本框中输入即将创建的新表的名称"男客户信息"，如图 7-61 所示。

（6）单击"确定"按钮，然后在功能区"查询工具|设计"选项卡中单击"运行"按钮，弹出如图 7-62 所示的对话框，由于创建新表并粘贴记录后无法撤销，因此需要用户确认是否进行创建。

图 7-61　设置新表的名称和存储位置　　图 7-62　创建新表前的确认信息

　　（7）单击"是"按钮，将客户信息表中所有男性客户记录粘贴到新建的名为"男客户信息"的表中，如图 7-63 所示。

男客户信息					
编号	姓名	性别	年龄	籍贯	注册日期
3	倪妙云	男	43	贵州	2010/4/17
5	于乔	男	26	重庆	2018/6/21
6	林察	男	27	河南	2012/10/8
9	唐一晗	男	35	湖北	2011/3/18
*	（新建）				

图 7-63　生成表查询的运行结果

7.4.4　创建删除查询

　　删除查询用于删除当前数据库中的一个或多个表中的记录，可以通过设置条件来批量删除所有符合条件的记录。删除查询删除的是整条记录，如果只想删除记录中的字段值，则需要使用更新查询。

　　如果要使用删除查询来删除一对多关系中的父表（"一"方表）及其子表（"多"方表）中的相关记录，则需要在表关系设置中启用"级联删除相关记录"选项。如果只想删除父表中的记录，而保留子表中的相关记录，则需要先删除两个表之间的关系。

　　在创建删除查询时，首先创建一个选择查询，其中包含要删除的记录，然后将创建好的选择查询转换为删除查询，最后运行删除查询将表中符合条件的所有记录删除。

案例 7-8　使用删除查询将年龄在 35 岁及以上的所有客户记录删除

　　设计一个删除查询，将客户信息表中年龄在 35 岁及以上的所有客户记录删除，操作步骤如下。

　　（1）打开查询设计器，在其中添加客户信息表。

　　（2）将客户信息表中的"年龄"字段添加到查询设计网格中，并在该字段的"条件"行中输入">=35"，如图 7-64 所示。

　　（3）在功能区"查询工具|设计"选项卡中单击"删除"按钮，如图 7-65 所示。

图 7-64　为"年龄"字段设置条件　　　　图 7-65　单击"删除"按钮

（4）将选择查询转换为删除查询，查询设计网格中的选项会发生相应的变化，原来的"排序"和"显示"行没有了，新增了"删除"行并自动填入"Where"，如图 7-66 所示。

（5）在功能区"查询工具|设计"选项卡中单击"运行"按钮，弹出如图 7-67 所示的对话框，由于删除记录后无法撤销，因此需要用户确认是否进行删除操作。

图 7-66　转换为删除查询　　　　　图 7-67　删除记录前的确认信息

（6）单击"是"按钮，将客户信息表中年龄在 35 岁及以上的所有客户记录删除，如图 7-68 所示为删除后的记录。

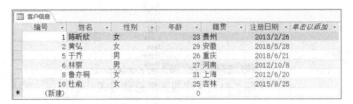

图 7-68　删除查询的运行结果

7.4.5　创建总计查询

前面介绍的几种查询都是动作查询，即对表中的数据执行特定的物理操作。物理操作是指能够改变表中原有数据的操作，例如添加或删除记录、更改记录中的字段值等。本小节介绍的总计查询用于对现有表中的数据进行分组和汇总，不会改变表中的原有数据，因此属于选择查询。

案例 7-9　创建统计同类商品订购数量的总计查询

设计一个总计查询，按商品类别统计各类商品的订购数量，操作步骤如下。

（1）打开查询设计器，在其中添加订单信息表。

（2）依次将订单信息表中的"商品名称"和"数量"字段添加到查询设计网格中，如图 7-69 所示。

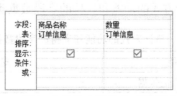

图 7-69　添加"商品名称"和"数量"字段

（3）在功能区"查询工具|设计"选项卡中单击"汇总"按钮，如图 7-70 所示。

图 7-70 单击"汇总"按钮

（4）查询设计网格中自动添加了"总计"行，每个字段的"总计"行被自动设置为"Group By"，表示对字段中的数据进行分组。本例需要统计同类商品的订购数量，因此需要保持"商品名称"字段"总计"行的"Group By"设置默认不变，而将"数量"字段"总计"行设置为"合计"，如图 7-71 所示。

图 7-71 为字段设置总计方式

（5）在 Access 窗口底部的状态栏中单击"数据表视图"按钮，切换到数据表视图，将显示总计结果。如图 7-72 所示为表中的原始数据和创建总计查询后的结果，可以检验对各类商品订购数量的统计结果是否正确。

订单信息					
编号	订购日期	商品名称	数量	客户编号	单击以添加
D001	2018/9/2	大米	2	3	
D002	2018/9/2	酸奶	10	3	
D003	2018/9/6	油	1	6	
D004	2018/9/7	牛奶	4	6	
D005	2018/9/10	大米	3	3	
D006	2018/9/12	酸奶	3	2	
D007	2018/9/15	酸奶	5	6	
D008	2018/9/16	牛奶	8	5	
D009	2018/9/20	牛奶	5	2	
D010	2018/9/25	大米	5	5	
*			0	0	

查询1	
商品名称	数量之合计
大米	10
牛奶	17
酸奶	18
油	1

图 7-72 表中的原始数据和总计查询结果

在查询设计网格中添加"总计"行后，可从"总计"行的下拉列表中选择 Access 提供的多种总计方式。表 7-2 列出了总计方式的功能和支持的字段数据类型。

表 7-2 总计方式的功能和支持的字段数据类型

总计方式	功　　能	支持的字段数据类型
Group By	将字段用作数据分组的依据	—
合计	计算字段中的所有值的总和	自动编号、数字、货币、日期/时间、是/否

续表

总计方式	功　能	支持的字段数据类型
平均值	计算字段中的所有值的平均值	自动编号、数字、货币、日期/时间、是/否
最小值	返回字段中的所有值中的最小值	自动编号、数字、货币、日期/时间、是/否、文本
最大值	返回字段中的所有值中的最大值	自动编号、数字、货币、日期/时间、是/否、文本
计数	统计字段中非空值的数量	自动编号、数字、货币、日期/时间、是/否、文本、备注、OLE 对象
StDev	计算字段中的所有值的标准偏差	自动编号、数字、货币、日期/时间、是/否
变量	计算字段中的所有值的总体方差	自动编号、数字、货币、日期/时间、是/否
First	返回第一条记录中的字段值	自动编号、货币、日期/时间、是/否、文本、备注、OLE 对象
Last	返回最后一条记录中的字段值	自动编号、货币、日期/时间、是/否、文本、备注、OLE 对象
Expression	通过表达式创建计算字段	—
Where	为进行总计的字段设置条件	—

与查询设计网格中的"总计"行类似，可以在表的数据表视图中添加"汇总"行，以便对字段中的值进行汇总。在数据表视图中打开要添加汇总行的表，然后在功能区"表格工具|开始"选项卡中单击"合计"按钮，如图 7-73 所示。

图 7-73　单击"合计"按钮

这时在表的底部添加一个"汇总"行，单击其中任意一个单元格，都可以激活下拉按钮，单击该下拉按钮，从弹出的下拉列表中选择汇总方式，如图 7-74 所示。对文本数据类型的字段只能选择"计数"汇总方式。

图 7-74　为数据表添加汇总行

7.4.6 创建联接查询

在第 5 章讲解表关系的内容时，曾介绍过表关系的联接类型，它决定建立关系的两个表之间返回记录的方式。联接类型包含 3 种：内部联接、左外部联接和右外部联接。由于"一对多"关系的两个表分为父表和子表，在"编辑关系"对话框中分别列于左、右两侧，因此就有了左外部联接和右外部联接。

默认情况下，查询返回的记录使用的是内部联接，这种联接类型只包括两个表中的匹配记录，不包括不相关的其他记录。无论是在创建查询前为两个表创建好关系，还是在查询设计器中手动为两个表建立临时关系，都可以参照以下步骤在查询设计器中更改联接类型。

（1）打开查询设计器，在其中添加相关的两个表。

（2）确保已为两个表创建关系，或者在查询设计器中手动为这两个表建立临时关系。

（3）双击两个表之间的连接线，或者右击连接线并从弹出的快捷菜单中选择"联接属性"命令，如图 7-75 所示。

（4）弹出"联接属性"对话框，选择所需的联接类型，例如选择编号为 2 的联接类型，它对应左外部联接，如图 7-76 所示。

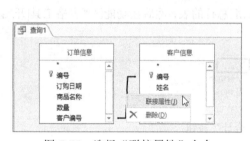

图 7-75　选择"联接属性"命令

图 7-76　选择所需的联接类型

（5）单击"确定"按钮，返回查询设计器，两个表之间的连接线的一段会出现一个箭头，如图 7-77 所示。

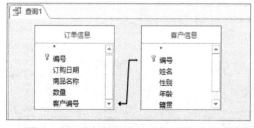

图 7-77　更改为左外部联接后的连接线

（6）在查询设计网格中添加所需字段并进行相关设置，然后切换到数据表视图，除可以看到两个表之间所有匹配的记录外，位于父表中的其他记录也会出现在查询结果中，如图 7-78 所示。

编号	订购日期	商品名称	数量	姓名	性别
				欧嘉福	女
				唐一晗	男
				鲁亦桐	女
				蓝梦之	女
				陈昕欣	女
				杜俞	女
D001	2018/9/2	大米	2	倪妙云	男
D002	2018/9/2	酸奶	10	于乔	男
D003	2018/9/6	油	1	林繁	男
D004	2018/9/7	牛奶	6	倪妙云	男
D005	2018/9/10	大米	3	倪妙云	男
D006	2018/9/12	酸奶	3	黄弘	女
D007	2018/9/15	酸奶	5	林繁	男
D008	2018/9/16	牛奶	8	于乔	男
D009	2018/9/20	牛奶	3	黄弘	女
D010	2018/9/25	大米	5	于乔	男

图 7-78　使用左外部联接的查询结果

第8章

使用窗体显示和编辑数据

Access 中的窗体用于为数据库应用程序提供用户界面，既可以在窗体中显示表或查询中的数据，又可以通过窗体添加或编辑表或查询中的数据。由于可以自由指定在窗体中显示表或查询中的哪些字段，因此使用窗体可以很好地限制用户对数据库底层数据的访问权限，不但可以确保数据不会受到破坏，还可以提高数据的处理效率。Access 为用户提供了创建不同类型窗体的工具，使用这些工具可以很容易地创建具有特定结构和用途的窗体。用户也可以从头开始设计窗体中的所有内容。本章首先介绍与窗体有关的一些基本概念，然后介绍创建、设置与使用窗体的方法，最后介绍在窗体中添加和使用控件的方法。本章介绍的很多概念和操作同样适用于第 9 章将要介绍的报表。

8.1 理解窗体

本节将介绍与窗体有关的一些基本概念，理解这些内容有助于更好地创建和使用窗体。

8.1.1 窗体类型

窗体类型是依据窗体的结构和用途来划分的，主要包括以下几种。

- 单个窗体：一次只显示一条记录的窗体，如图 8-1 所示。

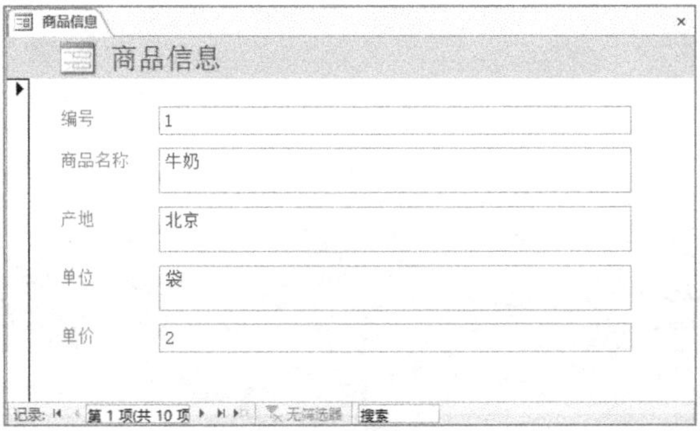

图 8-1 单个窗体

- 多个项目窗体：一次显示多条记录的窗体，如图 8-2 所示。

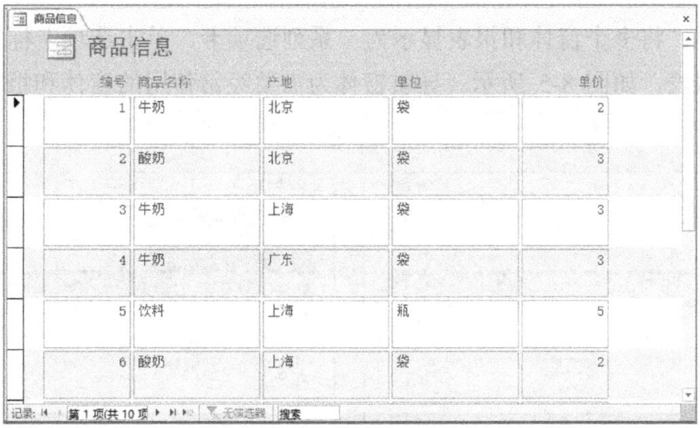

图 8-2　多个项目窗体

- 数据表窗体：外观与表的数据表视图相同，在多行多列中显示记录和字段，如图 8-3 所示。如果不仔细看窗体选项卡标签上的图标，可能会以为是表而不是窗体。

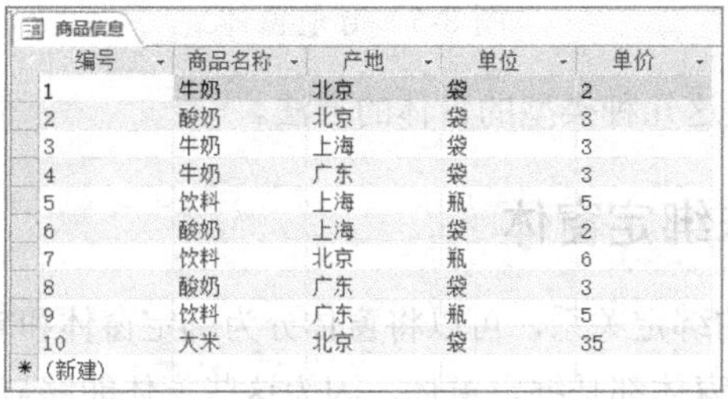

图 8-3　数据表窗体

- 分割窗体：相当于单个窗体与数据表窗体的组合，分割窗体的一部分显示多条记录，另一部分显示当前所选记录的各个字段，并可对这些字段的值进行编辑，如图 8-4 所示。

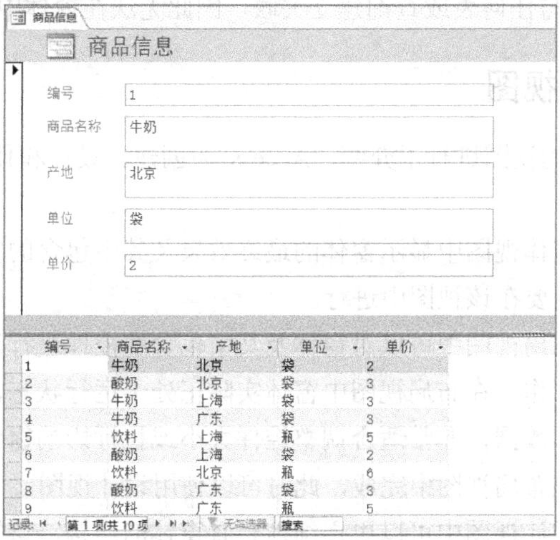

图 8-4　分割窗体

- 导航窗体：将多个窗体和报表显示为一系列选项卡，单击选项卡标签可切换到相应的窗体或报表，如图 8-5 所示。导航窗体为需要经常使用的窗体和报表提供便捷的访问方式。

图 8-5　导航窗体

在 8.2 节中将介绍创建这几种类型的窗体的方法。

8.1.2　绑定窗体和未绑定窗体

根据窗体与数据之间的绑定关系，可以将窗体分为绑定窗体和未绑定窗体两种。

在 8.1.1 小节中介绍的窗体都是绑定窗体，因为这些窗体能够显示指定表或查询中的数据。"绑定"是指将一个特定的表或查询设置为窗体的数据源，然后通过窗体中的控件显示该表或查询中的数据，还可以在窗体中编辑这些数据，修改结果会自动保存到相应的表或查询中。控件是窗体中可供用户操作或作为显示用途的对象，例如按钮、文本框、复选框等。

"未绑定"窗体没有与任何表或查询建立关联，因此无法在窗体中显示表或查询中的数据。

8.1.3　窗体的 3 种视图

本书第 1 章对窗体的视图进行了介绍，Access 为创建、设计和使用窗体提供了以下 3 种视图。

- 窗体视图：在窗体视图中显示窗体的最终效果及其中包含的实际数据，查看和编辑窗体中的数据都需要在该视图中进行。
- 布局视图：在布局视图中可以对窗体及其中包含的控件进行设计，可以完成对窗体几乎所有的修改工作。在布局视图中窗体实际正处于运行状态，因此可以在该视图中看到窗体中的实际数据，非常适合调整控件大小或执行影响窗体外观和可用性的操作。有些操作无法在布局视图中完成，此时可以使用设计视图。
- 设计视图：在设计视图中可以更详细地查看窗体的结构，该视图中会显示组成窗体的各个部分，例如页眉、主体和页脚。设计视图中的窗体不会显示其包含的实际数据。
一些窗体设计任务在设计视图中更容易完成或只能在设计视图中才能完成，例如在设计视图中可以直接在文本框中编辑数据源，而无须使用属性表；在设计视图中可以设置在布局视图中无法设置的一些属性。

在窗体各个视图之间切换的方法与切换表视图的方法类似，可以使用 Access 状态栏中的视图按钮、功能区中的视图命令和导航窗格中的快捷菜单等多种方法来切换视图，如图 8-6 所示，具体操作请参考第 1 章切换表视图的相关内容。

图 8-6　在窗体各视图类型之间切换的方法

提示：除以上 3 种视图外，窗体实际上还有数据表视图，但是需要通过设置窗体的属性或创建数据表窗体才能启用该视图。窗体的数据表视图以行和列的方式显示窗体中的数据，显示效果与表的数据表视图的显示效果类似。通过功能区中的"窗体设计"命令创建的空白窗体，在 Access 状态栏中会显示包括"数据表视图"在内的 4 个视图按钮。

8.1.4　窗体的组成

窗体是以"节"为单位进行组织的，一个完整的窗体包含以下 5 节，如图 8-7 所示。

- 窗体页眉：窗体页眉中的内容始终显示在窗体的顶部，因此应该将固定不变的内容放到窗体页眉中。在打印窗体时，窗体页眉中的内容只在第一页中打印出来。
- 页面页眉：页面页眉中的内容会打印到每一页的顶部，但是只在打印窗体时才会显示该节内容，在计算机中查看窗体时不会显示该节内容。如果设置了窗体页眉，则在打印的第一页顶部，页面页眉中的内容会显示在窗体页眉的下方。
- 主体：主体是窗体主要且必需的组成部分，每个窗体至少要包含主体。窗体中包含的控件及其中显示的数据通常位于主体中。在查看和编辑窗体中的数据时，用户基本都在与主体进行交互。

- 页面页脚：与页面页眉类似，页面页脚中的内容只在打印时才会显示，并会打印到每一页的底部。无论是否设置了窗体页脚，页面页脚都会打印到每一页的底部。

- 窗体页脚：与窗体页眉类似，窗体页脚中的内容始终显示在窗体的底部。在打印窗体时，窗体页脚中的内容只在最后一页中打印出来，并且位于最后一条记录的下方，而不是页面底部。

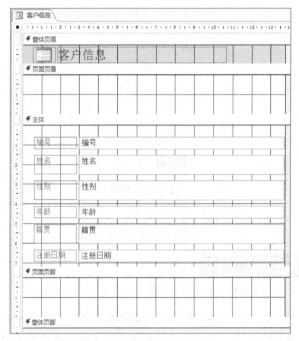

图 8-7　窗体的组成

8.1.5　创建窗体的 3 种方式

Access 提供了 3 种创建窗体的方式。

- 使用窗体向导：不熟悉窗体设计的用户可以使用"窗体向导"完成窗体的创建。用户只需跟随向导的指引，一步步进行操作即可完成创建工作。

- 创建特定类型的窗体：使用功能区中的命令，可以创建 8.1.1 小节介绍的各种类型的窗体，具体的创建方法将在 8.2 节进行介绍。这些命令位于功能区"创建"选项卡的"窗体"组中，如图 8-8 所示。单击"其他窗体"下拉按钮，将会在打开的下拉列表中显示创建窗体的更多命令。

- 从头开始设计窗体：使用功能区中的命令，可以在布局视图或设计视图中创建一个空白窗体，然后从头开始进行窗体设计。

图 8-8　创建不同类型窗体的功能区命令

8.2　创建窗体

Access 为用户创建不同类型的窗体提供了相应的命令，这些命令位于功能区中。本节主要介绍不同类型窗体的创建方法，从头开始设计窗体的详细内容将在后续内容中介绍。

8.2.1　使用窗体向导创建窗体

对于不熟悉窗体设计的用户来说，使用 Access 提供的"窗体向导"可以很容易地创建窗体，按照向导的提示进行操作即可。要启动窗体向导，需要在功能区"创建"选项卡中单击"窗体向导"按钮，弹出"窗体向导"对话框，在"表/查询"下拉列表中选择一个现有的表或查询，下方的"可用字段"列表框将自动显示该表或查询中的所有字段，如图 8-9 所示。

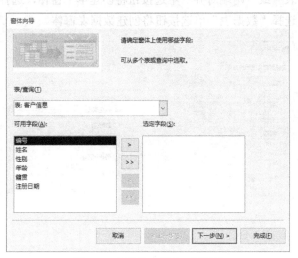

图 8-9　"窗体向导"对话框

在"可用字段"列表框中选择要添加到窗体中的字段，然后单击 > 按钮或直接双击字段，将所选字段添加到右侧的"选定字段"列表框中，如图 8-10 所示。如果要添加左侧列表框中的所有字段，则可以单击 >> 按钮。当添加分属于不同表中的同名字段时，Access 会在这些字段名称的左侧添加表名，以区分同名不同表的字段。

如果添加了错误的字段，则可以在右侧列表框中选择该字段，然后单击 < 按钮将其删除，或者单击 << 按钮一次性删除右侧列表框中的所有字段。

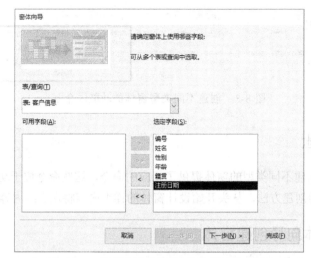

图 8-10 将所选字段添加到右侧列表框中

单击"下一步"按钮，打开如图 8-11 所示的对话框，可以选择窗体的布局类型。在选择类型选项时，左侧的缩略图会自动显示所选类型的布局样式。此处所做的选择决定最终创建的窗体类型，选择"纵栏表"或"两端对齐"单选按钮将创建单个窗体，选择"表格"单选按钮将创建多个项目窗体，选择"数据表"单选按钮将创建数据表窗体。

图 8-11 选择窗体的布局样式

单击"下一步"按钮，打开如图 8-12 所示的对话框，可以设置窗体的标题，该标题将同时显示在导航窗格中和打开窗体后的选项卡标签上。在该对话框中还需要选择在完成窗体向导后使用哪个视图打开窗体：选择"打开窗体查看或输入信息"单选按钮将在窗体视图中打开窗体，选择"修改窗体设计"单选按钮将在设计视图中打开窗体。

图 8-12　设置窗体标题和打开窗体所使用的视图

最后单击"完成"按钮，将在所选择的视图中打开创建的窗体。

8.2.2　创建单个窗体

使用功能区"创建"选项卡中的"窗体"按钮，可以基于在导航窗格中选中的表或查询，或者基于当前打开的表或查询创建包含相应数据的单个窗体，在该窗体中每次只显示一条记录。

案例 8-1　创建每次只显示一条客户记录的单个窗体

创建一个包含客户信息的窗体，在窗体中每次只显示一条记录，操作步骤如下。

（1）在导航窗格中选择客户信息表。

（2）在功能区"创建"选项卡中单击"窗体"按钮，如图 8-13 所示。

图 8-13　单击"窗体"按钮

（3）Access 将以选中的客户信息表为基础，创建包含该表中数据的单个窗体，如图 8-14 所示。

（4）按 Ctrl+S 组合键，弹出如图 8-15 所示的"另存为"对话框，输入窗体的名称，然后单击"确定"按钮，将创建的窗体保存到数据库中。

图 8-14　创建每次只显示一条客户记录的单个窗体

图 8-15　保存窗体

8.2.3　创建多个项目窗体

使用功能区"创建"选项卡中的"其他窗体"|"多个项目"命令，可以基于在导航窗格中选中的表或查询，或者基于当前打开的表或查询创建包含相应数据的多个项目窗体，在该窗体中将显示所有记录。多个项目窗体比数据表窗体具有更多的自定义选项，例如可以添加图形元素、按钮和其他控件。

案例 8-2　创建显示所有客户记录的多个项目窗体

创建一个包含客户信息的窗体，在窗体中同时显示所有记录，操作步骤如下。

（1）在导航窗格中选择客户信息表。

（2）在功能区"创建"选项卡中单击"其他窗体"下拉按钮，在弹出的下拉列表中选择"多个项目"命令，如图 8-16 所示。

图 8-16　选择"多个项目"命令

（3）Access 将以选中的客户信息表为基础，创建包含该表中数据的多个项目窗体，其中显示了客户信息表中的所有记录，如图 8-17 所示。

图 8-17　创建显示所有客户记录的多个项目窗体

8.2.4　创建数据表窗体

使用功能区"创建"选项卡中的"其他窗体"|"数据表"命令，可以基于在导航窗格中选中的表或查询，或者基于当前打开的表或查询创建包含相应数据的数据表窗体，在该窗体中将以行和列的形式显示所有记录，外观类似于数据表视图中的表。

案例 8-3　创建显示所有客户记录的数据表窗体

创建一个包含客户信息的窗体，在窗体中以类似数据表视图的形式显示所有记录，操作步骤如下。

（1）在导航窗格中选择客户信息表。

（2）在功能区"创建"选项卡中单击"其他窗体"下拉按钮，在弹出的下拉列表中选择"数据表"命令，如图 8-18 所示。

图 8-18　选择"数据表"命令

（3）Access 将以选中的客户信息表为基础，创建包含该表中数据的数据表窗体，其中以行和列的形式显示了客户信息表中的所有记录，如图 8-19 所示。

客户信息					
编号	姓名	性别	年龄	籍贯	注册日期
1	陈昕欣	女	23	贵州	2013/2/26
2	黄弘	女	29	安徽	2018/5/28
3	倪妙云	男	43	贵州	2010/4/17
4	欧嘉福	女	37	江西	2014/9/12
5	于乔	男	26	重庆	2018/6/21
6	林察	男	27	河南	2012/10/8
7	蓝梦之	女	38	广东	2018/3/19
8	鲁亦桐	女	31	上海	2012/6/20
9	唐一晗	男	35	湖北	2011/3/18
10	杜俞	女	25	吉林	2015/8/25
*(新建)			0		

图 8-19　创建显示所有客户记录的数据表窗体

8.2.5　创建分割窗体

分割窗体相当于组合了单个窗体和数据表窗体的功能，因为在分割窗体中同时呈现了窗体视图和数据表视图。可以使用分割窗体的数据表部分快速查找记录，然后使用分割窗体的窗体部分查看或编辑选定的记录。分割窗体中的窗体视图和数据表视图连接到同一个数据源，因此这两部分显示的数据始终保持同步，这意味着在分割窗体的任意部分选择一个字段，另一个部分也会自动选择该字段。

使用功能区"创建"选项卡中的"其他窗体"|"分割窗体"命令，可以基于在导航窗格中选中的表或查询，或者基于当前打开的表或查询创建包含相应数据的分割窗体。

案例 8-4　创建同时显示当前客户记录和所有客户记录的分割窗体

创建一个同时显示当前客户记录和所有客户记录的分割窗体，操作步骤如下。

（1）在导航窗格中选择客户信息表。

（2）在功能区"创建"选项卡中单击"其他窗体"下拉按钮，在弹出的下拉列表中选择"分割窗体"命令，如图 8-20 所示。

图 8-20　选择"分割窗体"命令

（3）Access 将以选中的客户信息表为基础，创建包含该表中数据的分割窗体，上半部分显示了当前记录中各个字段的值，下半部分显示了客户信息表中的所有记录，如图 8-21 所示。

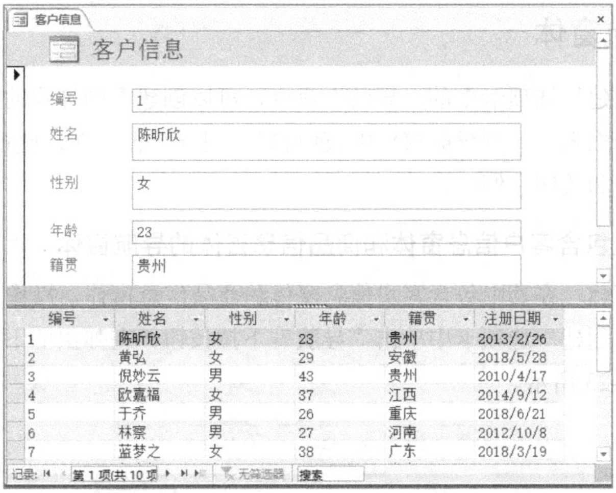

图 8-21　创建同时显示当前客户记录和所有客户记录的分割窗体

可以根据需要调整分割窗体中窗体视图和数据表视图的位置，操作步骤是：在导航窗格中右击要调整的分割窗体，在弹出的快捷菜单中选择"布局视图"命令，在布局视图中打开该窗体；在功能区"窗体布局工具"|"设计"选项卡中单击"属性表"按钮，打开"属性表"窗格，从顶部的下拉列表中选择"窗体"，然后在"格式"选项卡中设置"分割窗体方向"的属性值，从 4 个选项中选择一个，如图 8-22 所示。窗体属性设置的相关内容将在本章后续内容中进行介绍。

图 8-22　设置分割窗体中两个视图的位置

8.2.6　创建导航窗体

使用功能区"创建"选项卡中的"导航"命令,可以创建不同样式的导航窗体,然后将数据库中现有的窗体和报表添加到导航窗体中,就可以使用导航窗体在这些窗体和报表之间跳转,而不再需要频繁打开和关闭它们。

案例 8-5　创建包含客户信息窗体和商品信息窗体的导航窗体

创建一个导航窗体,在其中包含客户信息窗体和商品信息窗体,操作步骤如下。

(1)在功能区"创建"选项卡中单击"导航"下拉按钮,在弹出的下拉列表中选择一种导航窗体样式,如图 8-23 所示。

图 8-23　选择一种导航窗体样式

(2)这里选择"水平标签"布局样式,将在布局视图中打开创建的导航窗体,如图 8-24 所示。

(3)从导航窗格中将所需窗体拖动到导航窗体中的"[新增]"上面,拖动过程中会显示一个窗体标记和一个黄色线条,将窗体拖动到"[新增]"上面时,黄色线条会变为垂直方向,如图 8-25 所示。

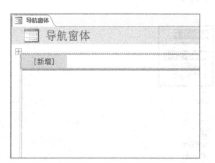

图 8-24　在布局视图中打开创建的导航窗体

图 8-25　将窗体拖动到"[新增]"上面

(4)此时释放鼠标,即可将窗体放到导航窗体中"[新增]"的左侧,并增加一个选项卡标签，其名称就是窗体的名称，如图 8-26 所示。

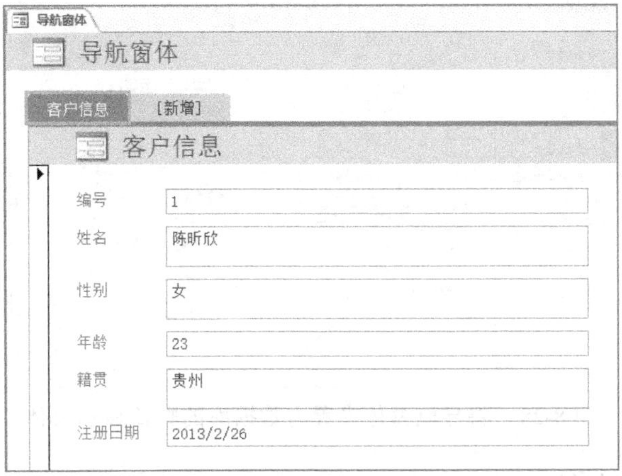

图 8-26　将客户信息窗体添加到导航窗体中

（5）使用相同的方法，将导航窗格中的商品信息窗体添加到导航窗体中，并将其放到客户信息窗体的右侧，如图 8-27 所示。

图 8-27　将商品信息窗体添加到导航窗体中

在数据库应用程序中，可能希望将导航窗体用作数据库的主界面或切换面板，以便用户通过导航窗体快速跳转到其他指定的窗体。通过设置 Access 选项，可以实现该目的，操作步骤如下。

（1）单击"文件" | "选项"命令，打开"Access 选项"对话框。

（2）选择"当前数据库"选项卡，在"显示窗体"下拉列表中选择数据库中的导航窗体，如图 8-28 所示，然后单击"确定"按钮。

图 8-28　将导航窗体设置为数据库的默认显示窗体

8.2.7　创建空白窗体

如果想要从头开始设计窗体，且不希望创建带有数据或特定类型的窗体，那么可以创建一个空白窗体，然后在布局视图或设计视图中对窗体进行详细设计。

在功能区"创建"选项卡中单击"窗体设计"或"空白窗体"按钮，都将创建一个空白窗体，如图 8-29 所示。这两个命令的区别在于空白窗体在哪个视图中打开，"窗体设计"命令创建的空白窗体将在设计视图中打开，"空白窗体"命令创建的空白窗体将在布局视图中打开，如图 8-30 所示。

图 8-29　创建空白窗体的两个命令

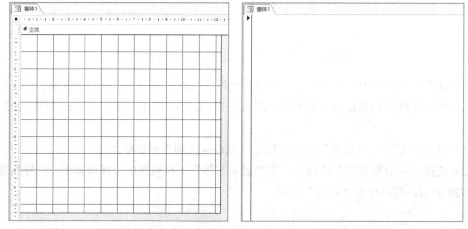

图 8-30　设计视图中的空白窗体（左）和布局视图中的空白窗体（右）

8.2.8　创建包含子窗体的窗体

在 Access 数据库中通常会在一些表之间建立关系，这样可以从这些相关表中同时提取所需的数据。如果在创建单个窗体时，该窗体所基于的表是一对多关系中的父表，那么基于该表创建的窗体中会自动以数据表的形式包含一对多关系中的子表中的相关记录；如果有多张表与创建的窗体所使用的表之间存在一对多关系，则 Access 不会向窗体中添加任何相关的数据表。

案例 8-6　创建包含订单信息的客户信息窗体

创建一个包含客户信息的窗体，同时在窗体中提供与客户相关的订单信息，操作步骤如下。

（1）在"关系"窗口中为客户信息表和订单信息表创建一对多关系，客户信息表是该关系中的父表（"一"方表），订单信息表是该关系中的子表（"多"方表），如图 8-31 所示。

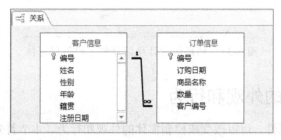

图 8-31　为两个表创建一对多关系

（2）保存并关闭布局，再关闭"关系"窗口。在导航窗格中选择一对多关系中的父表（客户信息表），然后在功能区"创建"选项卡中单击"窗体"按钮，如图 8-32 所示。

图 8-32　单击"窗体"按钮

（3）Access 会根据当前创建的窗体所基于的表和其他表之间的关系，自动将相关表中的记录添加到窗体中的指定记录的下方，并作为子窗体的形式显示出来。在如图 8-33 所示的窗体中，上方显示了编号为 3 的客户信息，下方的子窗体中显示了与该客户相关的 3 个订单信息。

图 8-33　创建包含订单信息的客户信息窗体

8.3　设置窗体的外观和行为

通过设置窗体的属性，可以改变或控制窗体的外观和行为。本节首先介绍属性表的概念和使用方法，然后介绍一些重要的窗体属性的功能和设置方法。本节介绍的窗体属性表的概念和用法同样适用于控件属性表。

8.3.1　理解和使用属性表

"属性"是一个对象具有的特征，例如姓名、年龄、身高、体重都是"人"这种对象的属性。通过为属性设置不同的值，可以区分同类对象中的不同对象个体。例如，一个人的体重是 65 千克，另一个人的体重是 60 千克。很多属性可以具有相同的值，例如前面列举的体重，而某些属性的值永远不可能出现重复，例如身份证号码，这类不会出现重复值的属性就像表的主键一样，可以唯一确定某个特定的对象。

在 Access 窗体中，通过属性可以控制窗体的外观和行为。窗体中的控件也有相应的属性，可以控制控件的外观和行为。窗体及其中包含的控件的属性都位于属性表中，本节主要介绍窗体属性的设置。

要打开属性表，需要在布局视图或设计视图中打开窗体，然后在功能区"窗体布局工具"｜"设计"或"窗体设计工具"｜"设计"选项卡中单击"属性表"按钮，如图 8-34 所示。

图 8-34　单击"属性表"按钮

　　打开的"属性表"窗格如图 8-35 所示，它是一个窗格，默认显示在 Access 窗口的右侧，可以拖动其顶部移动它的位置。

图 8-35 "属性表"窗格

　　在"属性表"窗格的顶部有一个下拉列表，当前显示的名称就是正在设置其属性的对象名称。在窗体中单击不同的对象时，该下拉列表中当前显示的对象也会随之改变。如图 8-36 所示，在窗体中当前选中的是"主体"节，因此在"属性表"窗格顶部的下拉列表中显示的就是"主体"。也可以在下拉列表中选择所需设置属性的对象，与此同时，窗体中也会自动选中相应的对象。

图 8-36 窗体中选中的对象与"属性表"窗格中当前显示的对象对应

技巧：要打开设置窗体属性的"属性表"窗格，可以在布局视图或设计视图中的任意位置右击，在弹出的快捷菜单中选择"表单属性"命令。在不同位置右击所弹出的快捷菜单会包含不同的命令，但都会包含"表单属性"命令，如图8-37所示。

图 8-37 选择"表单属性"命令打开设置窗体属性的"属性表"窗格

"属性表"窗格中列出的所有属性是顶部下拉列表中当前所选对象具有的属性，这些属性按类别划分到属性表中的以下几个选项卡中。

- 格式：该选项卡中的属性用于设置对象的外观和格式。
- 数据：该选项卡中的属性是窗体和控件绑定到的数据源，以及实际数据的显示方式。
- 事件：该选项卡中的属性用于设置鼠标、键盘或其他特定行为发生或状态改变时所执行的操作。
- 其他：该选项卡中的属性用于设置对象的其他一些属性，例如在窗体视图中浏览数据时是否允许使用快捷菜单。
- 全部：该选项卡中列出了前几个选项卡中的所有属性。

在"属性表"窗格中单击某个属性时，在状态栏的左侧会显示该属性的描述信息，如图8-38所示，由此可以了解属性的含义或用途。

图 8-38 状态栏左侧显示当前选中属性的描述信息

　　要在"属性表"窗格中设置对象的属性，可以在"属性表"窗格中单击要设置的属性，然后在其右侧输入或选择所需的属性值，如图 8-39 所示。

图 8-39　设置对象的属性

　　除使用"属性表"窗格设置对象的属性外，在执行其他操作时，实际上也在改变对象的属性，这些操作包括：

- 使用功能区命令设置对象的外观，例如大小、颜色、字体等。
- 使用鼠标或键盘调整对象的大小、位置等。
- 使用从绑定字段或控件的默认属性继承的属性。

8.3.2　选择窗体的不同部分

　　在 Access 中选择窗体及其中的组成部分时，通常可以使用以下两种方法。

- 在窗体中单击所需部分：可以直接单击窗体中所需选择的部分，被选中的部分会显示一个黄色的边框。如图 8-40 所示选中的是一个包含数字 23 的文本框。
- 使用"属性表"窗格：使用"属性表"窗格可以准确地选择窗体中的特定部分，在所需部分很难通过鼠标进行选择时，使用"属性表"窗格顶部的下拉列表进行选择会非常容易，如图 8-41 所示。

　　如果是在设计视图中工作，则可以通过选择器选择窗体的页眉、页脚和主体。如图 8-42 所示用黑框标示出的就是用于选择整个窗体、窗体页眉、主体和窗体页脚的选择器。选择整个窗体的选择器位于水平标尺和垂直标尺相交的位置，即窗体的左上角。其他几个选择器的右侧都有相应的文字标识，例如"窗体页眉""主体""窗体页脚"。通过单击这些选择器，就可以选中窗体的相应部分。

图 8-40　单击选择对象　　　图 8-41　使用"属性表"窗格顶部的下拉列表选择对象

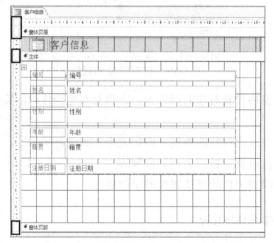

图 8-42　在设计视图中使用选择器选择窗体的特定部分

8.3.3　设置运行窗体时的默认视图

运行窗体时的默认视图指的是 8.1.1 小节介绍的窗体类型中的数据视图,例如单个窗体、多个项目窗体、数据表窗体和分割窗体,而不是窗体设计时所使用的窗体视图、布局视图和设计视图。

如果想要在打开窗体时,自动以特定的视图显示窗体中的数据,则可以更改运行窗体时的默认视图,操作步骤如下。

(1) 在布局视图或设计视图中打开要设置的窗体。

(2) 按 F4 键打开"属性表"窗格,从顶部的下拉列表中选择"窗体"。

(3) 在"属性表"窗格中选择"格式"选项卡,然后单击"默认视图"属性,在右侧的下拉列表中选择所需的视图,如图 8-43 所示。

图 8-43 设置运行窗体时的默认视图

注意：在布局视图或设计视图中设置默认视图的属性时，其设置结果的生效方式有所不同。在布局视图中设置该属性时，需要保存和关闭当前窗体，在下次打开该窗体时才会看到设置效果。在设计视图中设置该属性时，只需切换到窗体的不同视图即可看到设置效果，但"数据表"选项是一个例外。

8.3.4 设置窗体区域的大小

窗体中的空白区域是进行窗体设计时的工作区域，在其中可以放置不同类型的控件，并对它们进行排列组合。可以手动调整窗体区域的大小，将鼠标指针移动到窗体区域的边界或右下角，当鼠标指针变为双向箭头或十字箭头时，拖动鼠标即可调整窗体区域的大小，如图 8-44 所示。

图 8-44 手动调整窗体区域的大小

要为窗体区域设置精确的尺寸，可以在"属性表"窗格中进行操作。打开"属性表"窗格，在其顶部的下拉列表中选择"窗体"，然后在"格式"选项卡中设置"宽度"属性，如图 8-45 所示，该属性决定窗体区域的宽度。在"属性表"窗格顶部的下拉列表中选择"主体"，然后在

"格式"选项卡中设置"高度"属性,如图 8-46 所示,该属性决定窗体区域的高度。

图 8-45　设置窗体区域的宽度　　　　　图 8-46　设置窗体区域的高度

注意:在将窗体区域的大小从大往小设置时,如果窗体中包含控件,则在设置窗体区域的高度时,高度不能小于在窗体区域垂直方向上位于最下方的控件所在位置上的高度。窗体宽度的设置方式与此类似。在将窗体区域的大小从小往大设置时,有一个技巧性操作,可以将控件向窗体的右边缘或下边缘拖动,拖动后窗体的宽度和高度会随着控件移动的位置自动增加。

8.3.5　将窗体绑定到数据源

如果想要在窗体中显示表或查询中的数据,那么首先要做的就是将窗体与特定的表或查询进行绑定。绑定实际上就是通过设置窗体的属性,在窗体与数据源之间建立关联。

前面创建的不同类型的窗体中有显示的数据,是因为在创建窗体时 Access 自动完成了绑定数据源的工作。如果用户创建的是空白窗体,那么绑定数据源的工作就需要用户手动完成了。

将窗体绑定到数据源需要设置窗体的"记录源"属性,该属于位于"属性表"窗格的"数据"选项卡中,如图 8-47 所示。打开"记录源"属性右侧的下拉列表,从中选择当前数据库中现有的表或查询,即可将其与当前窗体绑定在一起。

图 8-47　选择要与窗体绑定的数据源

8.3.6 为窗体设置背景

可以为窗体设置背景图片，以增强窗体的显示效果。

案例 8-7 为窗体设置背景

为客户信息窗体设置一副背景图片，操作步骤如下。

（1）在布局视图或设计视图中打开客户信息窗体。

（2）在功能区"窗体布局工具"|"格式"或"窗体设计工具"|"格式"选项卡中单击"背景图像"下拉按钮，然后在弹出的下拉列表中选择"浏览"命令，如图 8-48 所示。

图 8-48 选择"浏览"命令

（3）弹出"插入图片"对话框，找到并双击要作为窗体背景的图片，如图 8-49 所示。

图 8-49 双击要作为窗体背景的图片

（4）返回 Access 窗口，所选图片被设置为窗体背景的效果如图 8-50 所示。

以后再次单击"背景图像"按钮时，之前使用过的图片都会显示在弹出的图像库中。右击其中的图片，将弹出如图 8-51 所示的快捷菜单，可以对图片执行重命名、更新和删除操作。

删除图像库中的图片，并不会影响窗体中使用该图片设置的背景。如果想要删除窗体的背景，需要在"属性表"窗格中选择"窗体"，然后在"数据"选项卡中单击"图片"属性，其右侧显示了为窗体设置的背景图片的名称，如图 8-52 所示。

图 8-50 所选图片被设置为窗体背景

图 8-51 在图片库中管理曾经使用过的图片　图 8-52 "属性表"窗格中与窗体背景对应的属性

按 Delete 键将该属性的值删除,然后按 Enter 键,弹出如图 8-53 所示的对话框,单击"是"按钮即可删除窗体的背景图片。

图 8-53 确认是否删除背景图片

8.3.7 为窗体添加页眉和页脚

可以在窗体页眉和窗体页脚中添加文字、图片或控件。使用 8.2 节中介绍的方法创建的大多数类型的窗体默认都包含窗体页眉,窗体页眉中显示的是窗体的标题。双击窗体页眉中的标题,进入编辑状态,如图 8-54 所示,可以使用 Backspace 键或 Delete 键删除原有内容,然后输入新内容,最后按 Enter 键确认修改。

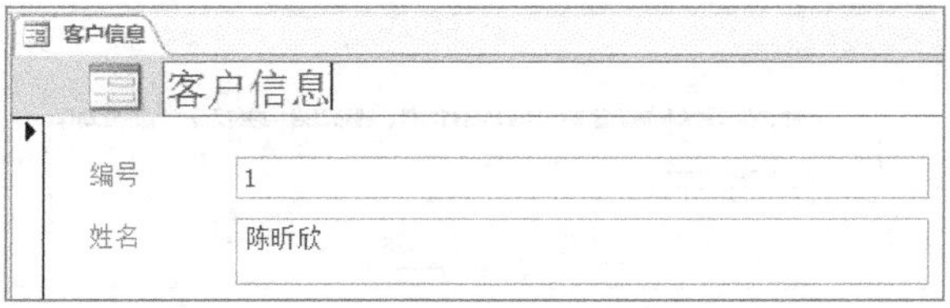

图 8-54　编辑窗体页眉中的标题

如果只显示了窗体页眉，而没有或无法编辑窗体页脚，则通常是因为窗体页脚的高度被设置为 0。在"属性表"窗格中将窗体页脚的"高度"属性设置为合适的值即可，如图 8-55 所示。

如果创建的是空白窗体，则默认情况下窗体页眉和窗体页脚处于隐藏状态，此时需要在设计视图中启用窗体页眉和窗体页脚。切换到窗体的设计视图，在窗体区域中右击，在弹出的快捷菜单中选择"窗体页眉/页脚"命令，如图 8-56 所示，即可在空白窗体中显示窗体页眉和窗体页脚。

图 8-55　设置窗体页脚的高度

图 8-56　选择"窗体页眉/页脚"命令

在启用窗体页眉和窗体页脚的情况下，可以使用类似调整窗体区域大小的方法来调整窗体页眉和窗体页脚的大小。有两种方法：一种方法是使用鼠标拖动"主体"节上边缘或下边缘来手动调整窗体页眉和窗体页脚的大小；另一种方法是在"属性表"窗格中设置窗体页眉和窗体页脚的"高度"属性来调整它们的大小。

如果想要删除窗体页眉和窗体页脚，则可以在设计视图中右击窗体区域，然后在弹出的快捷菜单中选择"窗体页眉/页脚"命令。如果在窗体页眉或窗体页脚中包含内容，则会弹出如图 8-57 所示的对话框，单击"是"按钮将删除窗体页眉和窗体页脚，并删除其中包含的内容。

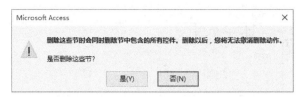

图 8-57　删除窗体页眉和窗体页脚前的确认信息

注意：无法撤销对窗体页眉和窗体页脚执行的删除操作。

8.4　在窗体中查看、编辑和打印数据

创建窗体的目的是在其中查看和编辑数据，这通常要比直接在表中查看和编辑数据更简单，而且还可以避免数据输入错误和其他可能出现的误操作。

8.4.1　在窗体中查看和编辑数据

窗体视图是查看和编辑窗体数据的界面环境，如图 8-58 所示。虽然窗体视图与表的数据表视图具有不同的数据显示方式，但是在窗体视图中也包含了与数据表视图相同的导航工具，它们位于窗体视图的底部，使用这些工具可以在窗体中浏览不同的记录，具体用法请参考第 6 章。

图 8-58　窗体视图

除使用窗体视图底部的导航工具进行导航外，还可以使用键盘按键在同一条记录的各个字段或不同记录之间导航，与在数据表视图中使用键盘导航的方法类似。表 8-1 列出了在窗体中导航时可用的快捷键。

表 8-1　在窗体中导航时可用的快捷键

按　键	说　明
Tab、下箭头或右箭头	定位到下一个字段
Shift+Tab、上箭头或左箭头	定位到上一个字段
Home	定位到当前记录的第一个字段

续表

按　键	说　明
End	定位到当前记录的最后一个字段
Ctrl+Home	定位到第一条记录的第一个字段
Ctrl+End	定位到最后一条记录的最后一个字段
PgUp	定位到上一条记录
PgDn 或 Enter	定位到下一条记录

　　在窗体中编辑数据时，编辑结果会自动保存到与窗体绑定的表中，这样就可以直接在窗体中添加或修改记录，而不再需要打开底层的表来完成这些操作。

　　在窗体中编辑数据的方法与在表的数据表视图中编辑数据的方法类似，单击某个可编辑的控件，然后使用 Backspace 键或 Delete 键删除其中的内容，也可以使用鼠标或按 F2 键选中控件中的内容，再输入所需的内容即可。

　　窗体左侧默认会显示一个顶部带有右箭头的长条矩形，如图 8-59 所示，这是窗体中的记录选择器，单击记录选择器将选中在窗体中当前显示的记录，按 Delete 键可以删除该记录。在窗体中修改数据时，记录选择器上的箭头图标会变为铅笔图标，表示正在编辑数据，这种显示方式与在数据表视图中编辑表数据的显示方式相同。

　　窗体中记录的保存方法与数据表中记录的保存方法类似，只要选择其他记录，那么对上一条记录进行的编辑操作就被保存了。也可以通过单击快速访问工具栏中的"保存"按钮或按 Ctrl+S 组合键等方法保存记录。记录被保存时，记录选择器上显示的铅笔图标将会消失。

　　如果不想使用或显示记录选择器，则可以通过设置窗体的"记录选择器"属性将其隐藏起来。在布局视图或设计视图中打开要设置的窗体，然后打开"属性表"窗格，在顶部的下拉列表中选择"窗体"，然后在"格式"选项卡中将"记录选择器"属性设置为"否"，如图 8-60 所示。

图 8-59　窗体左侧的长条矩形是记录选择器

图 8-60　通过设置属性隐藏记录选择器

8.4.2　禁止用户在窗体中编辑数据

默认情况下，在窗体中对数据进行的修改会自动保存到与窗体绑定的表中。有时可能只想通过窗体显示数据，需要限制用户对数据进行编辑，这时通过设置窗体的"允许编辑"属性可以禁止用户修改窗体中的数据。

在布局视图或设计视图中打开要设置的窗体，然后打开"属性表"窗格，在顶部的下拉列表中选择"窗体"，然后在"数据"选项卡中将"允许编辑"属性设置为"否"，如图 8-61 所示。

图 8-61　通过设置属性禁止用户编辑窗体中的数据

8.4.3　打印窗体

打开窗体并查看和编辑其中的数据库后，有时可能需要将窗体中具有特别布局的数据打印到纸张上。在打印前，通常会预览一下打印效果，并对打印细节进行调整和设置。

单击"文件"按钮，然后选择"打印"|"打印预览"命令，进入打印预览视图，此时功能区中只有一个"打印预览"选项卡，如图 8-62 所示。可以在打印预览视图中查看打印的实际效果，也可以对页面布局进行调整，包括纸张大小、页边距和其他一些选项。

单击功能区中的"页面设置"按钮，弹出如图 8-63 所示的"页面设置"对话框，该对话框中包含 3 个选项卡，可以在该对话框中对页面布局进行详细设置，包括页边距、纸张大小和方向、在每个页面中打印的列数及尺寸方面的相关设置。如果要打印的是分割窗体，则可以选择只打印其中的窗体或数据表。

在功能区"打印预览"选项卡中单击"打印"按钮，弹出如图 8-64 所示的"打印"对话框，这是打印前的最后设置，在该对话框中可以选择要使用的打印机，还可以设置打印的页面范围和打印份数。如果在打开该对话框之前，在窗体中选择了特定的记录，则"打印"对话框中的"选中的记录"单选按钮将变为可用状态，选择该单选按钮将只打印选中的记录。

图 8-62　打印预览

图 8-63　"页面设置"对话框

图 8-64　"打印"对话框

完成最后的打印设置后，单击"确定"按钮开始打印。如果在窗体设计中添加了页面页眉和页面页脚，则在打印窗体时会将它们打印到纸张上。要在窗体中显示页面页眉和页面页脚，可以切换到窗体的设计视图，然后在窗体区域右击，在弹出的快捷菜单中选择"页面页眉/页脚"命令。

8.5　理解控件

到目前为止，还没有讲解在窗体上进行控件设计的任何细节。虽然前面创建的大多数窗体中都包含控件，但是介绍的内容主要针对的是窗体本身，从本节开始将介绍控件的相关概念及其设置和使用方法。

8.5.1　什么是控件

简单来说，控件是指一切可以使用或操作的对象。在 Access 中随时随地都在使用控件，功能区中以各种形式呈现的命令，例如按钮、文本框、下拉列表、快捷菜单，它们都是控件。不同类型的程序甚至不同平台的操作系统，都在使用相同或相似的控件。

控件为用户执行各种操作提供了可视化的外观，使操作或输入更加简便。即使是对程序或系统不熟悉的用户，也可以通过预先提供的按钮来执行命令，通过文本框输入程序所需处理的信息。

在 Access 中，控件主要有两种用途：显示数据和输入数据。为了显示表中的数据，通常需要将控件绑定到表中的特定字段上，之后对控件中数据的修改也会自动保存到该控件所绑定的字段。这类控件是绑定控件，与前面介绍的绑定窗体类似。

与绑定控件相反，如果未将控件与任何字段绑定，那么这类控件就是未绑定控件。未绑定控件保留用户在其中输入的值，但是不会对表中的字段进行更新。未绑定控件主要用于在窗体中显示固定的内容。

8.5.2　控件的类型

根据控件的外观、用途和操作方式，可以将控件划分为不同的类型。在布局视图或设计视图中打开一个窗体后，在"窗体布局工具"|"设计"选项卡或"窗体设计工具"|"设计"选项卡的"控件"组中将显示可以使用的控件类型，如图 8-65 所示。在设计视图中可以使用更多类型的控件，这些控件可以在窗体和报表中使用。

图 8-65　控件类型

表 8-2 列出了在窗体和报表中可以使用的控件类型及其说明。

表 8-2　在窗体和报表中可以使用的控件类型及其说明

控件类型	说　　明
文本框	可以显示数据，也可以输入数据
标签	只能用于显示，通常显示固定的内容

续表

控件类型	说　明
按钮	单击时调用指定的宏或运行 VBA 代码
组合框	可以在组合框顶部的文本框中输入，也可以打开其下拉列表并从中进行选择
列表框	始终显示所有选项的列表，可以直接从中进行选择
复选框	一个可以选中或取消选中的方框，被选中时方框中会出现一个对钩标记，未被选中时方框中为空
单选按钮	被选中时会出现一个圆点，单选按钮通常成组出现，在同一组中只能选中一个
选项组	为多个单选按钮、复选框或切换按钮提供分组方式
切换按钮	与复选框类似，但是以按下或弹起表示不同状态
选项卡控件	外观类似选项卡，每个选项卡可以作为一个独立的界面，可以在各选项卡之间切换
图像	显示一个位图图片
图表	以图形化的方式显示数据
直线	显示一条可以改变颜色和粗细的直线
矩形	显示一个矩形，用于突出显示窗体中特定的区域
子窗体/子报表	在窗体或报表中嵌入其他的窗体或报表
页	在窗体或报表中添加一个"页"，其他控件可以添加到这页中，可以存在多页
分页符	主要在报表中使用，强制对报表分页
超链接	创建一个超链接，用于快速访问特定的文件或网页
Web 浏览器控件	在窗体中嵌入一个浏览器，可以正常访问网页
附件	用于管理"附件"数据类型的内容
绑定对象框	用于存储绑定到表字段的嵌入式图片或 OLE 对象
未绑定对象框	用于存储未绑定到表字段的嵌入式图片或 OLE 对象

8.5.3　控件的属性

通过属性可以控制控件的外观和行为方式。控件属性的概念与窗体属性的概念相同，设置方法也与窗体属性的设置方法相同，因此前面介绍的窗体属性的相关概念和设置方法同样适用于控件属性。

除控件的位置、大小等属性可以直接通过鼠标拖动的方式进行调整外，控件的大多数属性都需要在"属性表"窗格中进行设置。先在窗体中选中要设置的控件，这时"属性表"窗格中就会显示所选控件的所有属性，这些属性被划分到格式、数据、事件、其他、全部 5 个组中。

对于很难在窗体上准确选中的控件，可以在"属性表"窗格顶部的下拉列表中将其选中。该下拉列表中显示了窗体中包含的所有控件的名称，通过选择名称来选中对应的控件。每个控件默认使用 Access 为其指定的名称，但是为了易于识别不同类型和用途的控件，用户可以修改控件的名称，具体方法将在 8.6.6 小节进行介绍。

8.6 在窗体中添加控件

可以使用多种方法向窗体中添加控件，包括使用"字段列表"窗格、控件库或控件向导，具体选择哪种方法取决于控件的用途和用户对控件操作的熟悉程度。

8.6.1 使用"字段列表"窗格添加控件

添加控件最简单的方法是使用"字段列表"窗格，使用该方法创建的控件会自动绑定到特定表中的特定字段，这样在添加控件后就可以直接在控件中显示表中的数据，或者通过编辑控件中的数据来更新表中的数据。对于不了解如何将控件绑定到数据源的用户，使用"字段列表"窗格添加控件的方法可能是最好的选择。

使用"字段列表"窗格向窗体中添加控件需要先打开"字段列表"窗格。在布局视图或设计视图中打开要向其添加控件的窗体，然后在功能区"窗体布局工具"|"设计"或"窗体设计工具"|"设计"选项卡中单击"添加现有字段"按钮，打开"字段列表"窗格，其中显示了与当前窗体绑定的表中的所有字段。如果该表与其他表之间存在关系，那么还会显示其他相关表中的字段，如图 8-66 所示。

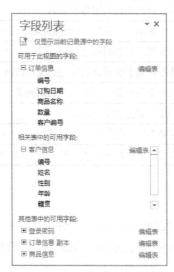

图 8-66 在"字段列表"窗格中显示已绑定的表和相关表中的字段

可以使用以下 3 种方法将"字段列表"窗格中的表字段以绑定控件的形式添加到窗体中。

- 拖动：使用鼠标将所需字段从"字段列表"窗格中拖动到窗体中，如图 8-67 所示。可以一次性将多个字段拖动到窗体中，方法是先选择一个字段，然后按住 Ctrl 键依次单击其他一个或多个字段，即可将这些字段选中。如果使用 Shift 键配合鼠标单击，则可以选择连续的多个字段。按 Ctrl+A 组合键可以选中表中的所有字段。
- 双击：在"字段列表"窗格中双击要添加的字段。
- 右击：在"字段列表"窗格中右击要添加的字段，从弹出的快捷菜单中选择"向视图添加字段"命令，如图 8-68 所示。

图 8-67　使用拖动的方法添加控件　　　　图 8-68　使用快捷菜单中的命令添加控件

　　对于一个新建的空白窗体，如果还没有将其绑定到任何数据源，那么打开的"字段列表"
窗格如图 8-69 所示，此时需要单击"显示所有表"以显示当前数据库中的所有表，然后单击"+"
展开所需的表，将其中的字段添加到窗体中。将任意一个表中的任意一个字段添加到窗体后，
Access 会自动将窗体绑定到该表。

图 8-69　窗体未绑定数据源时打开的"字段列表"窗格

8.6.2　使用控件库添加控件

　　使用控件库添加控件是最灵活的方式，因为可以根据需要添加 Access 支持的所有控件。但
是使用这种方法添加的控件不会自动绑定到指定的表字段，因此如果希望在使用这种方法添加

的控件中显示表数据，就需要用户手动将控件绑定到数据源。

在布局视图或设计视图中打开窗体，然后在功能区"窗体布局工具"|"设计"或"窗体设计工具"|"设计"选项卡的"控件"组中单击"控件库"命令，从弹出的列表中选择要添加的控件，然后在窗体区域单击，即可添加所选择的控件。窗体所在的视图不同，单击后添加的控件位置也不相同。

- 布局视图：在布局视图中，无论单击哪里，第一个控件都会被添加到窗体的左上角，如图 8-70 所示。
- 设计视图：在设计视图中，所选控件将以 Access 默认指定的大小被添加到单击的位置附近，如图 8-71 所示。

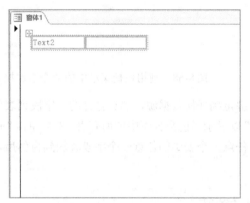

图 8-70　在布局视图中添加控件的效果　　　图 8-71　在设计视图中添加控件的效果

在设计视图中添加控件比在布局视图中添加控件更灵活，因为在控件库中选择控件后，可以在窗体区域通过拖动鼠标来绘制指定大小的控件。如果不做特殊说明，本章后续内容将以设计视图为主要操作环境来介绍控件的相关操作。

8.6.3　使用控件向导添加控件

对于对控件操作不太了解的用户，使用控件向导可以让添加控件工作变得更容易，跟随控件向导的步进式指引，即可完成控件的添加和设置工作。并非所有控件都有控件向导，在添加文本框、按钮、组合框、列表框、图表、子窗体/子报表、选项组等控件时才会显示控件向导。

在控件库中有一个"使用控件向导"选项，如图 8-72 所示。可以选择或取消选择"使用控件向导"选项。如果选中该选项，则在将控件库中的控件添加到窗体时，会自动运行控件向导。

如图 8-73 所示为向窗体中添加文本框控件时显示的控件向导，按照向导的提示一步步进行操作，可以对文本框中文本的文本格式、对齐方式、行距、边距、文本框控件的名称等进行设置。不同控件的控件向导中包含适用于控件的特定选项。

图 8-72　控件库中的"使用控件向导"选项

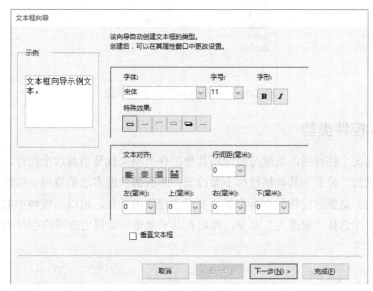

图 8-73　文本框控件的控件向导

8.6.4　将控件绑定到数据源

　　使用控件库添加的控件在最初不会被绑定到任何数据源（表或查询中的字段），如果希望使用这些控件显示或编辑表中的数据，则需要用户手动将控件绑定到表或查询中的特定字段。对于已经绑定到数据源的控件，可能在以后的某个时间需要更改绑定的数据源，以显示其他表中的数据。

　　无论基于哪种需求，都可以通过设置控件的"控件来源"属性绑定数据源，但在此之前，必须先将窗体绑定到现有的某个表或查询。将窗体绑定到表或查询的方法请参考 8.3.5小节。

　　在将窗体绑定到表或查询后，就可以将控件绑定到该表或查询的特定字段上。在设计视图中打开窗体，选择要设置绑定的控件，然后打开"属性表"窗格，在"数据"选项卡中单

击"控件来源"属性右侧的下拉按钮，从弹出的下拉列表中选择要绑定的字段，如图 8-74
所示。

图 8-74　选择将控件绑定的字段

8.6.5　更改控件类型

如果在添加某个控件后，发现需要使用其他控件类型来代替当前这个控件，但是已为该控件绑定好的数据源、位置和其他属性都不做改变，那么最快的方法是将当前控件直接更改为其他控件类型，而不是删除控件后重新添加。要更改控件的类型，可以在窗体中右击该控件，在弹出的快捷菜单中选择"更改为"命令，然后在其子菜单中选择更改后的控件类型，如图 8-75所示。

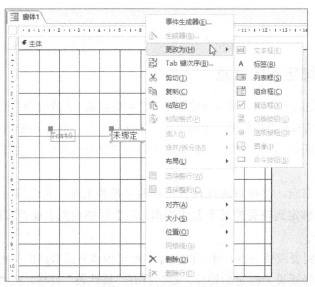

图 8-75　更改控件类型

在更改某些控件类型时，可能需要在更改后删除原来附加的标签控件，并且可能需要对更改后的控件大小进行调整。

8.6.6 设置控件的名称和标题

名称和标题是控件的两个重要属性。"名称"属性用于标识一个控件，在"属性表"窗格顶部的下拉列表中显示的就是控件的名称。为控件起一个易于识别的名称，可以提高操作效率，并可避免出现混淆或误操作等。每个控件都有"名称"属性。为控件命名的原则与第 2 章介绍的为表命名的原则类似，常用的方法是使用具有描述性的名称，并使用 3 个字母作为控件名称的前缀，用于标识控件的类型。例如，使用 lbl 表示标签控件，使用 txt 表示文本框控件，txtName 就表示存储人名的文本框控件。表 8-3 列出了常用控件的名称前缀。

表 8-3 常用控件的名称前缀

对 象	前 缀	对 象	前 缀
标签	lbl	组合框	cbo
文本框	txt	列表框	lst
按钮	cmd	切换按钮	tgl
复选框	chk	图像	img
单选按钮	opt	图表	cht
选项组	grp	选项卡控件	tab

控件的"标题"属性用于设置控件上显示的文本。只有部分控件有"标题"属性，例如标签、按钮等控件。在如图 8-76 所示的窗体中，包含"编号"二字的控件是一个标签控件，该控件的"标题"属性为"编号"，因此在该控件上就会显示"编号"两个字。

图 8-76 "标题"属性用于设置显示在控件上的文本

设置控件的"名称"和"标题"属性，需要在窗体中选择要设置的控件，然后打开"属性表"窗格，在"全部"选项卡中对"名称"和"标题"属性进行设置，如图 8-77 所示。

除可以使用"属性表"窗格外，还可以在控件中输入内容来设置控件的"标题"属性。例如，单击标签控件以将其选中，再次单击该控件将进入文本编辑状态，输入所需的内容，如图 8-78 所示，然后单击控件以外的区域即可。可以使用 Delete 键或 Backspace 键删除控件中的默认内容。

图 8-77　设置控件的"名称"和"标题"属性　图 8-78　在控件中输入内容来设置"标题"属性

8.7　调整控件在窗体中的布局

将控件添加到窗体后，还需要对控件进行一系列调整和设置，才能符合最终的使用要求。对控件进行的一系列调整和设置主要包括移动、调整大小、对齐、组合、设置文本格式等。

8.7.1　选择控件

在对窗体中的任何控件进行操作前，通常要先选择指定的控件。在选择控件前，需要确保在控件库中当前选中的是"选择"命令，如图 8-79 所示。

图 8-79　选择控件前需要选中控件库中的"选择"命令

单击一个控件即可将其选中。被选中的控件边缘会出现控制点，如图 8-80 所示。拖动控制点可以调整控件的大小。控件的左上角有一个稍大一点的灰色方块，拖动这个灰色方块可以移动控件的位置。对于附加到控件的标签，当选中控件时，该附加的标签的左上角也会出现灰色方块。

图 8-80　被选中的控件边缘会出现控制点

还可以使用"属性表"窗格来选择单个控件，在"属性表"窗格顶部的下拉列表中选择相应的控件名称，即可在窗体中选中该控件。如果不需要设置控件的属性，而只想选择控件，则可以使用功能区"窗体设计工具"|"格式"选项卡"所选内容"组中的选择功能，从下拉列表中选择控件的名称，即可选中相应的控件，如图 8-81 所示。

图 8-81　使用功能区中的选择功能选中指定的控件

如果要选择多个控件，则可以使用以下几种方法。

- 拖动鼠标框选控件，位于框选范围内的控件都会被选中，如图 8-82 所示。这些控件不一定完全包含在框选范围内，只要相交就会被选中。
- 按住 Ctrl 键或 Shift 键，然后依次单击要选择的每一个控件。
- 在水平标尺或垂直标尺上单击并拖动鼠标，如图 8-83 所示，选择方式和效果类似于用鼠标框选。
- 按 Ctrl+A 组合键将选中窗体中的所有控件，如图 8-84 所示。

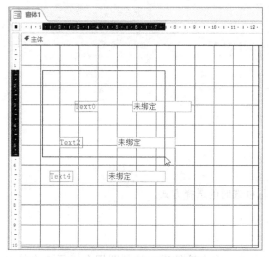

图 8-82　拖动鼠标框选控件

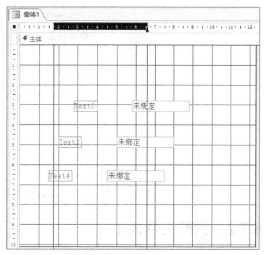

图 8-83　拖动标尺选择控件

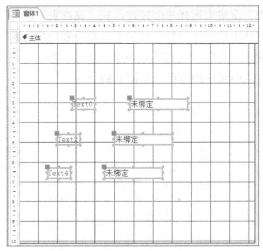

图 8-84　选中窗体中的所有控件

提示：如果发现在拖动鼠标框选时，只有完全位于框选范围内的控件才能被选中，那么可能当前启用的是"全部包含"选项。单击"文件"|"选项"命令，打开"Access 选项"对话框，选择"对象设计器"选项卡，将"选中方式"设置为"部分包含"即可，如图 8-85 所示。

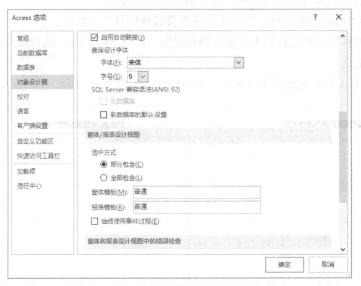

图 8-85　设置使用鼠标框选时的选择方式

8.7.2　调整控件大小

可以使用控件边缘上的控制点来调整控件的大小。选中控件后，控件四周会显示 8 个控制点，将鼠标指针移动到任意一个控制点上，当鼠标指针变为双向箭头时，拖动控制点即可调整控件大小，调整方式如下。

- 只调整控件的宽度：拖动控件左右边缘中间位置上的控制点。
- 只调整控件的高度：拖动控件上下边缘中间位置上的控制点。
- 同时调整控件的宽度和高度：拖动控件 4 个角上的控制点，如图 8-86 所示。

图 8-86　调整控件的大小

技巧：如果控件上显示了标题，则可以双击控件边缘上的任意一个控制点，Access 会自动调整控件大小以匹配其中的标题。

可以使用 Access 提供的"大小"子菜单快速调整控件的大小。选择一个或多个控件，然后在功能区"窗体设计工具"|"排列"选项卡中单击"大小/空格"下拉按钮，弹出如图 8-87 所示的菜单，在"大小"子菜单中包含以下几个用于调整控件大小的命令。

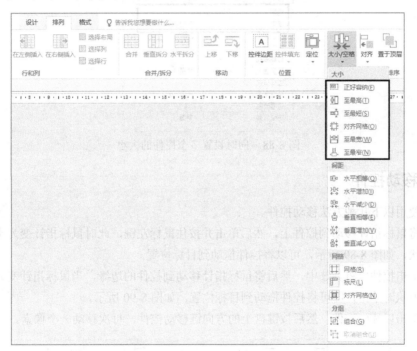

图 8-87　自动调整控件大小的命令

- 正好容纳：将控件大小调整为正好适合控件中的文本长度。
- 至最高：将控件的高度调整为所有选中的控件中最高的高度。
- 至最短：将控件的高度调整为所有选中的控件中最低的高度。
- 对齐网格：将控件大小调整到网格中最近的点。
- 至最宽：将控件的宽度调整为所有选中的控件中最宽的宽度。
- 至最窄：将控件的宽度调整为所有选中的控件中最窄的宽度。

提示：在右击控件后所弹出的快捷菜单中也包含图 8-87 中自动调整控件大小的命令，该快捷菜单中还包含其他用于设置控件布局的命令，它们在功能区中也有相应的命令。

如果想要精确调整控件的大小，则可以在"属性表"窗格中设置"宽度"和"高度"属性，如图 8-88 所示。如果在打开"属性表"窗格之前选中了多个不同类型的控件，则在打开的"属性表"窗格中，位于顶部的下拉列表中不会显示任何内容。如果选中的这些控件具有不同的宽度或高度，则"属性表"窗格中的"宽度"或"高度"值将为空，这是因为多个控件的大小不同，Access 无法确定到底使用哪个控件的尺寸。

图 8-88　同时设置多个控件的大小

8.7.3　移动控件

可以使用以下几种方法移动控件。

- 将鼠标指针移动到控件上，然后单击并按住鼠标左键，此时鼠标指针变为十字箭头形状，如图 8-89 所示，可以将控件拖动到目标位置。
- 单击控件以将其选中，然后将鼠标指针移动到控件的边缘，当鼠标指针变为十字箭头形状时单击，即可将控件拖动到目标位置，如图 8-90 所示。
- 单击以选中控件，然后按键盘上的方向键移动控件，每次移动一个像素。

图 8-89　单击并拖动控件　　　　　图 8-90　拖动控件边缘

在向窗体中添加像文本框这样的控件时，会同时附加一个标签控件，这种形式的控件称为复合控件。使用上面介绍的方法移动文本框控件或标签控件时，两个控件将会同时移动。

想要单独移动复合控件中的某个控件，可以拖动该控件左上角尺寸相对较大的灰色方块，该方块是移动控制点，当鼠标指针指向该方块时，鼠标指针会变为十字箭头形状，拖动即可单独移动控件。

如果将控件移动到了错误的位置，则可以按 Ctrl+Z 组合键撤销之前的操作。该方法同样适用于调整控件大小的操作，也适用于后面介绍的控件的其他操作。

8.7.4 对齐控件

窗体中的控件通常不止一个，在设计时需要将多个控件以一定的标准进行对齐。Access 为控件的对齐提供了以下几个命令，它们位于功能区"窗体设计工具|排列"选项卡的"对齐"下拉列表中，只有选择两个及以上控件时，所有命令才全部可用。

- 对齐网格：将所选控件的左上角与最近的网格点进行对齐。
- 靠左：将所选控件的左边缘与选中的所有控件中位于最左边的控件的左边缘进行对齐。如图 8-91 所示显示了靠左对齐前、后的效果。
- 靠右：将所选控件的右边缘与选中的所有控件中位于最右边的控件的右边缘进行对齐。
- 靠上：将所选控件的上边缘与选中的所有控件中位于最上边的控件的上边缘进行对齐。
- 靠下：将所选控件的下边缘与选中的所有控件中位于最下边的控件的下边缘进行对齐。

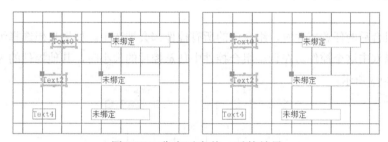

图 8-91　靠左对齐前、后的效果

注意：如果对选中的复合控件使用上面的对齐命令，则会将其中一个控件移动到距离其最近的另一个控件的边缘并对齐。如图 8-92 所示为文本框控件和其附加的标签控件在使用"靠左"命令前、后的效果。

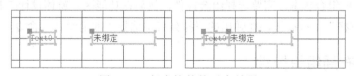

图 8-92　复合控件的对齐效果

Access 还提供了用于调整多个控件之间间距的命令，以选中的所有控件中的前两个控件的间距为基准，调整选中的其他控件的间距。这些命令位于功能区"窗体设计工具|排列"选项卡的"大小/空格"下拉列表中，各命令的功能如下。

- 水平相等：当选中的多个控件横向排列时，选择该命令将使各个控件之间的水平间距相等。
- 水平增加：将选中的所有控件的水平间距增加 1 个网格单元。

- 水平减少：将选中的所有控件的水平间距减少 1 个网格单元。
- 垂直相等：当选中的多个控件纵向排列时，选择该命令将使各个控件之间的垂直间距相等。
- 垂直增加：将选中的所有控件的垂直间距增加 1 个网格单元。
- 垂直减少：将选中的所有控件的垂直间距减少 1 个网格单元。

8.7.5　组合控件

同时调整多个控件的常规方法是，依次选择这些控件，然后进行调整。每次调整这些控件时，都要重复进行选择操作。为了提高操作效率，可以将多个控件组合为一个整体，然后就可以对组合中的所有控件进行统一调整，在移动这些控件时，会自动保持它们之间的相对位置关系。

在窗体中选择要组合的多个控件，然后在功能区"窗体设计工具|排列"选项卡中单击"大小/空格"下拉按钮，在弹出的下拉列表中选择"组合"命令，即可将选中的所有控件组合为一个整体。

在选择组合后的任意控件时，组合中的所有控件都会被选中。如果只想选择组合中的某个控件，则可以双击这个控件。在调整组合控件中任意控件的大小时，其他控件的大小也会同步改变，如图 8-93 所示。

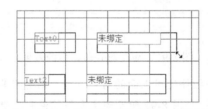

图 8-93　组合控件中所有控件的大小同时改变

要取消控件的组合状态，需要选择组合控件，然后在功能区"窗体设计工具|排列"选项卡中单击"大小/空格"下拉按钮，在弹出的下拉列表中选择"取消组合"命令。

8.7.6　使用布局组织控件

读者可能会发现，在使用前面介绍的方法基于现有的表或查询创建的窗体中，很难或无法随意移动单个控件的位置，而只能整体移动所有控件。单击任意一个控件时，所有控件的外边缘都会显示一个虚线框，左上角还有一个十字箭头，如图 8-94 所示。单击十字箭头将选中位于虚线框内的所有控件。

控件的这种组织结构称为"布局"。在基于表或查询创建的窗体中，Access 自动为所有控件应用了布局。在功能区"窗体设计工具|排列"选项卡的"表"组中包含了布局的相关命令，如图 8-95 所示。

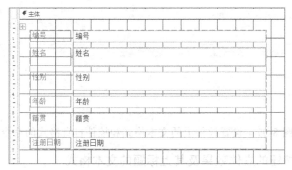

图 8-94　基于表或查询创建的窗体中的控件

图 8-95　功能区中的布局命令

布局有"堆积"和"表格"两种：Access 默认使用堆积布局，该布局将所有控件及其附加的标签排列在垂直方向上；表格布局则将所有控件及其附加的标签分两行排列在水平方向上，标签在上，控件在下，而且分别位于窗体页眉和主体两节中。

用户可以对自己添加的多个控件应用堆积布局或表格布局，选择要应用布局的多个控件，然后在功能区中单击"堆积"或"表格"按钮即可。如图 8-96 所示为这两种布局的效果。

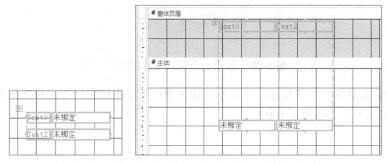

图 8-96　堆积布局（左）和表格布局（右）的效果

要取消控件的布局，需要选择布局中的任意控件，激活布局的虚线框，然后单击虚线框左上角的十字箭头，最后在功能区中单击"删除布局"按钮即可。

8.7.7　更改控件上的文本格式

有些控件具有"标题"属性，例如标签控件、按钮控件。通过设置"标题"属性，可以在控件上显示所需的文本。通过设置文本的格式，可以改变控件上文本的外观。除此之外，还可以设置控件自身的边框色和填充色。这些设置的命令位于功能区"窗体设计工具|格式"选项卡

中，如图 8-97 所示。

图 8-97　设置控件上的文本格式和控件自身格式的命令

案例 8-8　设置按钮的立体效果及其上标题的文本格式

在窗体中添加一个按钮，将按钮上显示的文字设置为"删除记录"，将字体设置为微软雅黑，字号设置为 16 号，文字颜色设置为红色，并将按钮设置为突出的立体效果，操作步骤如下。

（1）创建一个空白窗体并在设计视图中打开它，然后在"窗体设计工具|设计"选项卡中选择"按钮"控件类型，如图 8-98 所示，并确保已取消选择控件库中的"使用控件向导"选项。

图 8-98　选择"按钮"控件类型

（2）在窗体中单击，创建一个默认大小的按钮，如图 8-99 所示。

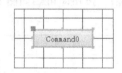

图 8-99　创建一个默认大小的按钮

（3）创建后默认选中了该按钮，单击该按钮内部进入文本编辑状态，将默认内容删除并输入新内容"删除记录"，如图 8-100 所示。

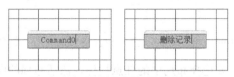

图 8-100　编辑按钮上显示的内容

提示：也可以在"属性表"窗格中通过设置"标题"属性修改按钮上显示的内容。

（4）单击按钮以外的区域，退出文本编辑状态。

（5）确保按钮处于选中状态，然后在功能区"窗体设计工具|格式"选项卡中进行如图 8-101 所示的 4 项设置。

• 从"字体"下拉列表中选择"微软雅黑"选项。

- 从"字号"下拉列表中选择"16"选项。
- 单击"加粗"按钮。
- 从"字体颜色"下拉列表中选择"红色"选项。

图 8-101　设置按钮上的文本格式

（6）仍然保持按钮的选中状态，然后在功能区"窗体设计工具|格式"选项卡中单击"形状效果"下拉按钮，在弹出的下拉列表中选择"棱台"|"艺术装饰"选项，如图 8-102 所示。

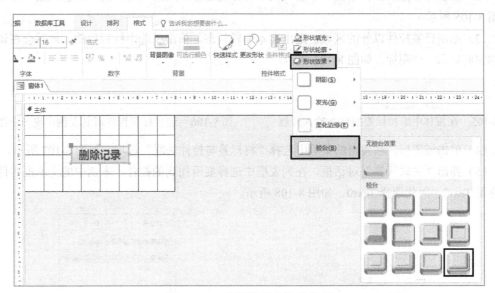

图 8-102　设置按钮的立体效果

（7）设置完成后，得到的按钮效果如图 8-103 所示。

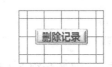

图 8-103　制作完成的按钮效果

8.7.8 将标签附加到控件上

对于复合控件来说，如果删除了其中附加的标签控件，那么在以后还可以添加一个标签控件，并重新将其附加到指定的控件上。

案例 8-9　将标签控件附加到文本框控件上

窗体中已有一个文本框控件，在窗体中添加一个标签控件，然后将标签控件附加到文本框控件上，使它们成为复合控件，操作步骤如下。

（1）在"窗体设计工具|设计"选项卡的"控件"组中单击"标签"控件类型，如图 8-104 所示。

图 8-104　单击"标签"控件类型

（2）在窗体中拖动鼠标绘制一个适当大小的标签控件，然后在其中输入标题，如"姓名"，如图 8-105 所示。

（3）单击标签控件以外的区域，退出文本编辑状态。单击以选中标签控件，此时会在该控件的左侧显示一个图标，如图 8-106 所示。

图 8-105　在窗体中添加标签控件并输入标题　　图 8-106　选中标签控件时其左侧出现一个图标

（4）单击该图标，在弹出的菜单中选择"将标签与控件关联"选项，如图 8-107 所示。

（5）弹出"关联标签"对话框，在列表框中选择要附加到的控件，本例中的文本框控件的名称是 Text0，因此选择 Text0，如图 8-108 所示。

图 8-107　选择"将标签与控件关联"选项　　图 8-108　选择要附加到的控件

（6）单击"确定"按钮，即可将标签控件附加到文本框控件上，如图 8-109 所示。

图 8-109　将标签控件附加到文本框控件上

8.7.9　设置控件的 Tab 键次序

大多数控件都有一个"Tab 键次序"，它决定每次按 Tab 键时插入点定位到哪个控件。插入点就是在窗体视图中单击文本框控件内部所显示的闪烁竖线，它表明当前正在接受输入的是哪个控件。

Access 默认按照用户向窗体中添加控件的顺序依次设置 Tab 键次序。在实际操作中可能会不断添加和删除控件，或者调整现有控件的排列顺序，因此最终完成设计后的所有控件的排列顺序与其 Tab 键次序并不完全一致，此时可以更改控件的 Tab 键次序。

要设置控件的 Tab 键次序，可以在功能区"窗体设计工具|设计"选项卡中单击"Tab 键次序"按钮，如图 8-110 所示。

图 8-110　单击"Tab 键次序"按钮

弹出"Tab 键次序"对话框，如图 8-111 所示。该对话框左侧显示了窗体中当前启用的节，选择一个节，在右侧将会列出所选节中包含的所有可调整 Tab 键次序的控件，这些控件在对话框中的排列顺序就是它们的 Tab 键次序。

单击要调整的控件左侧的灰色方块，将选中该控件所在的行，然后将其拖动到目标位置，就可以改变该控件的 Tab 键次序。也可以选择一行后拖动鼠标选择连续的多行，然后将多行同时拖动到目标位置，就可以同时改变多个控件的 Tab 键次序，如图 8-112 所示。

图 8-111　"Tab 键次序"对话框

图 8-112　通过拖动来调整多个控件的 Tab 键次序

除可以在"Tab 键次序"对话框中设置控件的 Tab 键次序外，还可以在"属性表"窗格中通过设置"Tab 键索引"属性来更改控件的 Tab 键次序。该属性位于"属性表"窗格的"其他"选项卡中，如图 8-113 所示。单击该属性右侧的按钮，也将弹出"Tab 键次序"对话框。

图 8-113　设置"Tab 键索引"属性

8.7.10　复制控件

要在窗体中添加类型相同、属性相同或相似的多个控件，可以先添加并设置好其中一个控件，然后复制该控件，再对复制后的一个或多个控件稍加修改，即可快速得到所需的控件。复制控件的方法有以下几种。

- 右击控件，在弹出的快捷菜单中选择"复制"命令，如图 8-114 所示，然后在当前窗体或其他窗体中右击，在弹出的快捷菜单中选择"粘贴"命令。
- 选择要复制的控件，在功能区"开始"选项卡中单击"复制"按钮，然后打开目标窗体，在功能区"开始"选项卡中单击"粘贴"按钮。
- 选择要复制的控件，然后按 Ctrl+C 组合键复制控件，再打开目标窗体，按 Ctrl+V 组合键粘贴控件。

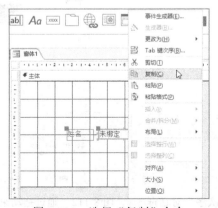

图 8-114　选择"复制"命令

8.7.11 删除控件

对于窗体中不再需要的控件，可以将其删除，有以下几种方法。

- 选择一个或多个要删除的控件，然后按 Delete 键。
- 选择一个或多个要删除的控件，然后在功能区"开始"选项卡中单击"剪切"按钮；或者右击这些控件中的任意一个，在弹出的快捷菜单中选择"剪切"命令；还可以按 Ctrl+X 组合键剪切控件。
- 对于组合为一个整体的控件，只需单击其中的任意一个控件，然后按 Delete 键即可将整组控件删除。
- 对于位于同一个布局中的控件，只需单击布局虚线框左上角的十字箭头，即可选中布局中的所有控件，然后按 Delete 键即可将整个布局及其中的所有控件删除。
- 对于包含附加标签的控件，如果选择该控件并按 Delete 键将其删除，则附加的标签也会被删除。如果选择附加的标签并按 Delete 键，则可将标签删除，但会保留标签所附加到的控件。

8.8 创建计算控件

计算控件类似于计算字段，它们都是基于表达式的，这意味着计算控件属于未绑定控件，因为它们不会与任何表字段绑定，也不会更新任何表字段中的值，它们只是由表中固有字段、函数和运算符所构成的表达式创建出来的。

计算控件本身与其他控件没什么不同，要想让一个控件成为计算控件，需要将该控件的"控件来源"属性设置为一个计算表达式，这样就可以在该控件中显示计算结果，而不是绑定到现有表的某个字段。

案例 8-10　创建计算商品总价的计算控件

在窗体中添加一个文本框控件，用于计算每个订单中的商品总价，操作步骤如下。

（1）在导航窗格中右击订单信息窗体，然后在弹出的快捷菜单中选择"布局视图"命令，如图 8-115 所示。

图 8-115　选择"布局视图"命令

（2）在布局视图中打开订单信息窗体，在"窗体布局工具|设计"选项卡中选择"文本框"控件类型，如图 8-116 所示。

图 8-116　选择"文本框"控件类型

（3）将鼠标指针移动到窗体中最后一个控件的下方，当出现水平的粗线时单击，将在最后一个控件的下方添加文本框控件，如图 8-117 所示。

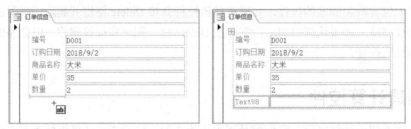

图 8-117　在窗体中添加文本框控件

（4）双击附加到文本框控件的标签，进入文本编辑状态，输入标题"总价"，如图 8-118 所示。

（5）单击添加的文本框控件以将其选中，按 F4 键打开"属性表"窗格，然后在"数据"选项卡中将"控件来源"属性设置为表达式"=[单价]*[数量]"，如图 8-119 所示。

图 8-118　设置控件的标题　　　图 8-119　将"控件来源"属性设置为表达式

（6）由于在布局视图中实际数据正处于运行状态，因此在完成上一步设置后，就会在文本框控件中显示计算结果。导航到其他记录时，也会显示正确的计算结果，如图 8-120 所示。

图 8-120　创建后的计算控件

到目前为止还没有正式地介绍过表达式的相关内容，因此对表达式不太了解的用户，可以在本例的步骤（5）中使用下面的方法输入表达式。

（1）单击"控件来源"属性右侧的 … 按钮，弹出"表达式生成器"对话框。在左侧的列表框中选择本例的窗体，在中间的列表框中双击"单价"，这时上方的文本框中自动输入"[单价]"，如图 8-121 所示。

图 8-121　输入参与计算的第一个字段

（2）输入一个乘号（*），然后在中间的列表框中双击"数量"，这时上方的文本框中自动输入"[数量]"，如图 8-122 所示。单击"确定"按钮，完成表达式的构建。

图 8-122　输入运算符和参与计算的另一个字段

提示：表达式生成器的相关内容将在第 10 章进行介绍。

第9章

使用报表呈现与打印数据

与本书前面介绍的表、查询、窗体类似，报表也是 Access 中的一种数据库对象，而且在很多方面都与窗体非常相似。第 8 章介绍的有关窗体的很多概念、功能和操作方法都适用于报表。报表主要用于将表或查询中的数据以特定的格式和页面布局显示在屏幕中或打印到纸张上，并提供对数据进行分组、排序和汇总的功能。用户可以基于现有的表或查询创建报表，也可以从头开始设计报表中的所有内容。本章首先介绍与报表有关的一些基本概念，然后介绍创建和设计报表的方法。

9.1 理解报表

本节将介绍与报表有关的一些基本概念，理解这些内容有助于更好地创建和使用报表。

9.1.1 报表与窗体的区别

对于初次接触报表的用户来说，最关心的一个问题可能是报表和窗体的区别是什么。很容易混淆报表和窗体，因为这两者确实有很多相似之处。例如，报表和窗体的整体结构都包括主体、页眉、页脚等部分，各部分的操作方法基本相同；在报表和窗体中都可以添加控件，而且对控件的操作方法也相同，这意味着在第 8 章中介绍的有关控件的各种操作同样适用于报表；报表和窗体各部分及其包含的控件的选择方式、属性设置方法等也基本相同。

虽然报表与窗体有如此多的相似之处，但是它们之间仍然存在着一个主要区别，即它们的最终用途不同。窗体主要用于与用户进行交互，窗体为用户输入和编辑数据提供了更加清晰和简捷的操作环境，也可用于查看数据；而报表主要用于以用户自定义的格式呈现和打印数据，因此在报表中通常不需要添加与用户交互的按钮、复选框和组合框等控件。

9.1.2 报表类型

根据业务需求和报表内容的布局结构，可以将报表分为以下 3 种类型。

- 表格式报表：表格式报表的外观类似于数据表和表格式窗体，通常在一页中显示多条记录，如图 9-1 所示就是一个简单的表格式报表。更复杂的表格式报表中还会包含对数据进行分组和汇总的信息，本章将介绍设计这类报表的方法。

- 纵栏式报表：纵栏式报表中的数据呈纵向显示，每页通常只显示一条主记录及其相关的子记录，例如商品订单或发货单。当然，如果需要，也可以在纵栏式报表中显示多条记录。
- 标签式报表：标签式报表将多组简短的信息以特定的格式排列在一页中，例如联系人姓名、电话、地址等信息。

客户信息					
编号	姓名	性别	年龄	籍贯	注册日期
1	陈昕欣	女	23	贵州	2013/2/26
2	黄弘	女	29	安徽	2018/5/28
3	倪妙云	男	43	贵州	2010/4/17
4	欧嘉福	女	37	江西	2014/9/12
5	于乔	男	26	重庆	2018/6/21
6	林蒙	男	27	河南	2012/10/8
7	蓝梦之	女	38	广东	2018/3/19
8	鲁亦桐	女	31	上海	2012/6/20
9	唐一晗	男	35	湖北	2011/3/18
10	杜俞	女	25	吉林	2015/8/25

图 9-1　表格式报表

9.1.3　报表的 4 种视图

与窗体类似，报表也有多种视图，为完成不同的任务提供了特定的操作环境。Access 为创建、设计、使用和打印报表提供了以下 4 种视图。

- 报表视图：在报表视图中显示报表的最终效果及其中包含的实际数据。
- 布局视图：在布局视图中可以对报表及其中包含的控件进行设计，可以完成对报表的大多数调整工作。在布局视图中，报表实际上正处于运行状态，因此可以在该视图中看到报表中的实际数据，非常适合调整控件大小或执行影响报表外观和可用性的操作。一些操作无法在布局视图中完成，可以使用设计视图。
- 设计视图：在设计视图中可以更详细地查看报表的结构，在该视图中会显示组成报表的各个部分，例如页眉、主体和页脚。设计视图中的报表不会显示其包含的实际数据。一些报表设计任务在设计视图中更容易完成或只能在设计视图中完成。
- 打印预览视图：在打印预览视图中可以查看将报表打印到纸张上的实际效果，在该视图中显示了报表在纸张上的布局情况，包括报表在页面上的位置、页边距，并可以根据需要对纸张大小和方向、页边距等进行调整。

在报表各个视图之间切换的方法与切换表视图的方法类似，可以使用 Access 状态栏中的视图按钮、功能区中的视图命令和在导航窗格中右击后弹出的快捷菜单等多种方法来切换视图，如图 9-2 所示，具体方法请参考第 1 章关于切换表视图的内容。

图 9-2　在报表各视图之间切换的方法

提示： 在导航窗格中右击后使用快捷菜单命令来切换报表的视图类型时，其中的"打印预览"命令用于切换到打印预览视图。

还可以在任意视图中打开报表后，在视图中的非数据区域右击，从弹出的快捷菜单中选择要切换到的视图类型，如图 9-3 所示。在打开的窗体中也可以使用该方法来切换窗体的视图类型。

客户信息			
客户信息			
编号	姓名		年龄
1	陈昕欣	报表视图(R)	23
2	黄弘	布局视图(Y)	29
3	倪妙云	设计视图(D)	43
4	欧嘉福	打印预览(V)	37
5	于乔	剪切(T)	26
6	林寮	复制(C)	27
7	蓝梦之	粘贴(P)	38
8	鲁亦桐	数据属性(E)	31
9	唐一晗	属性(P)	男
10	杜俞	关闭(C)	女
			共 1 页，第 1 页

图 9-3　在打开的报表中使用鼠标右键菜单来切换视图类型

9.1.4　报表的组成结构

与窗体类似，报表也是以"节"为单位进行组织的。在设计视图中显示了当前报表包含的节，如图 9-4 所示。每个节的上方都有一个包含文字的矩形条，矩形条中的文字说明了该区域是报表中的哪个节。单击矩形条将选中相应的节，也可以单击矩形条左侧的方块选择相应的节。在报表中选择节的方法与在窗体中选择节的方法类似。

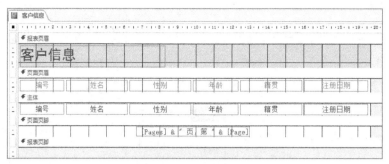

图 9-4 报表的组成结构

一个报表中包含以下固定的 5 个节。

- 报表页眉：报表页眉中的内容始终显示在报表第一页的顶部，可以将固定不变且用于说明整个报表的内容放到报表页眉中，例如报表标题、徽标和制作日期。如果将报表页眉的"强制分页"属性设置为"节后"，则可将报表页眉打印到单独的一页上，这样就可以为报表创建封面页，在其中放置报表的标题和图片。如果在报表页眉中添加计算控件，则会对整个报表中的特定字段进行计算。

- 页面页眉：页面页眉中的内容会打印到每一页的顶部。如果设置了报表页眉，则在打印的第一页顶部，页面页眉中的内容会显示在报表页眉的下方。

- 主体：主体是报表的主要组成部分，每个报表都应该至少包含主体。报表中包含的控件及其中显示的数据通常位于主体中。

- 页面页脚：页面页脚中的内容会打印到每一页的底部。无论是否设置了报表页脚，页面页脚都会打印到每一页的底部。

- 报表页脚：与报表页眉类似，报表页脚中的内容会始终显示在报表的最后一页。在设计视图中，报表页脚显示在页面页脚的下方；在其他视图中，报表页脚显示在报表最后一页中的最后一条记录的下方，而不是最后一页的底部。

如果对报表中的数据进行分组，则在报表中会显示组页眉和组页脚。在组页眉中可以显示分组的名称。例如，在按商品分组的报表中，使用组页眉可以显示商品的名称。在组页眉中也可以放置计算控件，用于对该组中的特定字段进行计算。一个报表中可以包含多个组页眉，具体数量取决于已添加的分组级别数。组页脚的功能与组页眉的功能类似。

9.1.5 创建报表的 3 种方式

Access 为创建报表提供的工具与为创建窗体提供的工具类似，这些命令位于功能区"创建"选项卡的"报表"组中，如图 9-5 所示，可以分为以下几种。

- 使用报表向导：不熟悉报表设计过程的用户可以使用"报表向导"完成报表的创建。用户只需跟随向导的指引，一步步进行操作即可完成创建工作。

- 创建基于现有表或查询的报表：使用"报表"命令可以基于在导航窗格中当前选中的表或查询来创建报表。

- 从头开始设计报表：使用 "报表设计" 或 "空报表" 命令，可以在设计视图或布局视图中创建一个空白报表，然后从头开始进行报表设计。

图 9-5   用于创建报表的功能区命令

提示：要创建标签式报表，可以在功能区 "创建" 选项卡中单击 "标签" 按钮，然后按照向导的提示进行创建。

9.2   通过报表向导了解创建报表的步骤

不熟悉报表设计过程的用户可以使用 Access 提供的 "报表向导" 命令很容易地创建报表，只要按照向导的提示操作即可。本节将介绍使用报表向导创建报表的整个过程。

9.2.1   选择报表中包含哪些字段

要启动报表向导，需要在功能区 "创建" 选项卡中单击 "报表向导" 按钮，弹出 "报表向导" 对话框。报表向导的第一个界面与窗体向导的第一个界面类似，从中选择要添加到报表中的字段，如图 9-6 所示。在 "表/查询" 下拉列表中选择一个现有的表或查询，下方的 "可用字段" 列表框中将自动显示该表或查询中的所有字段，右侧的 "选定字段" 列表框中显示的是当前报表中包含的字段。

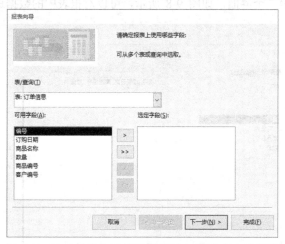

图 9-6   启动报表向导并选择要添加到报表中的字段

在 "可用字段" 列表框中选择要添加到报表中的字段，然后单击 > 按钮或直接双击字段，将所选字段添加到右侧的 "选定字段" 列表框中。本例将订单信息表中的 "编号" "订购日期" "商品名称""数量"4个字段添加到报表中，如图9-7所示。添加好所需字段后，单击"下一步"按钮。

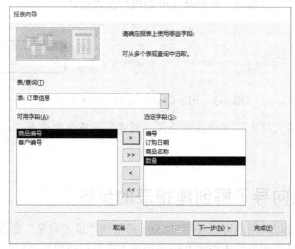

图 9-7   将所需字段添加到右侧的列表框中

如果要添加左侧列表框中的所有字段，则可以单击 >> 按钮。当添加分属于不同表中的同名字段时，Access 会在这些字段名称的左侧添加表名，以区分同名不同表的字段。如果添加了错误的字段，则可以在右侧列表框中选择该字段，然后单击 < 按钮将其删除，或者单击 << 按钮一次性删除右侧列表框中的所有字段。

9.2.2　选择数据的分组级别和分组方式

进入报表向导的第二个界面，如图 9-8 所示，可以对报表中的数据进行分组，默认未进行分组。

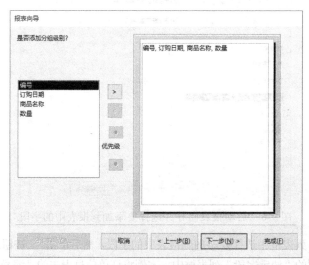

图 9-8   选择数据的分组级别和分组方式

如果要对报表中的数据进行分组，则可以从左侧列表框中选择用作分组依据的字段，然后单击 > 按钮，右侧的预览画面中会显示添加的分组字段。本例将"订购日期"字段指定为分组依据的字段，如图 9-9 所示，这意味着报表中的数据将按照日期分组显示，相同日期的数据显示在同一组中。

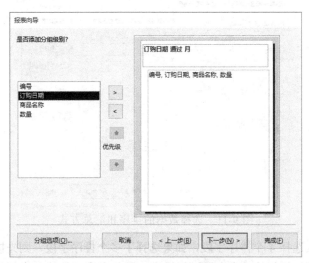

图 9-9　选择用作分组依据的字段

如果指定了错误的分组字段，则可以单击 < 按钮将其删除，然后重新指定。

指定分组字段后，需要为分组字段设置具体的分组方式。单击界面下方的"分组选项"按钮，弹出"分组间隔"对话框，其中包含的选项由分组字段的数据类型决定。例如，本例将"订购日期"指定为分组字段，该字段的数据类型是"日期/时间"，因此在"分组间隔"对话框的"分组间隔"下拉列表中提供的选项都是与日期和时间相关的。本例选择"日"，表示以"日"为单位对订单记录进行分组，如图 9-10 所示。

图 9-10　选择分组方式

单击"确定"按钮，关闭"分组间隔"对话框，返回报表向导的第二个界面，然后单击"下一步"按钮。

9.2.3 选择数据的排序和汇总方式

进入报表向导的第三个界面，如图 9-11 所示，可以选择报表中数据的排序和汇总方式。

图 9-11 选择数据的排序和汇总方式

最多可以为报表选择 4 个排序字段，如果选择了多个排序字段，则先按第一个字段进行排序，排序相同的数据，再按第二个字段进行排序，以此类推。从第 1 个下拉列表中选择作为排序依据的字段，本例选择"编号"字段，如图 9-12 所示。可以反复单击右侧的按钮在"升序"和"降序"之间切换，从而指定排序方式。

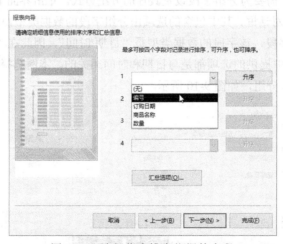

图 9-12 选择作为排序依据的字段

由于为报表中的数据设置了分组，因此可以单击"汇总选项"按钮设置每组数据的汇总方式。单击"汇总选项"按钮将弹出"汇总选项"对话框，其中列出了所选字段中的所有数字类字段，每个字段都有 4 个复选框，表示 4 种不同的汇总方式，可以根据需要选择其中的一种或多种。本例选中"汇总"复选框，对"数量"字段进行求和，如图 9-13 所示。

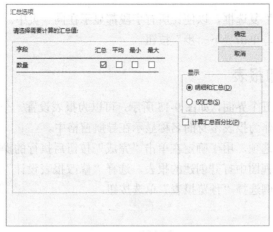

图 9-13   选择汇总方式

"汇总选项"对话框右侧的选项用于设置在报表中是同时显示汇总结果及其相关的明细数据项，还是只显示汇总结果。如果选中"计算汇总百分比"复选框，则会显示各数据项在汇总结果中所占的百分比。

设置好汇总选项后，单击"确定"按钮，关闭"汇总选项"对话框，返回报表向导的第三个界面，然后单击"下一步"按钮。

9.2.4   选择报表的布局类型

进入报表向导的第四个界面，如图 9-14 所示，可以选择报表的页面布局和方向。选择一个布局选项后，左侧的预览画面会自动改变以反映当前选择的布局。本例选择"块"布局类型，页面方向选择"纵向"。

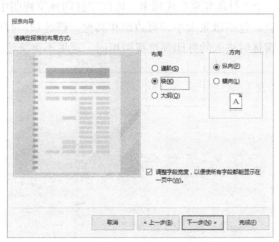

图 9-14   选择报表的页面布局和方向

如果添加到报表中的字段数量较多，则可以选中界面下方的"调整字段宽度，以便使所有字段都能显示在一页中”复选框，以便让所有字段都显示在同一页中。

设置好布局类型后，单击“下一步”按钮。

9.2.5 预览和打印报表

进入报表向导的第五个界面，如图 9-15 所示，可以为报表设置一个标题，该标题会显示在报表的报表页眉中，并作为报表本身的名称显示在导航窗格中。

界面下方还有两个选项，用于确定在单击“完成”按钮后执行的操作。选择“预览报表”单选按钮将在打印预览视图中打开创建的报表，选择“修改报表设计”单选按钮将在设计视图中打开创建的报表。本例选择“预览报表”单选按钮。

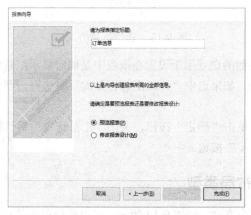

图 9-15　设置报表标题

单击“完成”按钮，关闭报表向导，并在打印预览视图中打开创建后的报表，如图 9-16 所示，此时功能区中只有一个“打印预览”选项卡。可以在打印预览视图中查看打印的实际效果，并可对页面布局进行调整，包括纸张大小、页边距和其他一些选项。打印预览视图中包含的命令及其使用方法与打印窗体时进入的打印预览视图相同，这里不再赘述。

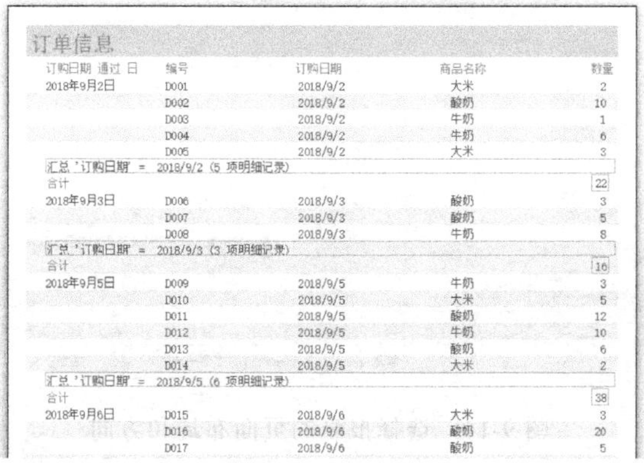

订单信息

订购日期 通过 日	编号	订购日期	商品名称	数量
2018年9月2日	D001	2018/9/2	大米	2
	D002	2018/9/2	酸奶	10
	D003	2018/9/2	牛奶	1
	D004	2018/9/2	牛奶	6
	D005	2018/9/2	大米	3
汇总 '订购日期' = 2018/9/2 (5 项明细记录)				
合计				22
2018年9月3日	D006	2018/9/3	酸奶	3
	D007	2018/9/3	酸奶	5
	D008	2018/9/3	牛奶	8
汇总 '订购日期' = 2018/9/3 (3 项明细记录)				
合计				16
2018年9月5日	D009	2018/9/5	牛奶	3
	D010	2018/9/5	大米	5
	D011	2018/9/5	酸奶	12
	D012	2018/9/5	牛奶	10
	D013	2018/9/5	酸奶	6
	D014	2018/9/5	大米	2
汇总 '订购日期' = 2018/9/5 (6 项明细记录)				
合计				38
2018年9月6日	D015	2018/9/6	大米	3
	D016	2018/9/6	酸奶	20
	D017	2018/9/6	酸奶	5

图 9-16　在打印预览视图中打开创建后的报表

9.2.6　保存报表

在报表向导的最后一个界面中单击"完成"按钮后，将创建报表并自动将其保存到数据库中，报表的名称就是用户在最后一个界面中输入的标题。使用其他方法创建的报表，需要用户手动保存报表。

保存报表的方法与保存其他数据库对象的方法类似，可以按 Ctrl+C 组合键、单击快速访问工具栏中的"保存"按钮、单击"文件"|"保存"命令，然后在弹出的"另存为"对话框中输入报表的名称，最后单击"确定"按钮。

9.3　在设计视图中设计报表

使用报表向导虽然可以让用户更容易地创建报表，但是通常都需要对创建出的报表的很多细节进行调整，以使报表完全符合最终要求。熟悉报表设计过程的用户，可能会选择从头开始设计报表，而不使用报表向导。本节将介绍在设计视图中对报表进行设计的方法。

9.3.1　将报表绑定到表或查询

想要从头开始设计报表，需要使用功能区"创建"选项卡中的"报表设计"或"空报表"命令，创建一个不包含任何内容的空报表，然后在设计视图或布局视图中设计报表。

创建报表的目的是在报表中呈现实际的数据，因此创建报表的第一步是将报表绑定到特定的表或查询，这样就可以将表或查询中的字段添加到报表中，以便在报表中显示表或查询中的数据。

如果报表中的字段来自于同一个表，则可以将报表绑定到这个表。如果报表中的字段来自于多个表，则要先为这些表建立一个查询，然后将报表绑定到这个查询，这几乎是在报表中添加多个表字段的唯一方法。即使报表中的字段都来自于单个表，也可以事先通过查询以特定的字段排列和排序方式返回表记录，然后作为报表的数据源将这些记录呈现在报表中。

与将窗体绑定到表或查询的方法类似，将报表绑定到表或查询也有以下两种方法：使用字段列表和设置"记录源"属性。

1．使用字段列表

使用功能区中的"空报表"命令在布局视图中创建一个空报表，会显示"字段列表"窗格，如图 9-17 所示。由于报表还没有与任何表绑定，因此在"字段列表"窗格中不会显示任何与报表相关联的表。

单击"字段列表"窗格中的"显示所有表"选项，将显示当前数据库中包含的所有表。通过单击表名左侧的"+"展开特定的表，然后使用鼠标将其中所需的字段拖动到报表中。拖动任意字段到报表中后，将自动完成报表与该字段所属表的绑定，如图 9-18 所示。

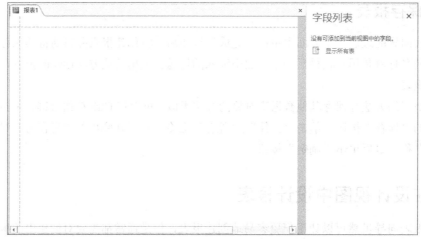

图 9-17　新建报表并显示"字段列表"窗格

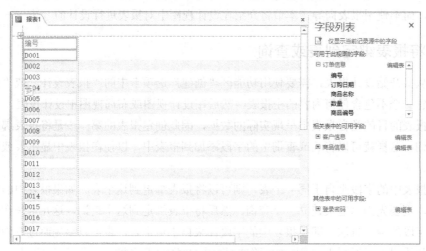

图 9-18　将表中的字段拖动到报表中

使用相同的方法，可以将同一个表中的其他字段拖动到报表中。实际上，也可以将不同表中的字段拖动到报表中，以便在报表中使用来自多个表中的字段。如果进行这种操作，Access在幕后实际上创建了从多个表中检索数据的嵌入的查询。如果要使用相同的查询建立多个相同或相似的报表，那么最好创建独立的查询，即显示在导航窗格中的查询，而不是嵌入到特定报表中的查询。

2．设置"记录源"属性

通过设置报表的"记录源"属性，可以将报表绑定到特定的表或查询。使用功能区中的"报表设计"命令在设计视图中创建一个空报表，按 F4 键打开"属性表"窗格，然后在"数据"选项卡中单击"记录源"属性右侧的下拉按钮，在弹出的下拉列表中选择要绑定的表或查询，如图 9-19 所示。

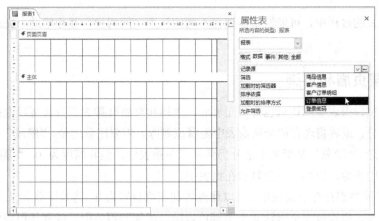

图 9-19　选择要绑定的表或查询

9.3.2　设置报表的页面布局

在开始设计报表前，可以先确定报表的页面布局，包括纸张大小和方向、页边距和其他一些设置。这些命令位于功能区"报表设计工具|页面设置"选项卡中，如图 9-20 所示。

图 9-20　"页面设置"选项卡中包含的用于设置报表页面布局的命令

在布局视图中会显示页边距的虚线，报表中包含的所有内容都需要放到虚线以内。在布局视图中单击报表的某个部分时会显示黄色的边框线，以表明该部分的范围。如图 9-21 所示由黄色线条包围起来的矩形区域就是报表的"主体"节。

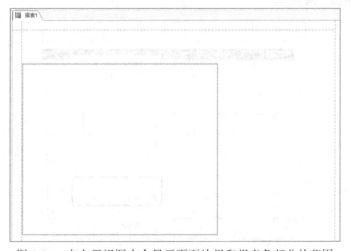

图 9-21　在布局视图中会显示页面边界和报表各部分的范围

在设计报表的过程中，可能经常需要在不同的视图之间切换，互相辅助来完成报表的设计工作。

9.3.3 调整页眉和页脚

在创建的空白报表中默认只包含页面页眉、主体和页面页脚 3 部分。可以根据需要添加其他未显示的部分，或者将现有部分从报表中隐藏或删除。需要注意的是，"隐藏"和"删除"是两个不同的概念。"隐藏"是指某个部分仍然显示在报表中，但其高度为 0。"删除"是指将某个部分从报表中移除，该部分不会显示在报表中。

"主体"节始终都存在于报表中，可以通过将其高度设置为 0，将其隐藏起来。而页面页眉、页面页脚、报表页眉和报表页脚这 4 个节都可以随时添加到报表中，或者从报表中删除。在添加或删除这些页眉和页脚时，必须成对操作，不能单独添加页眉或页脚。从报表中删除页眉和页脚也是如此。

隐藏页眉或页脚可以单独进行操作，可以只隐藏页眉或页脚，也可以同时隐藏页眉和页脚。虽然页眉和页脚处于隐藏状态，但是它们仍然在报表中。隐藏的方法就是将页眉或页脚的高度设置为 0。

要添加或删除页眉和页脚，可以在包含节文字标识的矩形条上右击，然后在弹出的快捷菜单中选择要添加或删除的页眉和页脚，如图 9-22 所示。

- 页面页眉/页脚：选择该命令将在报表中添加"页面页眉"和"页面页脚"两个节。如果打开的快捷菜单中该命令已处于选中状态，则选择后将删除现有的"页面页眉"和"页面页脚"两个节。

- 报表页眉/页脚：选择该命令将在报表中添加"报表页眉"和"报表页脚"两个节。如果打开的快捷菜单中该命令已处于选中状态，则选择后将删除现有的"报表页眉"和"报表页脚"两个节。

图 9-22 添加或删除页眉和页脚

注意：如果页眉和页脚中包含内容，则在删除页眉和页脚时会显示如图 9-23 所示的提示信息，单击"是"按钮会将页眉和页脚中的内容一起删除。

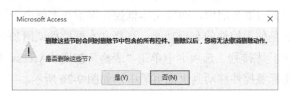

图 9-23　删除包含内容的页眉和页脚时显示的提示信息

9.3.4　在报表中添加和设置控件

在报表中添加控件并设置控件的布局是一项相对比较耗时的工作，尤其在报表包含大量控件时更是如此。在报表中添加和设置控件主要包括以下几项工作。

- 将控件添加到报表中。
- 在控件中输入文字或表达式。
- 设置控件中文字的文本格式和对齐方式。
- 调整控件在报表中的位置。
- 调整控件的大小。为了整齐，可能要兼顾其他控件的大小并进行统一调整。
- 对齐多个控件。为了使报表看起来更整齐、更专业，通常需要同时对齐相关的多个控件。
- 设置控件是否包含边框线。

将控件添加到报表中的方法与将控件添加到窗体中的方法相同：一种方法是从"字段列表"窗格中将字段拖动到报表中，拖动后会自动创建绑定到该字段的控件；另一种方法是在控件库中选择所需的控件类型，然后在报表中单击以创建默认大小的控件，或者拖动鼠标绘制指定大小的控件。

如图 9-24 所示为在报表中添加的一个未绑定的文本框控件，它还自带一个附加的标签控件。为了在文本框中显示表中的数据，需要将文本框控件绑定到特定的字段。选择文本框控件，然后按 F4 键打开"属性表"窗格，在"数据"选项卡中单击"控件来源"属性右侧的下拉按钮，在弹出的下拉列表中选择要绑定到的字段，如图 9-25 所示。

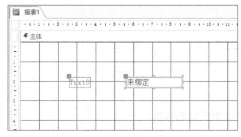

图 9-24　在报表中添加文本框控件

图 9-25　将控件绑定到指定的字段

单击控件并拖动鼠标，可以将控件移动到报表中的任意位置。如果报表中包含大量记录并需要显示在多页上，那么可能希望每一页中的记录顶部都显示记录标题，此时可以将包含文本框标题的标签控件移动到页面页眉中，而将文本框控件保留在主体中。

最容易实现的方法是使用控件的布局功能，选择文本框控件或附加到其上的标签控件，然后在功能区"报表设计工具|排列"选项卡中单击"表格"按钮，Access 为这两个控件创建了一个表格布局，并自动将标签控件移动到页面页眉中，如图 9-26 所示。

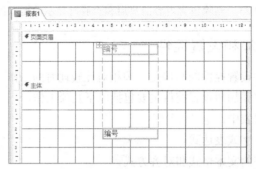

图 9-26　Access 自动将标签控件移动到页面页眉中

切换到布局视图中查看效果，发现实际显示的数据与其标题之间的距离很大。此时可以切换到设计视图，然后单击"主体"节中的空白位置，取消标签控件和文本框控件的同时选中状态，然后单击文本框控件以将其单独选中，将该控件向上拖动到主体的上边缘，如图 9-27 所示。

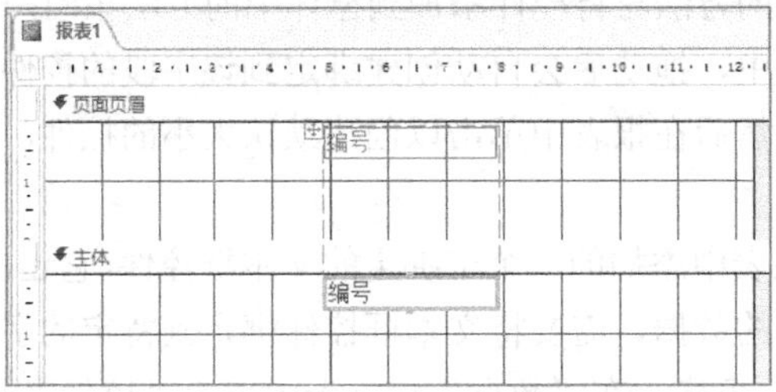

图 9-27　移动表格布局中的文本框控件

还可以将鼠标指针移动到"主体"节的上边缘，当鼠标指针变为上下箭头时，向上拖动将减小页面页眉的高度，这样就使文本框控件和标签控件紧挨在一起了，如图 9-28 所示。

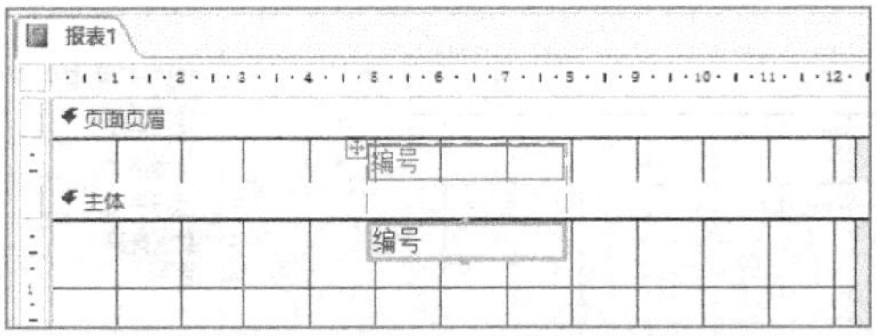

图 9-28　减小页面页眉的高度

现在切换到布局视图，可以看到实际的数据与其标题之间的距离已经非常合适了，如图 9-29

所示。

图 9-29　在布局视图中查看实际数据的布局情况

使用相同的方法，可以向报表中添加所需的多个控件，并调整这些控件的位置。如图 9-30 所示在报表中一共添加了 4 个文本框控件，每个文本框控件都有一个附加的标签控件。

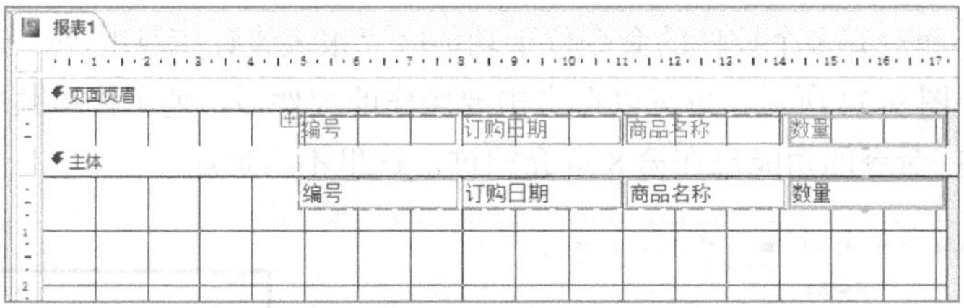

图 9-30　在报表中添加 4 个文本框控件

由于之前已经创建了表格布局，因此在将其他几个控件添加到报表中并紧挨着现有控件的一侧放置时，新添加的控件会自动加入到表格布局中。作为布局中的元素在放置时，会自动显示一个水平或垂直的竖线或横线，以指示是将新控件与现有控件并排放置还是垂直放置。

位于同一个布局中的控件的最外侧会显示一个虚线框，表示布局的范围。如果要同时移动布局中的所有控件，可以单击布局左上角的十字箭头，将选中布局中的所有控件，如图 9-31 所示，然后拖动即可同时移动布局中的所有控件。如果看不到十字箭头，则可以先选择布局中的任意控件。

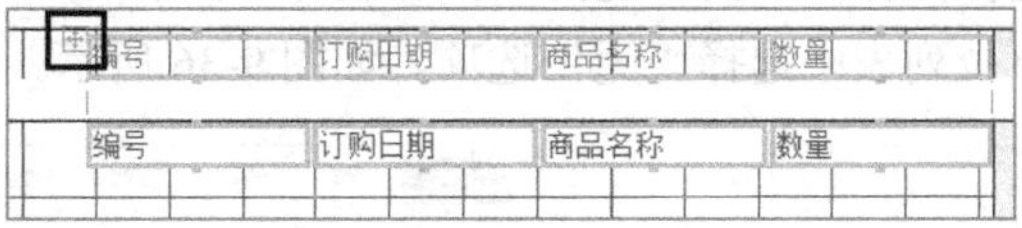

图 9-31　单击十字箭头以选中布局中的所有控件

可以切换到布局视图查看控件和数据的效果，如图 9-32 所示。

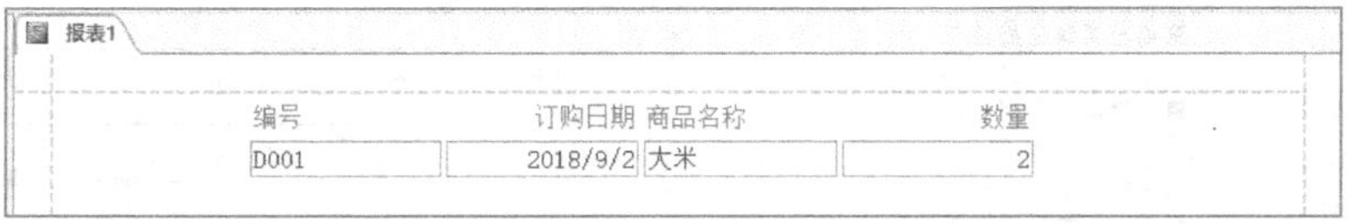

图 9-32　在布局视图中查看控件和数据的效果

如果希望对齐两个布局中的控件，那么可以同时选中这两个布局，然后在功能区"报表设计工具|排列"选项卡中单击"对齐"下拉按钮，从弹出的下拉列表中选择"靠左"或"靠右"命令，对齐效果如图 9-33 所示。

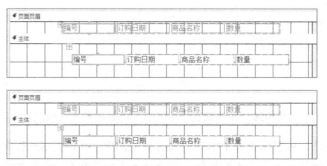

图 9-33　对齐两个布局中的控件

调整控件大小和对齐多个控件的命令位于功能区"报表设计工具|排列"选项卡"调整大小和排序"组中，如图 9-34 所示。也可以在右击要操作的控件后，使用快捷菜单中的"对齐"和"大小"命令。这些命令的功能已在第 8 章介绍过，这里不再赘述。

图 9-34　"调整大小和排序"组中的命令

默认添加的文本框控件或其他控件可能包含边框线，在最终的报表中通常不会使用过多的线条，因此可能需要删除文本框控件的边框线。选择文本框，然后在功能区"报表设计工具|格式"选项卡中单击"形状轮廓"下拉按钮，然后在打开的下拉列表中选择"透明"选项即可，如图 9-35 所示。

由 Access 自动添加的某些控件还会带有网格线，网格线是布局的一种功能。为了删除这类控件的网格线，需要在选择控件后单击功能区"报表设计工具|排列"选项卡中的"网格线"下拉按钮，然后在弹出的下拉列表中选择"无"选项，如图 9-36 所示。

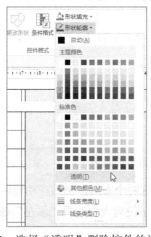

图 9-35　选择"透明"删除控件的边框线

图 9-36　删除控件上的网格线

有关控件的最后一个关键操作是设置控件中的文本格式。选择控件后，可以在功能区"报表设计工具|格式"选项卡的"字体"组中为控件上的文字设置文本格式，包括字体、字号、文本颜色、加粗、倾斜等。

对报表外观起决定作用的一个格式设置是文本的对齐方式，包括左对齐、居中对齐、右对齐 3 种。控件内容的数据类型决定了它在控件中的默认对齐方式，文本默认为左对齐，数字与日期/时间都默认为右对齐。如图 9-37 所示为将文本设置为居中对齐后在设计视图和布局视图中的效果。

图 9-37　将文本设置为居中对齐

9.3.5　为数据分组和排序

可以根据需要将报表中的数据按照特定的字段进行分组，以便分组显示数据，并对组内的数据进行汇总，还可以对各个组及每组中的数据分别进行排序。单击功能区"报表设计工具|设计"选项卡中的"分组和排序"按钮，可以对报表中的数据进行分组、排序和汇总，如图 9-38 所示。

图 9-38　单击"分组和排序"按钮

单击"分组和排序"按钮后，将在设计视图下方显示"分组、排序和汇总"窗格，如图 9-39 所示。单击"添加组"选项将选择用作分组的字段并设置一系列相关选项，单击"添加排序"选项将选择用作排序的字段并设置一系列相关选项。下面通过一个案例介绍为报表数据进行分组、排序和汇总的方法。

图 9-39 "分组、排序和汇总"窗格

案例 9-1 按订购日期对订单记录进行分组并统计每天的商品销量

按订购日期对订单记录进行分组并统计每天的商品销量，每组中的订单记录按订单编号升序排列，操作步骤如下。

（1）在设计视图中打开订单信息报表，然后在功能区"报表设计工具|设计"选项卡中单击"分组和排序"按钮，在设计视图下方显示"分组、排序和汇总"窗格，如图 9-40 所示。

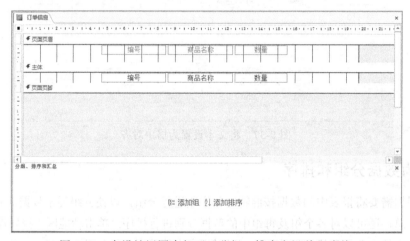

图 9-40 在设计视图中打开"分组、排序和汇总"窗格

（2）单击"添加组"选项，在弹出的字段列表中选择要用作分组的字段，本例选择"订购日期"字段，如图 9-41 所示。

（3）选择分组字段后，在排序下拉列表中选择报表中各个组的排序方式，如图 9-42 所示。

图 9-41 选择用作分组的字段

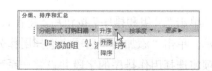

图 9-42 选择分组的排序方式

（4）在分组方式下拉列表中选择分组的具体方式。由于本例选择的分组字段是"日期/时间"数据类型，因此可选的分组方式都与日期和时间有关，本例选择"按日"单选按钮，如图 9-43

所示。

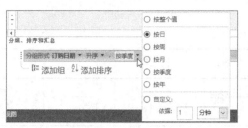

图 9-43　选择分组方式

（5）单击"更多"以展开更多的设置选项，将"汇总方式"设置为"数量"，并选中"在组页脚中显示小计"复选框，如图 9-44 所示。

图 9-44　设置汇总方式

（6）在当前设置的分组下单击"添加排序"选项，如图 9-45 所示，将设置组中数据的排序方式。

图 9-45　单击"添加排序"选项

（7）在打开的下拉列表中选择作为排序的字段，本例选择"编号"，如图 9-46 所示。

（8）设置完成后的分组、排序和汇总如图 9-47 所示。如果想删除已添加的分组或排序，可以单击右侧的"删除"按钮。

图 9-46　选择用作排序的字段　　　图 9-47　设置完成的分组、排序和汇总

（9）打开"字段列表"窗格，将用作分组的"订购日期"字段拖动到报表中的组页眉中，

如图 9-48 所示。在添加分组字段时会自动创建组页眉，页眉名称是用作分组的字段名称。

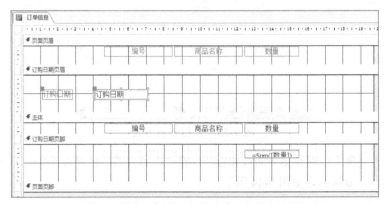

图 9-48　将用作分组的字段添加到组页眉中

（10）在选中分组字段的情况下，在功能区"报表设计工具|排列"选项卡中单击"表格"按钮，将该字段所属的控件设置为表格布局，然后将其移动到合适的位置，并使用对齐工具与页面页眉中的其他控件对齐，如图 9-49 所示。

图 9-49　调整分组字段所属控件的位置

（11）切换到布局视图，可以看到报表目前的效果，同一个日期的订单自动分为一组，组中的订单按照订单号升序排列，每组销量的下方有一个销量的合计值，如图 9-50 所示。

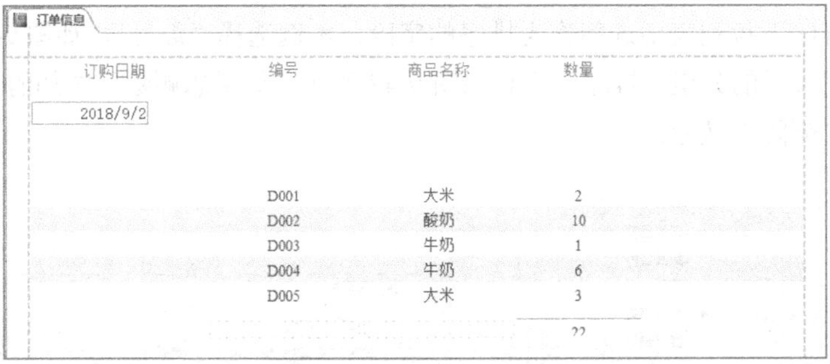

图 9-50　在布局视图中查看报表的效果

（12）现在还需要为每组中的合计值添加一个标题，并删除合计值上方的灰色线条。切换到设计视图，在功能区"报表设计工具|设计"选项卡"控件"组中选择"标签"控件类型，然后在组页脚中绘制一个标签控件，并在其中输入"当日合计"，如图 9-51 所示。

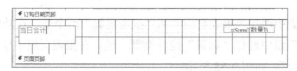

图 9-51　添加标签并输入文字

（13）使用大小和对齐命令，将包含"当日合计"文字的标签控件与包含合计值的文本框控件对齐。使用"大小/空格"|"正好容纳"命令，可以使合计值在文本框控件中完整显示，如图 9-52 所示。

图 9-52　对齐控件并使合计值完整显示

技巧：如果要在水平或垂直方向上移动控件，可以先按住 Shift 键，再拖动控件。

（14）选择合计值所在的文本框控件，然后在功能区"报表设计工具|排列"选项卡中单击"网格线"下拉按钮，从弹出的下拉列表中选择"无"，删除该文本框上方的灰色线条。

（15）选中报表中的所有控件，将其中的文本设置为居中对齐，然后向上拖动各节的上边缘，减小节的高度，使不同节中的内容紧凑排列。完成后切换到打印预览视图，效果如图 9-53 所示。

订购日期	编号	商品名称	数量
2018/9/2			
	D001	大米	2
	D002	酸奶	10
	D003	牛奶	1
	D004	牛奶	6
	D005	大米	3
当日合计			22
2018/9/3			
	D006	酸奶	3
	D007	酸奶	5
	D008	牛奶	8
当日合计			16

图 9-53　完成后的数据分组报表

9.3.6　添加报表标题

报表标题用于概括性说明报表的用途或目的，通常显示在报表第一页的顶部，因此应该将报表标题放置到报表的"报表页眉"节中。

案例 9-2　为订单信息报表添加标题

为订单信息报表添加内容为"订单信息汇总"的标题，将标题放到报表的顶部，即报表页眉中，操作步骤如下。

（1）在设计视图中打开订单信息报表，然后右击报表中的任意一节的矩形条，从弹出的快捷菜单中选择"报表页眉/页脚"命令，如图 9-54 所示。

（2）这时将在报表中添加"报表页眉"和"报表页脚"两个节。在功能区"报表设计工具|设计"选项卡"控件"组中选择"标签"控件类型，然后在报表页眉中绘制一个标签，并在其中输入"订单信息汇总"，如图 9-55 所示。

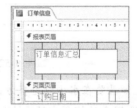

图 9-54　选择"报表页眉/页脚"命令　　图 9-55　添加标签并输入"订单信息汇总"

（3）单击标签控件以外的区域，然后单击标签控件以将其选中，在功能区"报表设计工具|格式"选项卡的"字体"组中为标签中的文本设置以下文本格式，如图 9-56 所示。

- 将字体设置为宋体。
- 将字号设置为 22 号。
- 将文本颜色设置为黑色。
- 将文本设置为加粗。

图 9-56　设置报表标题的文本格式

（4）设置后的效果如图 9-57 所示。为了让标题显示在一行中，需要在功能区"报表设计工具|排列"选项卡中单击"大小/空格"下拉按钮，然后从弹出的下拉列表中选择"正好容纳"命令，效果如图 9-58 所示。

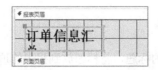
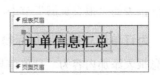

图 9-57　为报表标题设置文本格式后的效果　　图 9-58　让报表标题显示在一行中

（5）调整报表标题的位置，使其位于报表页眉的左上角，并与其下方的控件左对齐，如图 9-59 所示。

（6）为了避免报表页眉的空白区域额外占用页面，需要向上拖动页面页眉的上边缘，直到与报表标题贴合在一起，如图 9-60 所示。

图 9-59　调整报表标题的位置

图 9-60　调整报表页眉的大小

9.3.7　为报表添加页码

如果报表不止一页，则应该为报表添加页码。页码通常显示在报表每页的底部，因此应该将页码放到报表的"页面页脚"节中。如果有特殊的显示需要，也可以将页码放到报表的其他节中。

案例 9-3　为报表添加页码

在报表每页的底部添加连续显示的页码，操作步骤如下。

（1）在设计视图中打开订单信息报表，然后在功能区"报表设计工具|设计"选项卡中单击"页码"按钮，如图 9-61 所示。

图 9-61　单击"页码"按钮

（2）弹出"页码"对话框，选择页码的格式、位置和对齐方式。本例选择"第 N 页，共 M 页"和"页面底端（页脚）"选项，并将对齐方式设置为"居中"，如图 9-62 所示。

图 9-62　设置页码的相关选项

（3）单击"确定"按钮，将在页面页眉的中间位置插入一个文本框控件，并在其中输入用于显示页码的表达式，如图 9-63 所示。

图 9-63　在报表中插入页码

提示：也可以选择手动在报表中添加一个文本框控件，然后在其中输入类似下面的表达式来创建页码：

```
="共 " & [Pages] & " 页，第 " & [Page] & " 页"
```

（4）切换到布局视图，可以看到添加页码后的效果，如图 9-64 所示。

2018/9/6			
	D015	大米	3
	D016	酸奶	20
	D017	酸奶	5
	D018	牛奶	10
	D019	酸奶	8
	D020	牛奶	6
当日合计			52
		共 1 页，第 1 页	

图 9-64　在布局视图中查看添加页码后的效果

9.4　将窗体转换为报表

如果在数据库中已经设计好了一个或多个窗体，那么可以直接将这些窗体转换为报表，再根据实际需要，对转换后的报表的某些设计进行调整和修改。

转换的方法非常简单，在任意视图中打开要转换的窗体，然后单击"文件"|"另存为"命令，再双击"对象另存为"命令，如图 9-65 所示。这时弹出"另存为"对话框，从"保存类型"下拉列表中选择"报表"选项，如图 9-66 所示，然后设置转换后的报表的名称。单击"确定"按钮，即可将当前窗体转换为报表。

图 9-65　双击"对象另存为"命令

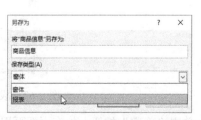

图 9-66　将保存类型设置为"报表"

第 10 章
使用表达式和 SQL 语句

Access 中的查询可以从多个相关表中提取符合条件的数据，便于以后基于查询创建窗体或报表。尤其对于报表来说，要想汇总多个表中的数据，使用查询作为报表的数据源几乎是唯一的方法。然而，要想真正发挥查询的强大功能，还需要在查询中构建表达式。实际上，不仅可以在查询中使用表达式，还可以在表、窗体、报表等对象中使用表达式完成所需的计算和其他任务。本章首先介绍表达式的相关概念和表达式生成器的使用方法，然后介绍在表、查询、窗体和报表中使用表达式完成具体任务的方法，最后介绍使用 SQL 语句创建查询的方法。

10.1 理解表达式

本节将介绍表达式的基本概念，包括表达式的组成部分、表达式中各元素的详细说明、Access 提供的运算符类型及运算规则、标识符的使用方法等。这些知识是本章后续内容的基础，读者有必要认真学习和掌握。

10.1.1 表达式的应用场合

在表、查询、窗体、报表和宏中都可以使用表达式，表达式主要有以下几个用途。

- 计算值：使用表达式可以根据表、查询、窗体、报表中的现有值，计算并得到新的值。例如，可以通过表中的销量和单价来计算商品总价。

- 为字段或控件设置默认值：可以使用表达式为字段或控件设置默认值，在每次打开表、窗体或报表时会显示这些默认值。例如，可以将日期类字段的默认值设置为当前日期。

- 为字段或控件设置验证规则：使用表达式为字段或控件设置验证规则，可以实现更灵活的数据验证方式，从而限制用户在字段或控件中输入的内容。例如，可以将价格字段的验证规则设置为只能输入大于 0 的数字。

- 设置查询条件：通常需要在查询设计中使用表达式设置查询条件，以构建复杂的条件。例如，可以将年龄的条件设置为 20～50 岁。

10.1.2 表达式的组成部分

表达式由文本、数值、日期、时间、运算符、函数等元素中的一种或多种组成，用于执行特定的计算、对数据进行比较、提取或合并文本等。文本、数值、日期、时间等参与计算的值可以由用户在表达式中直接输入，也可以引用表中字段或窗体和报表中控件的值。

下面是一个表达式的示例，用于从"客户信息"表的"注册日期"字段中提取用户注册日期中的年份。

```
Left([客户信息]![注册日期],4)
```

上面这个表达式中包含以下几部分。

- Left：这是一个 Access 内置函数，用于从指定的字符串左侧开始，提取指定数量的字符。内置函数是指 Access 程序本身自带的函数，不是由用户通过编写 VBA 代码创建的自定义函数。
- [客户信息]![注册日期]：这是标识符，感叹号左侧的部分是表的名称，感叹号右侧的部分是表中字段的名称。
- 4：数字 4 是一个值，它是 Left 函数的一个参数。Left 函数的另一个参数是"[客户信息]![注册日期]"。通过为 Left 函数提供参数，可以让函数处理这些值，并计算出或返回所需的结果。

如果一个表达式作为另一个表达式的一部分，则将这种表达式称为嵌套表达式。下面将对表达式中的各个组成部分进行详细介绍。

10.1.3 值

表达式中的值可以是文本、数字、日期和时间。如果值是文本，则需要使用一对英文双引号将文本包围起来，例如"Access"。在某些情况下，Access 会自动为文本添加双引号。例如，在设置查询条件和验证规则时，即使用户在表达式中没有为文本添加双引号，Access 也会自动为其添加。

如果值是数字，则可以直接将数字输入到表达式中。可以使用不同类型的数字，包括整数、小数、正数、负数。还可以使用科学记数法，包含"E"或"e"和指数符号，例如 3E-6 即 3×10^{-6}。

如果值是日期和时间，则需要使用两个井号（#）将日期和时间包围起来，例如#2018/9/5#，Access 会自动将位于两个井号之间的数据作为"日期/时间"数据类型进行处理。

10.1.4 常量

常量是不会发生更改的值，10.1.3 小节介绍的值实际上也可看作是常量。本小节介绍的常量是 Access 中一些具有特殊含义的值，常用的常量有以下 4 个。

- ""：由一对英文双引号包围起来的空字符串，双引号中不包含任何内容。
- Null：空值，表示缺少内容。

- True：表示条件成立的逻辑值 True。
- False：表示条件不成立的逻辑值 False。

常量可用作函数的参数，也可作为表达式中条件的一部分。例如，将查询条件设置为<>""时，如果字段中的值不是空字符串，则该表达式返回逻辑值 True。此处的<>是比较运算符，表示"不等于"，空字符串（""）是常量，它们的组合表示"不等于空字符串"。

使用常量 Null 时需要注意，当 Null 与比较运算符一起使用时通常会导致错误，因此如果想要在表达式中将某个值与 Null 进行比较，应该使用 Is Null 或 Is Not Null 运算符。运算符的相关内容将在 10.1.7 小节进行介绍。

10.1.5 标识符

在表达式中需要使用表中字段或窗体和报表中控件的值时，可以使用标识符来引用这些特定的元素。标识符包括所标识元素的名称及其所属元素的名称。例如，一个字段的标识符包括该字段的名称，以及该字段所属的表的名称。下面的标识符表示客户信息表中的"注册日期"字段。

[客户信息]！[注册日期]

如果在当前使用表达式的环境下，表达式中的元素具有唯一性，那么可以直接使用该元素的名称作为标识符输入到表达式中，而不需要在标识符中包含该元素所属元素的名称。

例如，如果在查询设计器中只添加了一个表，那么这个表中的所有字段名即可单独用作标识符，因为表中的字段名在该表中都是唯一的，而且由于只使用了一个表，因此在查询中只使用字段名不会发生重复。如果在查询设计器中添加了多个表，这些表中存在同名字段，那么在查询条件中使用表达式时，就必须在标识符中包含字段名及其所属的表名，以避免同名字段混淆。

可以在标识符中使用以下 3 种符号。

- 中括号"["和"]"：如果标识符中没有空格或其他特殊字符，则不必使用一对中括号将表名或字段名包围起来，此时 Access 会自动添加中括号。在任何情况下手动输入中括号是一种好习惯，因为可以明确表示这是一个表或字段。
- 感叹号"!"：用于连接表示表名和字段名的两个标识符。
- 点"."：与感叹号的作用相同，常用于连接表示对象及其属性的标识符。

10.1.6 函数

在进行只有简单数学计算的表达式中，通常使用值、标识符和运算符即可完成计算。但在执行具有特殊用途的计算时，需要使用 Access 提供的函数才能完成。函数本身包含复杂的计算过程，不同的函数可以完成不同用途的计算。对于用户来说，不需要关心函数内部的结构和计算方式，只要为函数提供所需处理的数据，即可得到计算结果。

这些需要让函数处理的数据就是函数的参数。一个函数可以包含一个或多个参数，也可以不包含任何参数。不包含参数的函数可以直接得到计算结果，例如 Date 函数用于返回当前系统日期。

在 10.1.2 小节的示例中使用了 Left 函数，该函数用于从字符串左侧开始提取指定数量的字符。Left 函数有两个参数，第一个参数表示要从中提取字符的字符串，第二个参数表示要提取出的字符数量。有的函数虽然包含多个参数，但是在指定参数值时，可以忽略一个或多个参数，这种可以忽略的参数称为可选参数，而必须为其指定一个值的参数称为必选参数或必需参数。函数的参数也有数据类型。

如果将一个函数用作另一个函数的参数，则将这种形式称为嵌套函数。例如，下面的表达式返回当前系统日期的年份。

```
DatePart("yyyy",Date())
```

10.1.7　运算符

在表达式中可以只包含一个值或函数，但是在大多数情况下，为了对多个值或标识符进行计算，需要使用运算符来连接表达式中的各个元素，并执行由运算符指定的计算。在 Access 中包括以下 5 类运算符：算术运算符、比较运算符、逻辑运算符、连接运算符和特殊运算符。下面将对这 5 类运算符进行详细介绍。

1. 算术运算符

算术运算符用于对数字进行常规的数学计算，还可以将数字的符号由正号更改为负号。Access 中的算术运算符包括+（加法）、–（减法）、*（乘法）、/（除法）、\（整除）、Mod（求模）和^（指数）7 种，详细说明见表 10-1。

表 10-1　算术运算符

运　算　符	说　　　明	示　　　例
+	将两个数字相加	1+2，结果为 3
–	将两个数字相减，或者表示负数	10–1，结果为 9
*	将两个数字相乘	5*6，结果为 30
/	将两个数字相除	6/2，结果为 3
\	将两个数字舍入为整数后相除，并返回商的整数部分	20\6，结果为 3
Mod	将两个数字舍入为整数后相除，并返回余数部分	20 Mod 6，结果为 2
^	对一个数字进行指数运算	6^2，结果为 36

在使用\和 Mod 运算符时，如果参与计算的两个数字包含小数，则先对小数进行取整，然后进行计算。取整规则如下。

- 如果数字的小数部分大于 0.5，则取整到下一个数字。
- 如果数字的小数部分小于或等于 0.5，则截去小数部分。

例如，在 20.5\6.6 表达式中，Access 会先将 20.5 取整为 20，将 6.6 取整为 7，然后计算 20\7，

结果为 2。

2．比较运算符

比较运算符（也称为关系运算符）用于对两个值进行比较，并根据比较结果返回常量 True、False 或 Null。Access 中的比较运算符包括=（等于）、<>（不等于）、<（小于）、>（大于）、<=（小于等于）和>=（大于等于）6 种，详细说明见表 10-2。

表 10-2　比较运算符

运　算　符	说　　　明	示　　　例
=	比较两个值是否相等，相等返回 True，否则返回 False	1=2，结果为 False
<>	比较两个值是否不相等，不相等返回 True，否则返回 False	1<>2，结果为 True
<	比较第一个值是否小于第二个值，小于返回 True，否则返回 False	1<2，结果为 True
>	比较第一个值是否大于第二个值，大于返回 True，否则返回 False	1>2，结果为 False
<=	比较第一个值是否小于或等于第二个值，小于或等于返回 True，否则返回 False	1<=1，结果为 True
>=	比较第一个值是否大于或等于第二个值，大于或等于返回 True，否则返回 False	1>=1，结果为 True

如果进行比较的两个值中有一个是 Null，则比较结果返回 Null。

提示：在 Access 中，True 等价于-1，False 等价于 0。

3．逻辑运算符

逻辑运算符（也称为布尔运算符）用于合并多个条件，并返回常量 True、False 或 Null。Access 中的逻辑运算符包括 And（与）、Or（或）、Not（非）、Eqv（等价）、Imp（蕴含）和 Xor（异或）6 种，最常用的是前 3 种，因此这里主要介绍前 3 种逻辑运算符的用法。

And 运算符用于对两个表达式进行逻辑连接，只有两个表达式都为 True 时，And 运算结果才返回 True，其他情况都返回 False。表 10-3 列出了在不同情况下 And 运算返回的结果。And 运算符的格式如下：

表达式 1 And 表达式 2

表 10-3　And 运算符的用法

表达式 1	表达式 2	And 运算返回的结果
True	True	True
True	False	False
True	Null	Null
False	True	False
False	False	False

续表

表达式 1	表达式 2	And 运算返回的结果
False	Null	False
Null	True	Null
Null	False	False
Null	Null	Null

Or 运算符用于对两个表达式进行逻辑分离，只要有一个表达式为 True，Or 运算结果就返回 True。表 10-4 列出了在不同情况下 Or 运算返回的结果。Or 运算符的格式如下：

表达式 1 Or 表达式 2

表 10-4　Or 运算符的用法

表达式 1	表达式 2	Or 运算返回的结果
True	True	True
True	False	True
True	Null	True
False	True	True
False	False	False
False	Null	Null
Null	True	True
Null	False	Null
Null	Null	Null

Not 运算符用于对单个表达式进行逻辑否定，如果表达式为 True，则 Not 运算结果返回 False；如果表达式为 False，则 Not 运算结果返回 True。Not 运算符的格式如下：

Not 表达式

4．连接运算符

连接运算符用于将两个值合并为一个字符串，包括&和+两种，详细说明见表 10-5。

表 10-5　连接运算符

运　算　符	说　明	示　例
&	无论两个值是文本还是数字，都将两个值连接在一起	"Acc"&"ess"，结果为 Access。 20&16，结果为 2016
+	如果两个值是文本，则进行连接；如果两个值是数字，则进行求和	"Acc"+"ess"，结果为 Access。 20+16，结果为 36。 "20"+"16"，结果为 2016。 "20"+16 或 20+"16"，结果为 36

为了避免数据类型带来的混乱，最好始终使用&运算符来连接两个值。如果两个值中有一个是 Null，则在使用&运算符进行文本连接时，将会忽略 Null 而返回另一个值。在这种情况下使用+运算符进行连接时将返回 Null。

5．特殊运算符

除前面介绍的运算符外，Access 还包括 4 个运算符：Is、In、Between And 和 Like。Is 运算符与 Null 常量一起使用，用于检查指定的值是否是 Null，有 Is Null 和 Is Not Null 两种形式。如果值为 Null，则 Is Null 返回 True；如果值不为 Null，则 Is Not Null 返回 True。

In 运算符用于检查值是否与给定列表中的任意一个值匹配，如果存在一个匹配值，则 In 运算返回 True。In 运算符的格式如下：

表达式 In 包含多个值的列表

例如，下面的表达式检查数字 3 是否出现在 In 运算符右侧的列表中，结果为 True，因为在 In 运算符右侧的列表中包含数字 3。

3 In (1,2,3)

Between And 运算符用于检查值是否位于一个指定的范围内，位于范围内将返回 True，否则返回 False。Between And 运算符的格式如下：

表达式 Between 范围下限 And 范围上限

例如，下面的表达式检查"注册日期"字段中的日期是否位于 2010 年 1 月 1 日—2018 年 12 月 31 日。假设日期为 2013 年 2 月 26 日，那么该表达式将返回 True，因为该日期位于指定的日期范围内。

[注册日期] Between #2010/1/1# And #2018/12/31#

Like 运算符用于检查字符串中的一部分或全部是否与给定的字符序列匹配，如果是则返回 True，否则返回 False。Like 运算符的格式如下：

表达式 Like 字符序列

例如，下面的表达式检查"产地"字段中的值是否是"北京"，如果是则返回 True，否则返回 False。如果检查的字符串是英文，则不区分大小写。

[产地] Like "北京"

如果想使用 Like 运算符查找一系列相同或相似的值，则可以在 Like 运算符中使用通配符。表 10-6 列出了可以在 Like 运算符中使用的几种通配符。

表 10-6　Like 运算符中可用的通配符

通　配　符	说　明
#	任意单个数字
?	任意单个字符

通 配 符	说 明
*	任意 0 个或多个字符
[字符序列]	字符序列中的任意单个字符
[!字符序列]	不在字符序列中的任意单个字符

例如，"[产地] Like "*州""表达式用于匹配名称中带有"州"字的所有产地，这意味着苏州、杭州、福州、贵州、广州等都可以匹配。[订单号] Like "###"表达式用于匹配所有 3 位数的订   单号。

提示： 可以在 In、Between And 和 Like 运算符的左侧添加 Not 运算符以进行否定检查。

当一个表达式中包含本节介绍的不同类型的运算符时，各个运算符进行计算的先后顺序称为运算符的优先级。运算符优先级的规则如下。

- 不同类型的运算符的优先级从高到低依次为：算术运算符>比较运算符>逻辑运算符。
- 在某些类别的运算符中，各个运算符也具有特定的优先级。例如，在算术运算符中，指数运算符具有最高优先级，其次是负数运算符，再次是乘法和除法，接着是整除和求模，最后是加法和减法。
- 具有相同优先级的运算符按照它们在表达式中从左到右的顺序进行计算。
- 如果想改变 Access 默认的运算符优先级顺序，则需要使用一对小括号将想要优先计算的部分包围起来。

例如，下面两个表达式返回不同的结果，第一个表达式按照默认的优先级顺序先计算乘法，再计算加法，结果为 13；第二个表达式由于使用了小括号，因此先计算加法，再计算乘法，结果为 18。

```
1+2*6
(1+2)*6
```

10.2 创建表达式的两种方法

对于简单的表达式，用户可以直接在相应的界面中进行输入。对于复杂的表达式，为了提高输入效率并减少错误，可以在表达式生成器中进行输入。

10.2.1 手动输入表达式

输入表达式的最直接方法是在放置表达式的位置进行手动输入。例如，在表设计视图中创建一个计算字段，然后在该字段的"表达式"属性中输入所需的表达式，如图 10-1 所示。

常规	查阅	
表达式	Left([客户信息]![注册日期],4)	...
结果类型	整型	
格式		
小数位数	自动	
标题		
文本对齐	常规	

图 10-1　手动输入表达式

10.2.2　使用表达式生成器创建表达式

对于不熟悉表达式输入方法和规则的用户来说，使用表达式生成器可以更容易地输入表达式，表达式生成器提供的辅助工具有助于提高输入效率并避免输入错误。

在大多数接受表达式输入的位置都可以启动表达式生成器。例如，表的设计视图中字段的"默认值"和"验证规则"属性、计算字段的"表达式"属性、窗体和报表中控件的"控件来源"属性等。在单击这些属性的输入框时，输入框右侧将显示 ... 按钮，单击该按钮将打开表达式生成器，如图 10-2 所示。

图 10-2　表达式生成器

表达式生成器分为上、下两部分，上半部分是一个文本框，下半部分有 3 个列表框。如果未显示 3 个列表框，则需要单击对话框中的"更多>>"按钮。表达式生成器各部分的说明如下。

- 表达式输入框：是表达式生成器上方的文本框，在这里输入表达式，可以手动输入，也可以通过双击下方元素列表中的项目来添加表达式元素。

- "表达式元素"列表框：是表达式生成器下方左侧的列表框，该列表框中包含当前可以使用的元素类型，例如"函数"。

- "表达式类别"列表框：是表达式生成器下方中间的列表框，该列表框中显示在"表达式元素"列表框中选择的元素类型所包含的项目类别，例如"文本"。
- "表达式值"列表框：是表达式生成器下方右侧的列表框，该列表框中显示在"表达式类别"列表框中选择的类别中包含的具体项目，例如所有的文本函数。

在"表达式元素"和"表达式类别"列表框中，可以通过双击或单击项目左侧的+号来展开特定的项目。在"表达式值"列表框中双击要添加的值，即可将其添加到表达式输入框中。如果"表达式值"列表框中没有值，则在双击"表达式类别"列表框中的项目时，即可将其添加到表达式输入框中。

下面通过在表达式中输入 Access 内置的 Left 函数来说明表达式生成器的用法。使用本节前面介绍的方法，在合适的环境下通过单击■按钮打开表达式生成器。为了输入 Left 函数，需要执行以下步骤。

（1）在"表达式元素"列表框中展开"函数"，然后选择"内置函数"选项。

（2）在"表达式类别"列表框中选择"文本"。

（3）在"表达式值"列表框中双击"Left"，将在表达式输入框中添加 Left 函数及其语法部分，如图 10-3 所示。

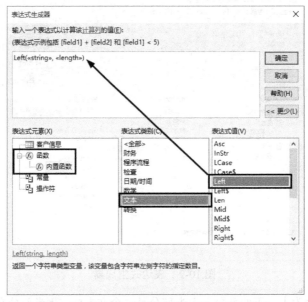

图 10-3　将 Left 函数添加到表达式输入框中

（4）Left 函数包含两个参数，第一个参数 string 表示要提取字符的文本，第二个参数 length 表示要提取的字符个数。在表达式输入框中删除小括号中的语法占位符，然后输入以下内容，如图 10-4 所示。

```
Left("Access 2016",6)
```

图 10-4   编辑表达式

提示：本例是介绍输入表达式的一个简单案例，使用 Left 函数从 "Access 2016" 字符串的左侧提取前 6 个字符，即提取 "Access"。

（5）单击 "确定" 按钮，完成表达式的创建。

在输入函数或其他元素时，表达式生成器的以下两个功能有助于提高输入效率。

- 在手动输入函数名称或字段名称时，Access 会显示与当前已输入部分匹配的名称列表，如图 10-5 所示，用户可以使用方向键定位到所需项目上，然后按 Tab 键将其添加到表达式输入框中。

- 在输入函数的参数时，Access 会显示当前函数包含的参数信息，并以加粗的格式显示当前正在输入的参数，如图 10-6 所示。

图 10-5   弹出部分匹配的名称列表

图 10-6   函数语法提示

提示：大多数情况下，如果在输入表达式时没有输入等号，则 Access 会在表达式的开头自动添加等号。

10.3　在表、查询、窗体和报表中使用表达式

本节将介绍在表、查询、窗体和报表中使用表达式完成实际任务的方法，包括使用表达式设置字段和控件的默认值和验证规则、设置查询条件、为表和查询创建计算字段，以及表达式在窗体和报表中的应用。10.2 节已经详细介绍了在表达式生成器中输入表达式的方法，为了节省篇幅，本节中的案例不再重复介绍在表达式生成器中输入表达式的完整过程，只给出表达式本身及其所在的环境，例如在表字段的"默认值"属性的输入框中手动输入表达式。

10.3.1　为字段和控件设置默认值

使用表达式为字段设置默认值的方法与使用表达式为控件设置默认值的方法类似，只是操作环境略有区别。为字段设置默认值需要在设计视图中进行操作，为窗体和报表中的控件设置默认值需要在"属性表"窗格中进行操作。无论在哪个环境下操作，都需要设置"默认值"属性。

案例 10-1　将"订购日期"字段的默认值设置为当前系统日期

将订单信息表中的"订购日期"字段的默认值设置为当前系统日期，操作步骤如下。

（1）在设计视图中打开订单信息表，然后单击"订购日期"字段所在行中的任意单元格。

（2）在下方的属性窗格中，单击"默认值"属性右侧的输入框，然后输入下面的表达式，如图 10-7 所示。

```
=Date()
```

（3）保存表设计，并切换到数据表视图，Access 会自动在新记录的"订购日期"字段中填入当前系统日期。

使用表达式为控件设置默认值的方法与此类似，只需在布局视图或设计视图中打开包含控件的窗体或报表，选择要设置默认值的控件，然后按 F4 键打开"属性表"窗格，在"数据"选项卡中使用表达式设置"默认值"属性，如图 10-8 所示。

图 10-7　使用表达式为字段设置默认值

图 10-8　使用表达式设置控件的默认值

10.3.2　为字段和控件设置验证规则

在使用表达式为字段和控件设置验证规则时，除操作环境有所不同，其他方面基本相同。无论在哪个环境下操作，都需要设置"验证规则"属性。需要注意的是，无论在哪里修改表字段，为表字段设置的验证规则会在整个数据库中执行。为窗体和报表中的控件设置的验证规则只在使用该窗体和报表时才执行。

案例 10-2　限制在"产地"字段中只能输入 3 个地名之一

通过设置验证规则，将商品信息表中的"产地"字段限制为只能输入"北京""天津""上海"，操作步骤如下。

（1）在设计视图中打开商品信息表，然后单击"产地"字段所在行中的任意单元格。

（2）在下方的属性窗格中，单击"验证规则"属性右侧的输入框，然后输入下面的表达式，如图 10-9 所示。

```
In ("北京","天津","上海")
```

（3）保存表设计，并切换到数据表视图，如果在"产地"字段中输入的内容不是"北京""天津""上海"，则将光标移动到其他单元格时，会显示如图 10-10 所示的警告信息，并拒绝存储当前输入的内容。

图 10-9　设置"产地"字段的验证规则　图 10-10　输入不符合要求的内容时显示的警告信息

提示： 本例也可以使用下面的表达式来实现相同的验证规则。

```
"北京" Or "天津" Or "上海"
```

使用表达式为控件设置验证规则的方法与此类似，只需在布局视图或设计视图中打开包含控件的窗体或报表，选择要设置默认值的控件，然后按 F4 键打开"属性表"窗格，在"数据"选项卡中使用表达式设置"验证规则"属性，如图 10-11 所示。

图 10-11　使用表达式设置控件的验证规则

10.3.3　设置查询条件

在设置查询条件时，使用表达式可以构建灵活的条件，以精确返回所需的数据。

案例 10-3　查找注册日期在 2013—2015 年的所有客户记录

在客户信息表中查找注册日期在 2013—2015 年的所有客户记录，操作步骤如下。

（1）在功能区"创建"选项卡中单击"查询设计"按钮，打开查询设计器。

（2）将客户信息表添加到查询设计器中，然后在查询设计网格中添加如图 10-12 所示的字段，并在"注册日期"字段的"条件"行中输入下面的表达式。

```
Between #2013/1/1# And #2015/12/31#
```

图 10-12　在查询设计网格中添加字段并设置条件

（3）在功能区"查询工具|设计"选项卡中单击"运行"按钮，将在数据表视图中显示查询运行结果，其中只包括注册日期在 2013—2015 年的客户记录，如图 10-13 所示。

图 10-13　查询运行结果

10.3.4　在表和查询中创建计算字段

使用表达式在表中创建计算字段时，表达式不能以等号开始。即使用户在表达式的开头输入了等号，在保存表或激活其他字段属性时，Access 会自动删除表达式开头的等号。使用表达式在查询中创建计算字段时也是如此。

案例 10-4　在表中创建返回年份的计算字段

在客户信息表中有一个"注册日期"字段，创建一个计算字段，用于从"注册日期"字段中提取年份，操作步骤如下。

（1）在设计视图中打开客户信息表，添加一个新字段，将其名称设置为"注册年份"，将其数据类型设置为"计算"，如图 10-14 所示。

图 10-14　将数据类型设置为"计算"

（2）选择"计算"数据类型后会自动弹出"表达式生成器"对话框，在表达式输入框中输入下面的表达式，如图 10-15 所示。

```
Year([客户信息]![注册日期])
```

（3）单击"确定"按钮，返回设计视图，设置后的效果如图 10-16 所示。

图 10-15　在表达式生成器中输入表达式

图 10-16　设置好的表达式

（4）保存表设计，并切换到数据表视图，将显示新建的计算字段，该字段中的值就是“注册日期”字段中的年份，如图 10-17 所示。

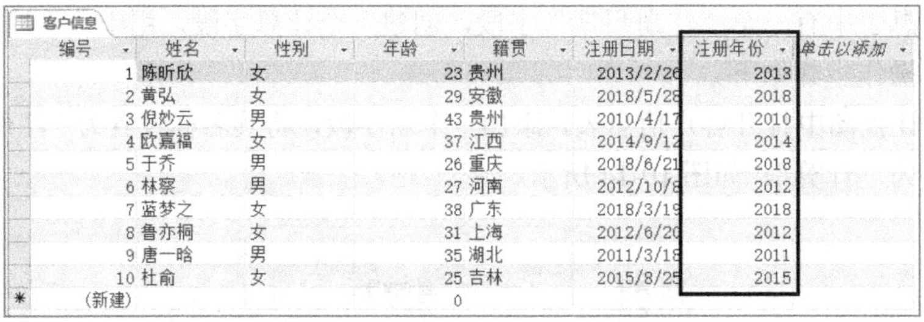
客户信息

编号	姓名	性别	年龄	籍贯	注册日期	注册年份	单击以添加
1	陈昕欣	女	23	贵州	2013/2/26	2013	
2	黄弘	女	29	安徽	2018/5/28	2018	
3	倪妙云	男	43	贵州	2010/4/17	2010	
4	欧嘉福	女	37	江西	2014/9/12	2014	
5	于乔	男	26	重庆	2018/6/21	2018	
6	林察	男	27	河南	2012/10/8	2012	
7	蓝梦之	女	38	广东	2018/3/19	2018	
8	鲁亦桐	女	31	上海	2012/6/20	2012	
9	唐一晗	男	35	湖北	2011/3/18	2011	
10	杜俞	女	25	吉林	2015/8/25	2015	
(新建)			0				

图 10-17　显示计算字段及其中的值

如果不想创建始终存储在表中的计算字段，而只想对表中的数据进行临时计算，则可以在查询中创建计算字段。

案例 10-5　在查询中创建返回年份的计算字段

在客户信息表中有一个“注册日期”字段，创建一个返回所有女客户的记录，并创建一个显示客户注册年份的计算字段，操作步骤如下。

（1）在功能区“创建”选项卡中单击“查询设计”按钮，打开查询设计器。

（2）将客户信息表添加到查询设计器中，然后在查询设计网格中添加所需的字段，并在“性别”字段的“条件”行中输入“女”，如图 10-18 所示。

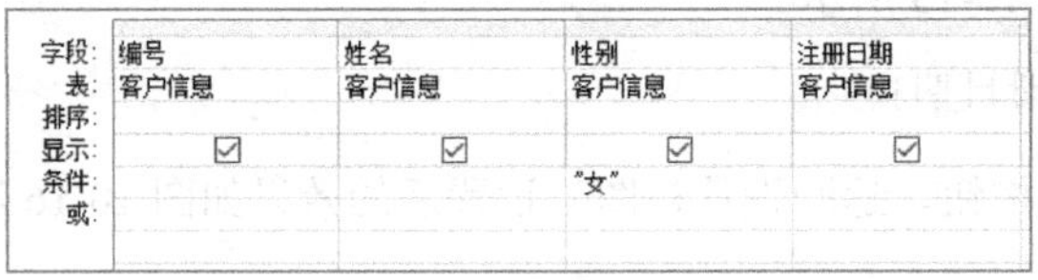

字段:	编号	姓名	性别	注册日期
表:	客户信息	客户信息	客户信息	客户信息
排序:				
显示:	☑	☑	☑	☑
条件:			"女"	
或:				

图 10-18　在查询设计网格中添加所需字段并设置条件

（3）在查询设计网格一个空列的“字段”行中输入下面的表达式，以创建一个计算字段，如图 10-19 所示。表达式中冒号左侧的内容是新建的计算字段的名称，右侧的内容则是用于计算的表达式。

```
注册年份: Year([客户信息]![注册日期])
```

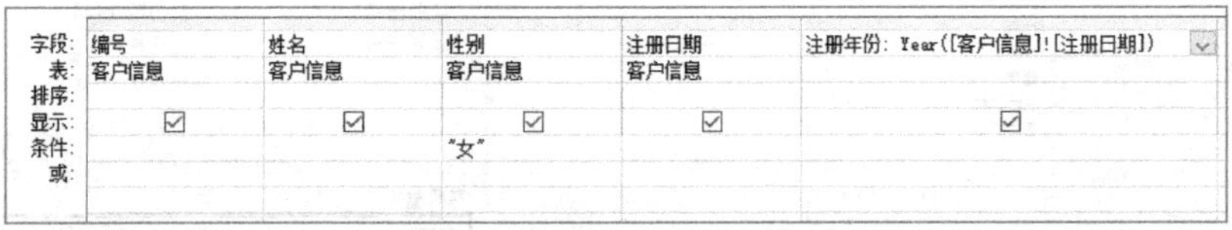

字段:	编号	姓名	性别	注册日期	注册年份: Year([客户信息]![注册日期])
表:	客户信息	客户信息	客户信息	客户信息	
排序:					
显示:	☑	☑	☑	☑	☑
条件:			"女"		
或:					

图 10-19　在查询中创建计算字段

（4）在功能区“查询工具|设计”选项卡中单击“运行”按钮，将在数据表视图中显示查询结果，其中包含一个新建的计算字段，该字段中的值就是“注册日期”字段中的年份，如图 10-20

所示。

编号	姓名	性别	注册日期	注册年份
1	陈昕欣	女	2013/2/26	2013
2	黄弘	女	2018/5/28	2018
4	欧嘉福	女	2014/9/12	2014
7	蓝梦之	女	2018/3/19	2018
8	鲁亦桐	女	2012/6/20	2012
10	杜俞	女	2015/8/25	2015
（新建）				

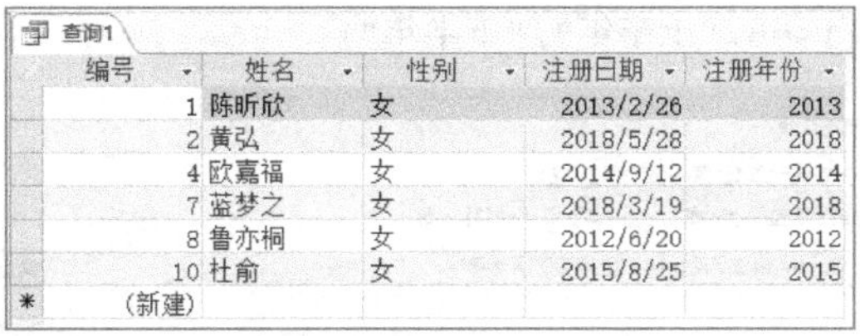

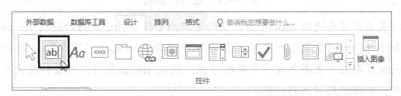

图 10-20　在查询结果中显示创建的计算字段

10.3.5　在窗体和报表中创建计算控件

在第 8 章介绍窗体时，曾介绍过一个在窗体中创建计算控件用于计算商品总价的案例，本小节将介绍一个使用更复杂的表达式来创建计算控件的案例。

案例 10-6　在窗体中创建一个显示时间段的计算控件

在商品销售明细窗体中创建一个计算控件，用于自动判断“销售日期”字段中的日期是位于上半年还是位于下半年，操作步骤如下。

（1）在布局视图中打开商品销售明细窗体，然后在功能区“窗体布局工具|设计”选项卡中选择“文本框”控件类型，如图 10-21 所示。

图 10-21　选择“文本框”控件类型

（2）将鼠标指针移动到窗体中最后一个控件的下方，当出现水平的粗线时单击，将在最后一个控件的下方添加文本框控件，然后将附加的标签控件的标题改为“销售时间段”，再选择文本框控件，如图 10-22 所示。

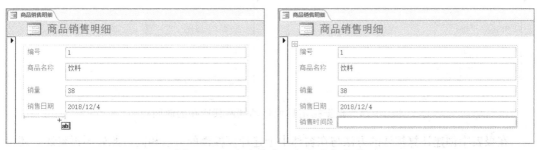

图 10-22　在窗体中添加文本框控件

（3）按 F4 键打开“属性表”窗格，在“数据”选项卡中单击“控件来源”属性右侧的…按钮，弹出"表达式生成器"对话框，在表达式输入框中输入下面的表达式，如图10-23所示。

```
=IIf(Month([销售日期])<=6,"上半年","下半年")
```

图10-23 输入表达式

提示：该表达式首先使用 Month 函数从给定日期中提取月份，然后使用 IIF 函数判断月份是否小于或等于 6，如果是则返回文字"上半年"，否则返回文字"下半年"，从而实现根据给定日期自动判断日期位于上半年或下半年的功能。通过 IIF 函数可以对条件进行判断，然后返回不同的结果，实现流程控制的功能。

（4）单击"确定"按钮，由于当前位于布局视图中，因此在文本框控件中会立刻显示计算结果，如图10-24所示。

图10-24 根据指定日期自动判断其所在的时间段

在报表中创建计算控件的方法与在窗体中创建计算控件的方法相同，此处不再赘述。还可以使用表达式为报表创建分组和汇总数据，具体方法请参考第9章中的相关内容。

10.4 使用 SQL 语句创建查询

SQL（Structured Query Language）是操作数据库的通用语言，通过编写 SQL 语句可以创建 SQL 查询，以便从数据库中检索符合条件的数据，而且复杂的数据检索任务更需要使用 SQL 语句来完成。使用 SQL 语句还可以完成数据的添加、更新和删除等操作。SQL 中的以下 4 条语句用于完成数据的基本操作，接下来的几节将分别介绍这几条语句的用法。

- SELECT：从数据库中检索数据。
- INSERT：向数据库中添加数据。
- UPDATE：修改数据库中的数据。
- DELETE：删除数据库中的数据。

10.4.1 使用 SQL 语句的准备工作

在第 7 章介绍查询时，曾介绍过查询的 3 种视图，其中的 SQL 视图专门用于输入 SQL 语句，进入该视图的方法如下。

（1）启动 Access 并打开所需使用的数据库，然后在导航窗格中双击要操作的查询，或者在功能区"创建"选项卡中单击"查询设计"按钮。

（2）打开查询设计器，如果是新建的查询，则会弹出"显示表"对话框，由于要使用 SQL 语句创建查询，因此单击"关闭"按钮关闭该对话框。如果打开的是现有查询，则不会显示"显示表"对话框。

（3）使用以下几种方法可以切换到 SQL 视图。

- 在 Access 窗口底部的状态栏中单击"SQL 视图"按钮 。
- 在功能区"查询工具|设计"选项卡中单击"SQL 视图"下拉按钮。如果查询设计器中已经包含了一些内容，则"SQL 视图"会显示为"视图"，此时需要单击该按钮上的下拉按钮，然后从弹出菜单中选择"SQL 视图"命令，如图 10-25 所示。
- 在查询设计器上半部分的空白处右击，然后在弹出的快捷菜单中选择"SQL 视图"命令，如图 10-26 所示。

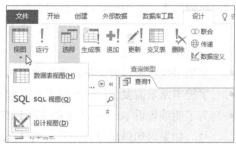

图 10-25 使用功能区中的命令切换 SQL 视图

（4）进入如图 10-27 所示的 SQL 视图，可以在其中输入 SQL 语句，然后在功能区"查询

工具|设计"选项卡中单击"运行"按钮,运行输入的 SQL 语句并返回相应的结果。

图 10-26　使用快捷菜单切换 SQL 视图　　　　图 10-27　SQL 视图

下面几节介绍的 SQL 语句所操作的数据都来自于名为"客户信息"的表,该表包含以下几个字段:编号、姓名、性别、年龄、籍贯、学历。

10.4.2　使用 SELECT 语句检索数据

SELECT 语句是 SQL 中的核心功能,承担着数据操作的底层工作,也是 SQL 包含的所有语句中最复杂的语句。本小节不涉及 SELECT 语句的所有功能,主要介绍该语句在检索数据时的基本用法。

使用 SELECT 语句可以从数据库的表中检索数据,语法格式如下:

```
SELECT 字段名
FROM 要在其中查询的表名
WHERE 限定条件
ORDER BY 字段名 [ASC|DESC]
```

在使用上面的语法格式编写 SELECT 语句时,需要注意以下几点。

- 在 SELECT 语句中必须提供 FROM 子句,其他子句是可选的。
- SELECT 语句右侧可以包含多个字段,各个字段之间以逗号分隔。
- 如果需要检索不同表中的字段,且这些表中包含名称相同的字段,那么需要在字段名前使用表名作为限定符,以明确告诉 Access 引用的同名字段来自于哪个表。但是为了使 SELECT 语句的含义更清晰,即使只在一个表中检索数据,也最好在字段名前使用表名作为限定符。
- 如果字段名中包含空格,则需要使用方括号将字段名括起来。
- 字符串常量需要使用一对单引号括起来,日期数据需要使用一对井号括起来。
- 为了明确告诉 Access 当前的 SELECT 语句已结束,在 SELECT 语句结尾应该包含分号。如果语句结尾没有分号,则 Access 假定语句已结束。

案例 10-7　使用 SELECT 语句检索表中的所有记录

下面的 SQL 语句将从客户信息表中返回所有记录,其中的*号是一个通配符,用于表示表中的所有字段。

```
SELECT *
FROM 客户信息;
```

案例 10-8 使用 SELECT 语句检索表中包含特定字段的所有记录

下面的 SQL 语句将从客户信息表中返回包含"编号""姓名""年龄""学历" 4 个字段的所有记录，如图 10-28 所示。本例中的 SQL 语句在字段名前添加了表名作为限定符。

```
SELECT 客户信息.编号,客户信息.姓名,客户信息.年龄,客户信息.学历
FROM 客户信息;
```

编号	姓名	年龄	学历
1	陈昕欣	23	大本
2	黄弘	29	大专
3	倪妙云	43	硕士
4	欧嘉福	37	大本
5	于乔	26	大本
6	林寮	27	硕士
7	蓝梦之	38	大专
8	鲁亦桐	31	大本
9	唐一晗	35	大本
10	杜俞	25	大专
*	(新建)	0	

图 10-28　检索表中的特定字段

提示：如果改变 SELECT 语句中各个字段的排列顺序，则返回的各个字段的排列顺序也会同步改变。

案例 10-9 使用 SELECT 语句检索表中满足单一条件的所有记录

下面的 SQL 语句将从客户信息表中返回年龄大于 30 的所有记录，如图 10-29 所示。为了设置条件，需要在 WHERE 子句中设置检索条件。

```
SELECT *
FROM 客户信息
WHERE 客户信息.年龄>30;
```

编号	姓名	性别	年龄	籍贯	学历
3	倪妙云	男	43	贵州	硕士
4	欧嘉福	女	37	江西	大本
7	蓝梦之	女	38	广东	大专
8	鲁亦桐	女	31	上海	大本
9	唐一晗	男	35	湖北	大本
*	(新建)		0		

图 10-29　检索表中符合特定条件的内容

案例 10-10 使用 SELECT 语句检索表中满足单一条件中的一系列特定值的所有记录

下面的 SQL 语句将从客户信息表中返回学历为大专和大本的所有记录，如图 10-30 所示。为了表示单一条件中的一系列特定值，需要在 WHERE 子句中使用 IN 关键字，并在一对圆括号中放置这些特定值。

```
SELECT *
FROM 客户信息
WHERE 客户信息.学历 IN ('大专','大本');
```

编号	姓名	性别	年龄	籍贯	学历
1	陈昕欣	女	23	贵州	大本
2	黄弘	女	29	安徽	大专
4	欧嘉福	女	37	江西	大本
5	于乔	男	26	重庆	大本
7	蓝梦之	女	38	广东	大专
8	鲁亦桐	女	31	上海	大本
9	唐一晗	男	35	湖北	大本
10	杜俞	女	25	吉林	大专
* (新建)			0		

图 10-30　检索表中满足单一条件中的一系列特定值的所有记录

案例 10-11　使用 SELECT 语句检索表中满足多个条件之一的所有记录

下面的 SQL 语句将从客户信息表中返回年龄小于 30 岁或籍贯是广东的所有记录，如图 10-31 所示。为了表示满足多个条件之一，需要使用逻辑运算符 OR 连接多个条件。

```
SELECT *
FROM 客户信息
WHERE 客户信息.年龄<30 OR 客户信息.籍贯='广东';
```

编号	姓名	性别	年龄	籍贯	学历
1	陈昕欣	女	23	贵州	大本
2	黄弘	女	29	安徽	大专
5	于乔	男	26	重庆	大本
6	林寮	男	27	河南	硕士
7	蓝梦之	女	38	广东	大专
10	杜俞	女	25	吉林	大专
* (新建)			0		

图 10-31　检索表中满足多个条件之一的所有记录

案例 10-12　使用 SELECT 语句检索表中同时满足多个条件的所有记录

下面的 SQL 语句将从客户信息表中返回所有年龄在 30 岁以上的男性客户的记录，如图 10-32 所示。为了表示同时满足多个条件，需要使用逻辑运算符 AND 连接多个条件。

```
SELECT *
FROM 客户信息
WHERE 客户信息.年龄>30 AND 客户信息.性别='男';
```

编号	姓名	性别	年龄	籍贯	学历
3	倪妙云	男	43	贵州	硕士
9	唐一晗	男	35	湖北	大本
* (新建)			0		

图 10-32　检索表中同时满足多个条件的所有记录

案例 10-13　使用 SELECT 语句检索表中包含特定字段的所有记录并进行排序

下面的 SQL 语句将从客户信息表中返回包含"编号""姓名""年龄""学历"4 个字段且年龄大于 30 岁，并按年龄降序排列的所有记录，如图 10-33 所示。为了对记录降序排列，需要在 ORDER BY 子句中使用 DESC 关键字。

```
SELECT 客户信息.编号，客户信息.姓名，客户信息.年龄，客户信息.学历
FROM 客户信息
WHERE 客户信息.年龄>30
ORDER BY 客户信息.年龄 DESC；
```

编号	姓名	年龄	学历
3	倪妙云	43	硕士
7	蓝梦之	38	大专
4	欧嘉福	37	大本
9	唐一晗	35	大本
8	鲁亦桐	31	大本
*	(新建)	0	

图 10-33　检索表中包含特定字段的所有记录并进行排序

10.4.3　使用 INSERT 语句添加数据

使用 INSERT 语句可以向数据库的表中添加新的数据，语法格式如下：

```
INSERT INTO 表名 (字段名列表)
VALUES (与字段一一对应的值列表)
```

如果在 VALUES 子句中为表中所有字段提供了值，则可以在 INSERT INTO 语句中只提供表名，而省略字段名列表。

案例 10-14　使用 INSERT 语句向表中添加新的记录

下面的 SQL 语句向客户信息表中添加一条新记录，新增记录中的编号是"1021"，姓名是"尚品科技"，性别是"男"，年龄是"30"，籍贯是"北京"，学历是"硕士"。由于本例是为客户信息表中的所有字段添加数据，因此省略了 INSERT INTO 语句中的字段名列表。

```
INSERT INTO 客户信息
VALUES (11,'尚品科技','男',30,'北京','硕士')
```

运行上面的 SQL 语句，弹出如图 10-34 所示的对话框。如果确定向表中添加新记录，则单击"是"按钮，此操作无法撤销，添加数据后的效果如图 10-35 所示。

编号	姓名	性别	年龄	籍贯	学历
1	陈昕欣	女	23	贵州	大本
2	黄弘	女	29	安徽	大专
3	倪妙云	男	43	贵州	硕士
4	欧嘉福	女	37	江西	大本
5	于乔	男	26	重庆	大本
6	林寮	男	27	河南	硕士
7	蓝梦之	女	38	广东	大专
8	鲁亦桐	女	31	上海	大本
9	唐一晗	男	35	湖北	大本
10	杜俞		25	吉林	大专
11	尚品科技	男	30	北京	硕士
*	(新建)		0		

图 10-34　添加记录前的警告信息　　　图 10-35　向表中添加新记录后的效果

10.4.4 使用 UPDATE 语句修改数据

使用 UPDATE 语句可以修改数据库表中的数据，语法格式如下：

```
UPDATE 表名
SET 字段名及其对应值的列表
WHERE 限定条件
```

如果需要修改多个字段的值，则需要在 SET 子句中分别列出所需修改的每一个字段名及其对应的值，并使用等号连接它们。WHERE 子句是可选的，如果省略该子句，则将修改表中每条记录特定字段中的值。如果只想修改特定记录中的值，则需要在 WHERE 子句中指定条件，通常将条件设置为特定记录的主键的值。

案例 10-15 使用 UPDATE 语句修改表中特定记录的数据

下面的 SQL 语句将客户信息表中编号为 6 的记录中的籍贯改为"北京"，学历改为"大专"。

```
UPDATE 客户信息
SET 客户信息.籍贯='北京',客户信息.学历='大专'
WHERE 客户信息.编号=6
```

运行上面的 SQL 语句，弹出如图 10-36 所示的对话框。如果确定修改表中的数据，则单击"是"按钮，此操作无法撤销。

图 10-36 修改数据前的警告信息

10.4.5 使用 DELETE 语句删除数据

使用 DELETE 语句可以删除数据库表中的数据，语法格式如下：

```
DELETE FROM 表名
WHERE 限定条件
```

与 UPDATE 语句类似，DELETE 语句中的 WHERE 子句也是可选的。如果在 DELETE 语句中省略 WHERE 子句，则会删除表中的所有记录。如果要删除表中的特定记录，则需要在 WHERE 子句中指定条件，通常将条件设置为特定记录的主键的值。

案例 10-16 使用 DELETE 语句删除表中的特定记录

下面的 SQL 语句将删除客户信息表中编号为 6 的记录。

```
DELETE FROM 客户信息
```

WHERE 客户信息 . 编号=6

运行上面的 SQL 语句，弹出如图 10-37 所示的对话框。如果确定删除表中的特定记录，则单击"是"按钮，此操作无法撤销。

图 10-37　删除记录前的警告信息

第 11 章

使用宏让操作自动化

到目前为止，在 Access 中介绍的所有操作都需要用户手动完成，例如从导航窗格中双击对象以将其打开、在数据表或窗体中单击"导航"按钮浏览不同的记录等。用户可能希望让这些操作在更友好的界面中以更智能、更高效的方式完成，此时可以使用 Access 中的宏。本章将介绍在 Access 中使用宏自动完成操作的方法。

11.1 理解宏

本节将介绍与宏有关的一些基本概念，理解这些内容有助于更好地创建和使用宏。

11.1.1 宏的两种类型

与 Word 和 Excel 中的宏的使用方式不同，Access 中的宏包含用于完成不同任务的多个操作，这些操作是 Access 预置好的功能，用户只需从中选择所需的操作，并进行简单的设置，即可创建宏，之后就可以直接运行宏或通过控件来运行宏。

根据宏的存储位置，可以将 Access 中的宏分为两类：独立的宏和嵌入的宏。独立的宏与表、查询、窗体、报表类似，都是 Access 中的数据库对象，会显示在导航窗格中，适用于其他数据库对象的常用操作也适用于独立的宏，例如保存、关闭、打开、重命名、复制、隐藏和删除等。在 11.2 节中演示创建一个宏的基本步骤时，所创建的宏就是独立的宏。

嵌入的宏位于窗体或报表中，不会显示在导航窗格中。"嵌入"意味着宏不是独立的对象，而是窗体或报表的一部分，因此在移动或复制窗体和报表时，其中的宏会始终跟随。修改某个窗体或报表中嵌入的宏时，不会影响其他窗体或报表中嵌入的宏。在将独立的宏同时用于多个窗体或报表时，对这个宏进行修改后的结果会自动作用于所有使用该宏的窗体和报表。

11.1.2 常用的宏操作

Access 中的宏包含按类别划分的多种操作，用于完成不同的任务。表 11-1 列出了常用的宏操作及其说明。

表 11-1　常用的宏操作及其说明

宏　操　作	说　　明
Beep	使计算机发出嘟嘟声
CloseDatabase	关闭当前数据库
CopyObject	复制指定的数据库对象
DeleteObject	删除指定的数据库对象
DeleteRecord	删除当前记录
DisplayHourglassPointer	运行宏时将光标变为沙漏形状，以表示当前状态
Echo	隐藏或显示宏运行过程中的结果
GoToRecord	定位到指定的记录
MessageBox	显示由用户指定标题和内容的消息框
OpenForm	打开指定的窗体
OpenQuery	运行指定的查询
OpenReport	打开指定的报表
OpenTable	打开指定的表
PrintObject	打印当前对象
RenameObject	重命名指定的数据库对象
SaveObject	保存指定的数据库对象
SaveRecord	保存当前记录
SelectObject	选择指定的数据库对象
SetProperty	设置控件的属性
SetWarnings	关闭或打开所有的系统消息

11.2　创建一个宏的基本步骤

本节将介绍创建一个宏的基本且通用的步骤，包括选择宏操作、设置宏参数、运行宏等，以使读者对宏的创建过程有一个整体的了解。本节的最后将介绍如何将宏指定给事件，以便通过事件来运行宏。

11.2.1　选择所需的宏操作

作为数据库对象中的一种，宏有其特定的视图，即设计视图，创建宏的所有步骤都在设计视图中进行。虽然本小节以创建独立的宏为例，但是嵌入的宏也具有相同的设计视图，或者也可将其称为"宏生成器"。创建嵌入的宏的方法将在 11.3.1 小节进行介绍，本小节主要介绍创建一个独立的宏的基本步骤。

要创建一个独立的宏，可以在功能区"创建"选项卡中单击"宏"按钮，如图 11-1 所示。

图 11-1　单击"宏"按钮

Access 会创建一个新宏，并进入宏的设计视图，功能区中会自动激活"宏工具|设计"选项卡，操作界面左侧是创建和编辑宏的窗口，右侧显示了"操作目录"窗格，其中列出了按类别划分的宏操作，如图 11-2 所示。如果没有显示"操作目录"窗格，则可以在功能区"宏工具|设计"选项卡中单击"操作目录"按钮。还有一些隐藏的操作需要单击"显示所有操作"按钮才会显示。

图 11-2　宏的设计视图及其中包含的工具

创建宏的第一步是将操作添加到宏中，有以下两种方法。

- 单击宏窗口中标识文字"添加新操作"右侧的下拉按钮，从打开的下拉列表中选择所需的操作，本例选择"MessageBox"选项，如图 11-3 所示。

图 11-3　从下拉列表中选择宏操作

- 在"操作目录"窗格中展开某个操作类别，将其中所需的某个操作拖动到宏窗口中，如图 11-4 所示。

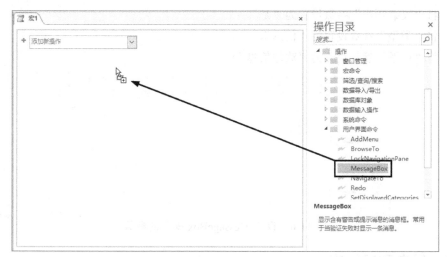

图 11-4　将宏操作拖动到宏窗口中

11.2.2　设置宏的参数

创建宏的第二步是为已添加到宏窗口中的宏操作设置所需的参数。参数分为两种，一种是必须要设置的参数，另一种是可以设置或省略的参数。如果不设置第二种参数，则会自动为该参数设置 Access 默认提供的值。

在将宏操作添加到宏窗口后，会自动显示该操作包含的参数。如图 11-5 所示显示了 MessageBox 操作包含的 4 个参数。在参数右侧的文本框中显示"必需"文字的参数是必须要设置的参数，如果不设置就无法运行和使用宏，例如"消息"参数。有些参数已由 Access 指定了默认值，例如"发嘟嘟声"参数，该参数的值默认设置为"是"，表示在显示消息框时会发出提示音。还有一些参数的文本框是空的，这些参数就是可以设置或省略其值的参数，如果省略这类参数的值，则 Access 会使用默认值。

图 11-5　MessageBox 操作包含的参数

根据需要为宏操作设置参数的值，本例对 MessageBox 操作的 4 个参数进行以下设置，如

图 11-6 所示。

- 将"消息"参数设置为"欢迎使用本系统!"。
- 将"发嘟嘟声"参数设置为"是"。
- 将"类型"参数设置为"信息"。
- 将"标题"参数设置为"欢迎信息"。

图 11-6 设置 MessageBox 操作的参数

11.2.3 保存和运行宏

选择宏操作并设置好参数后,接下来就可以运行宏来查看效果了。如果是一个新建的宏,则在运行该宏之前,需要将宏保存到数据库中。右击宏窗口中的选项卡标签,在弹出的快捷菜单中选择"保存"命令,或者按 Ctrl+S 组合键,都将弹出"另存为"对话框,在"宏名称"文本框中输入宏的名称,如"欢迎信息",如图 11-7 所示,然后单击"确定"按钮。

保存宏之后,在功能区"宏工具|设计"选项卡中单击"运行"按钮,即可显示宏的运行结果。本例的运行结果是显示一个对话框,其中包含由用户指定的标题、消息内容和图标,如图 11-8 所示。

图 11-7 保存宏

图 11-8 MessageBox 操作的运行结果

11.2.4 将宏指定给事件

前面介绍的运行宏的方式是在设计视图中单击"运行"按钮。在实际应用中,很少通过这种方式来运行宏。更好的方法是将宏指定给对象的事件,当用户在对象上执行特定操作时,将会触发特定的事件,此时即可自动运行为该事件指定的宏。

事件是对象特有的一种特性或功能,它会响应应用户在对象上进行的操作。例如,当用户双击窗口顶部的标题栏时,窗口将会最大化,此处的"双击"就是"窗口"这个对象的一个事件,它用于接收用户的"双击"操作并做出"最大化"的响应。

Access 中的各种对象都拥有大量的事件，其中一些事件出现在大多数对象中，例如"单击"和"双击"事件。将宏指定给对象的事件，就可以在用户执行特定的操作时自动运行宏操作，这样就使宏操作变得更智能、更人性化，而不再是人为地从功能区中单击"运行"按钮来运行宏。

可以为很多对象的事件指定宏，例如窗体、报表或其中包含的控件。下面通过一个案例来介绍将宏指定给事件的方法。

案例 11-1　双击窗体空白区域时显示欢迎信息

当用户双击客户信息窗体中的主体区域时，自动显示欢迎信息，操作步骤如下。

（1）在布局视图中打开客户信息窗体，然后单击"主体"节以将其选中。

（2）按 F4 键打开"属性表"窗格，此时在上方的下拉列表框中已经选中了"主体"。在"事件"选项卡中单击"双击"属性，在其右侧会显示一个下拉按钮，单击该下拉按钮，然后从下拉列表中选择前面创建的"欢迎信息"宏，如图 11-9 所示。

图 11-9　将宏指定给事件

（3）切换到窗体视图，双击窗体中的主体区域时，将显示如图 11-10 所示的欢迎信息。

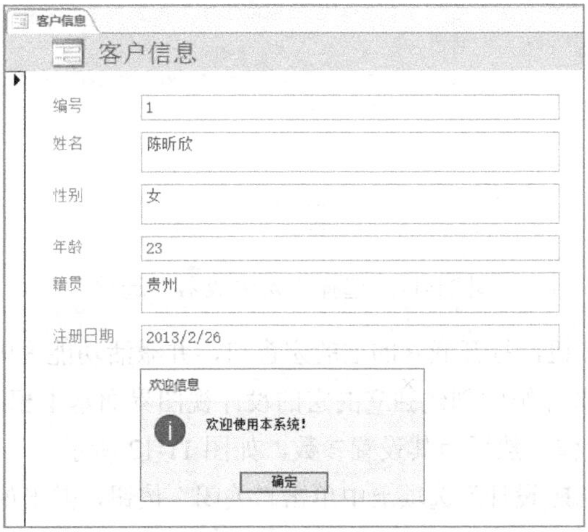

图 11-10　双击窗体的主体区域时显示欢迎信息

11.3　创建不同类型和用途的宏

通过对前面内容的学习，读者现在已经对创建一个宏的过程和步骤有了整体的了解。本节将介绍不同类型和用途的宏的创建方法，包括创建嵌入的宏、创建包含多个操作的宏、创建包含条件判断的宏，还将介绍如何在宏中使用临时变量来增强宏的功能。

11.3.1　创建嵌入的宏

创建嵌入的宏的方法与创建独立的宏的方法基本相同，唯一的不同之处是宏的存储位置。有关这两种宏的定义和具体区别请参考 11.1.1 节，本节主要介绍嵌入的宏的创建方法。

案例 11-2　创建嵌入到客户信息窗体中的宏

创建一个嵌入的宏，该宏不会显示在导航窗格中，当用户双击客户信息窗体中的主体区域时，自动显示欢迎信息，操作步骤如下。

（1）在布局视图中打开客户信息窗体，然后单击"主体"节以将其选中。

（2）按 F4 键打开"属性表"窗格，在"事件"选项卡中单击"双击"属性，然后单击其右侧显示的 按钮。

（3）弹出"选择生成器"对话框，选择"宏生成器"选项，如图 11-11 所示。

图 11-11　选择"宏生成器"选项

（4）单击"确定"按钮，打开嵌入的宏的宏窗口，并激活功能区中的"宏工具|设计"选项卡，其操作界面与 11.2 节介绍的创建独立的宏的设计视图界面基本相同。参照 11.2 节的方法，添加一个 MessageBox 操作，然后为其设置参数，如图 11-12 所示。

（5）在功能区"宏工具|设计"选项卡中单击"关闭"按钮，弹出如图 11-13 所示的对话框，单击"是"按钮保存并关闭嵌入的宏。

图 11-12　设置嵌入的宏　　　　　图 11-13　关闭未保存的宏时显示的提示信息

（6）切换到窗体视图，在双击窗体的主体区域时，将显示由用户指定的信息。

本例以窗体为例来介绍创建嵌入的宏的方法，该方法还适用于为报表、窗体及它们包含的控件创建嵌入的宏。

11.3.2　创建包含多个操作的宏

前面 11.2 节介绍的宏只包含一个操作，实际上可以在一个宏中包含多个操作，在运行宏时，这些操作会按照在宏中的排列顺序依次执行。在一个宏中添加多个操作的方法与添加一个操作的方法类似。

案例 11-3　创建包含 3 个操作的宏

创建一个独立的宏，其中包含 3 个操作，在运行该宏时，先显示一个欢迎信息，然后打开客户信息窗体，最后显示成功打开窗体的确认信息。创建该宏的操作步骤如下。

（1）在功能区"创建"选项卡中单击"宏"按钮，进入宏的设计视图。

（2）在宏窗口中单击"添加新操作"下拉按钮，从弹出的下拉列表中选择"MessageBox"选项，然后设置该操作的 4 个参数，如图 11-14 所示。

图 11-14　设置"MessageBox"操作的参数

（3）单击 MessageBox 操作下方的"添加新操作"下拉按钮，然后从弹出的下拉列表中选择"OpenForm"选项，如图 11-15 所示。

图 11-15 选择"OpenForm"选项

（4）设置 OpenForm 操作的以下几个参数，如图 11-16 所示。

- 将"窗体名称"参数设置为"客户信息"。
- 将"视图"参数设置为"窗体"。
- 将"数据模式"参数设置为"编辑"。
- 将"窗口模式"参数设置为"普通"。

图 11-16 设置 OpenForm 操作的参数

（5）在该宏中添加第三个操作，该操作仍然选择"MessageBox"，然后设置该操作的参数，如图 11-17 所示。

- 将"消息"参数设置为"已成功打开客户信息窗体"。
- 将"发嘟嘟声"参数设置为"是"。
- 将"类型"参数设置为"信息"。
- 将"标题"参数设置为"确认信息"。

图 11-17 设置第二个 MessageBox 操作的参数

（6）完成所有设置后，按 Ctrl+S 组合键，以"打开窗体并显示确认信息"为名称保存宏。在功能区"宏工具|设计"选项卡中单击"运行"按钮运行宏，首先显示标题为"欢迎信息"的对话框，然后打开客户信息窗体，最后显示标题为"确认信息"的对话框，如图 11-18 所示。

图 11-18　运行宏后先后显示的两个对话框

11.3.3　创建包含条件判断的宏

为了使宏更智能，可以在宏中添加条件判断，以便根据实际情况选择要执行的操作，而不是从头到尾执行宏中包含的所有操作。在宏中添加条件判断功能需要使用 If 操作，该操作在"操作目录"窗格的"程序流程"类别中，如图 11-19 所示。可以将 If 操作拖动到宏窗口中，或者在宏窗口中的"添加新操作"下拉列表中选择"If"操作来添加条件判断。

如果熟悉 VBA 编程或使用过 Excel 中的 IF 函数，则很容易理解 Access 中的 If 操作的用法。在宏窗口中添加 If 操作后，会显示如图 11-20 所示的界面。在 If 右侧的文本框中输入判断的条件，如果条件成立，则执行 Then 之后的操作；如果条件不成立，则什么也不执行。

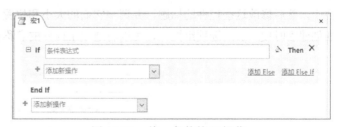

图 11-19　If 操作用于执行条件判断　　　　图 11-20　单一条件的 If 操作

如果希望在条件不成立时执行另一种操作，则可以单击 Then 下方的"添加 Else"选项，在 Else 下方添加所需的操作。如图 11-21 所示为一个初步完成的 If 操作的整体结构，在条件成立和不成立时会显示包含不同消息的对话框，但还没有设置具体的条件。

图 11-21　If 操作的整体结构

如果要在 If 操作中设置多个条件，则需要单击 Then 下方的"添加 Else If"选项，根据条件的数量，添加一个或多个 Else If，然后在每个 Else If 右侧设置不同的条件。下面通过一个案例来介绍 If 操作的实际应用。

案例 11-4　自动在选中的视图类型中打开窗体

设计一个包含窗体视图类型的选项，根据当前选择的视图类型，在相应的视图中打开客户信息窗体，操作步骤如下。

（1）在功能区"创建"选项卡中单击"窗体设计"按钮，在设计视图中创建一个空白窗体，将该窗体以"选择窗体视图类型"为名称保存。

（2）在设计视图中，使用功能区"窗体设计|设计"选项卡中的控件库，向窗体中添加一个选项组控件、3 个选项按钮控件和一个按钮控件。将 3 个选项按钮控件作为一组放到选项组控件中，然后修改这些控件的标题，并调整它们的大小和位置，结果如图 11-22 所示。为了在后面创建宏时便于引用选项组控件，可以将选项组控件的名称改为 grpView。

图 11-22　设计窗体的结构

（3）在功能区"创建"选项卡中单击"宏"按钮，创建一个独立的宏，从宏窗口的"添加新操作"下拉列表中选择"If"，在宏中添加一个 If 操作。在 If 右侧的文本框中输入下面的表达式，如图 11-23 所示。该表达式的含义是，如果在前面创建的"选择窗体视图类型"窗体中选择选项组控件中的第一个选项按钮，则该选项按钮上的标题为"窗体视图"。

```
[Forms]![选择窗体视图类型]![grpView]=1
```

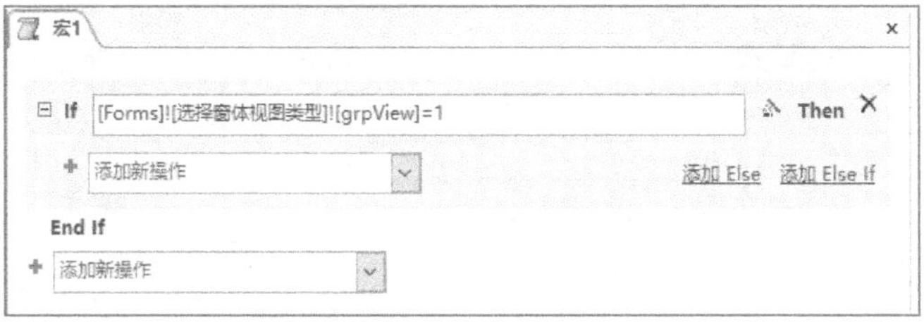

图 11-23　设置 If 操作的第一个条件

提示：输入 If 操作的条件时，可以单击文本框右侧的 ⚡ 按钮，打开"表达式生成器"对话框，从对话框下方的 3 个列表框中双击相应的选项自动添加表达式的元素，并在表达式的最后输入"=1"，如图 11-24 所示。

图 11-24　在表达式生成器中输入表达式

（4）从 If 和 End If 之间的"添加新操作"下拉列表中选择"OpenForm"操作，然后设置该操作的参数，如图 11-25 所示。

- 将"窗体名称"参数设置为"客户信息"。
- 将"视图"参数设置为"窗体"。该参数是本例的关键，在选择不同的视图类型选项时，由该参数决定实际在哪种视图中打开窗体。

- 将"数据模式"参数设置为"编辑"。
- 将"窗口模式"参数设置为"普通"。

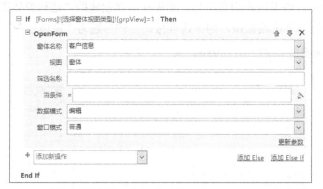

图 11-25　设置在满足第一个条件时执行的 OpenForm 操作的参数

（5）单击"添加 Else If"选项，添加一个 Else If，在其右侧的文本框中输入下面的表达式，如图 11-26 所示。该表达式的含义是，如果在前面创建的"选择窗体视图类型"窗体中选择选项组控件中的第二个选项按钮，则该选项按钮上的标题为"布局视图"。

图 11-26　设置 If 操作的第二个条件

（6）从 Else If 和 End If 之间的"添加新操作"下拉列表中选择"OpenForm"操作，然后设置该操作的参数，如图 11-27 所示。

- 将"窗体名称"参数设置为"客户信息"。
- 将"视图"参数设置为"布局"。
- 将"数据模式"参数设置为"编辑"。
- 将"窗口模式"参数设置为"普通"。

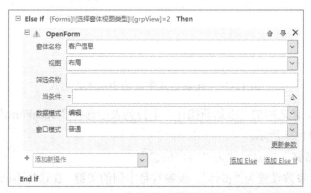

图 11-27　设置在满足第二个条件时执行的 OpenForm 操作的参数

（7）单击"添加 Else"选项，添加一个 Else，从 Else 和 End If 之间的"添加新操作"下拉列表中选择"OpenForm"操作，然后设置该操作的参数，如图 11-28 所示。

- 将"窗体名称"参数设置为"客户信息"。
- 将"视图"参数设置为"设计"。
- 将"数据模式"参数设置为"编辑"。
- 将"窗口模式"参数设置为"普通"。

图 11-28　设置在不满足前面所有条件时执行的 OpenForm 操作的参数

（8）将宏以"使用不同视图打开窗体"为名称保存，然后在布局视图或设计视图中打开前面创建的名为"选择窗体视图类型"的窗体。按 F4 键打开"属性表"窗格，在"事件"选项卡中单击"单击"属性，然后从右侧的下拉列表中选择"使用不同视图打开窗体"，即前面创建的宏，将该宏指定给按钮控件的"单击"事件，如图 11-29 所示。

（9）将"选择窗体视图类型"窗体切换到窗体视图，选择不同的视图选项，然后单击"打开客户信息窗体"按钮，如图 11-30 所示，客户信息窗体就会在相应的视图类型中被打开。

图 11-29　将宏指定给按钮控件的"单击"事件   图 11-30　设计完成的窗体

11.3.4　使用临时变量增强宏的功能

通过使用临时变量，可以让宏更加灵活。例如，在前面创建的欢迎信息宏中，欢迎信息的内容是用户输入的固定内容。想要在欢迎信息中加入由用户动态指定的人名，就需要使用临时变量。

临时变量也是宏的一种操作，该操作的名称是 SetTempVar。SetTempVar 操作只包含"名称"和"表达式"两个参数，"名称"参数用于设置临时变量的名称，"表达式"参数用于设置临时变量的值。通常需要在一个宏中的其他操作之前添加临时变量，之后就可以在该宏的其他操作中通过名称来引用这个临时变量中存储的值。

案例 11-5　在欢迎信息中显示由用户指定的姓名（名称）

以在 11.2 节中创建的欢迎信息宏为基础，在欢迎信息中显示由用户任意指定的姓名（名称），操作步骤如下。

（1）按照 11.2 节中的操作创建一个完全相同的欢迎信息宏。

（2）在该宏中添加一个"SetTempVar"操作，然后设置该操作的参数，并修改 MessageBox 操作的"消息"参数，如图 11-31 所示。

- 将 SetTempVar 操作的"名称"参数设置为"UserName"。
- 将 SetTempVar 操作的"表达式"参数设置为"InputBox("请输入姓名：")"。InputBox 是 Access 中的一个内置函数，用于显示一个输入对话框，其中包含一个文本框，单击对话框中的"确定"按钮后，InputBox 函数会返回用户在文本框中输入的内容。InputBox 函数只有第一个参数是必须设置的，该参数用于设置在对话框中显示的提示信息。
- 将 MessageBox 操作的"消息"参数修改为"="欢迎" & [TempVars]![UserName] & "使用本系统！""。要引用通过 SetTempVar 操作创建的临时变量，需要使用下面的格式：

```
[TempVars]![变量名]
```

图 11-31　设置临时变量的参数

（3）保存宏，然后在功能区"宏工具|设计"选项卡中单击"运行"按钮，在弹出的对话框的"请输入姓名"文本框中输入想要在欢迎信息中显示的名称，如图 11-32 所示。

（4）单击"确定"按钮，将显示如图 11-33 所示的欢迎信息，其中包含步骤（3）输入的内容。

图 11-32 指定在欢迎信息中显示的名称   图 11-33 在欢迎信息中显示由用户指定的内容

11.4 调整和编辑宏

可以对已经创建好的宏进行调整和编辑，包括修改宏的名称和参数、调整多个宏之间的排列顺序、将多个宏划分为一组、删除不再需要的宏等。

11.4.1 修改宏

要修改独立的宏，可以在导航窗格中右击该宏，在弹出的快捷菜单中选择"设计视图"命令，然后在宏窗口中修改宏的参数设置，只要在要修改的宏操作的范围内单击，即可显示出该操作的所有参数设置，如图 11-34 所示。处于编辑状态的宏的整个范围会显示为灰色背景。

要修改嵌入的宏，需要在布局视图或设计视图中打开包含该宏的窗体或报表，然后按 F4 键打开"属性表"窗格，在"事件"选项卡中单击包含事件的属性右侧的□按钮，在打开的宏窗口中修改嵌入的宏，如图 11-35 所示。

图 11-34 修改独立的宏   图 11-35 修改嵌入的宏

11.4.2 复制宏

如果要在宏中添加的操作与现有操作类似，那么可以复制现有的宏操作，粘贴后就可以得到完全相同的宏操作及其参数设置，然后对粘贴后的宏操作稍作修改即可。要复制宏中现有的操作，只需右击要复制的操作，然后在弹出的快捷菜单中选择"复制"命令，如图 11-36 所示。

按 Ctrl+V 组合键，将复制的宏操作粘贴到当前宏中所选操作的下方。也可以右击某个宏操作，然后在弹出的快捷菜单中选择"粘贴"命令，将复制的宏操作粘贴到所选操作的下方。

图 11-36　选择"复制"命令复制指定的宏操作

11.4.3　调整多个宏操作的执行顺序

　　具有实际应用价值的宏通常不止包含一个操作，在向宏中添加多个操作后，可以根据需要随时调整这些操作的执行顺序。要移动一个宏操作的位置，可以将鼠标指针移动到宏窗口中该操作的范围内，然后按住鼠标左键将该操作拖动到目标位置，拖动过程中显示的水平线指示当前移动到的位置，如图 11-37 所示。

图 11-37　移动宏操作的位置

11.4.4　为多个宏操作分组

　　可以将一个宏中的多个操作合并为一组，合并前需要选择所需的多个宏。首先选择要合并的其中一个宏操作，然后按住 Ctrl 键依次单击其他要合并的宏操作。如果要合并的宏位于连续的位置上，则在选择第一个宏后，按住 Shift 键单击最后一个宏。如果要选择宏中的所有操作，则可以按 Ctrl+A 组合键。

　　右击选中的任意一个宏操作，然后在弹出的快捷菜单中选择"生成分组程序块"命令，如图 11-38 所示。

Access 将选中的所有宏操作合并为一组，并自动在这些操作的最外层添加一个 Group 操作，如图 11-39 所示。在"Group"文本框中输入组的名称，即可创建一个组。

图 11-38　选择"生成分组程序块"命令

图 11-39　将两个宏操作组合在一起

上面介绍的方法适用于在宏中已经创建了多个宏操作，希望为宏操作进行分组。如果是一个新建的宏，在其中还没有添加任何宏操作，则可以先创建一个组，然后在组中添加所需的宏操作。在宏窗口中输入组的名称，之后就可以在该组的"添加新操作"下拉列表中选择所需的宏操作，如图 11-40 所示。

图 11-40　创建组后添加宏操作

可以将组内的宏操作拖动到组外来移除它，也可以将组外的宏操作拖动到组内，以将其添加到组中。

11.4.5　删除宏

要删除一个宏操作，可以将鼠标指针移动到该宏操作的范围内，当其右侧出现一个如图 11-41 所示的图标时，单击该图标即可将相应的宏操作删除。

图 11-41　删除一个宏操作

如果要删除多个宏操作，则需要先选择它们，然后右击任意选中的宏操作，在弹出的快捷菜单中选择"删除"命令。

删除组中的某个宏操作的方法与删除一个普通宏操作的方法相同。要删除组中的所有宏操作，可以将鼠标指针移动到组的范围内，当 Group 右侧出现一个如图 11-42 所示的图标时，单击该图标即可将组及其中的所有宏操作一起删除。

图 11-42　删除组及其中的所有宏操作

注意： 删除单个宏操作、多个宏操作或组时，不会有任何提示或确认信息，因此应该谨慎操作。如果误删除了，则可以按 Ctrl+Z 组合键撤销删除操作，或者立刻关闭当前的宏窗口但不进行保存。

第 12 章

管理和维护数据库

本书前面各章详细介绍了数据库及其中的各类对象从无到有的创建和设计过程，对于已经创建好的数据库，在实际使用中可能会遇到很多问题，例如性能下降、隐私数据泄露、数据丢失而无法找回等，这些问题直接影响数据库的运行效率、稳定安全性和用户的操作体验。使用 Access 提供的相关工具，可以让用户更容易地对数据库的性能和安全性等方面进行管理和维护，本章将介绍这些工具的使用方法。

12.1　使用性能分析器优化数据库性能

性能分析器用于分析和优化数据库中的各类对象。打开要进行分析的数据库，然后在功能区 "数据库工具" 选项卡中单击 "分析性能" 按钮，如图 12-1 所示。

图 12-1　单击 "分析性能" 按钮

弹出如图 12-2 所示的 "性能分析器" 对话框，该对话框与第 1 章介绍的文档管理器的界面类似，不同类型的对象位于不同的选项卡中，可以根据需要选择不同类型的对象，也可以在 "全部对象类型" 选项卡中选择数据库中的所有对象或多种对象。通过选中对象左侧的复选框即可将对象选中。

选择所需的对象后，单击 "确定" 按钮，将在 "性能分析器" 对话框中显示分析结果，如图 12-3 所示。根据所选对象的实际情况，在 "分析结果" 列表框中会显示推荐、建议和意见 3 种分析结果中的一种或多种。选择其中的某个项目时，下方会显示该项目的优化方法。"意见" 优化需要用户手动对数据库中的相应内容进行修改和调整，而 "推荐" 和 "建议" 优化需要在列表框中选择相应的项目，然后单击 "优化" 按钮进行调整。

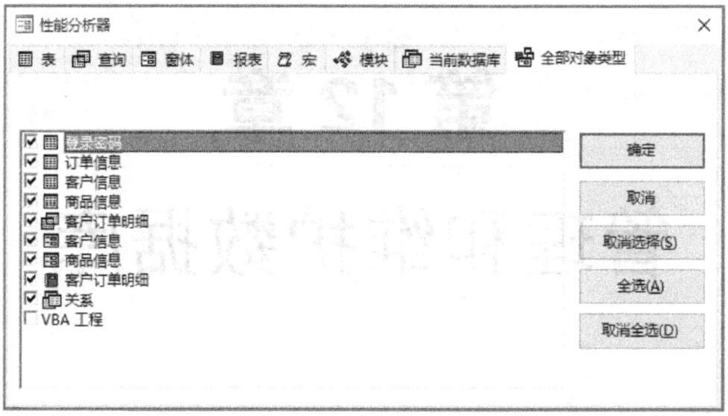

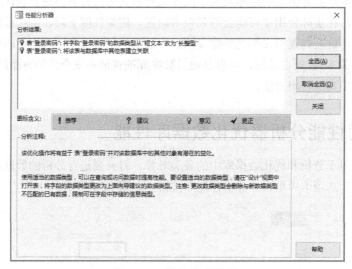

图 12-2 "性能分析器"对话框

图 12-3 性能分析结果

12.2 保护数据库的安全

Access 提供了保护数据库安全的多种方式，适用于不同的应用环境和安全要求。本节主要介绍数据库安全方面的 4 个功能：设置信任数据库、设置宏安全性、加密和解密数据库、将数据库发布为.accde 文件。

12.2.1 设置信任数据库

当打开一个数据库时，Access 会禁用该数据库中所有可能不安全的组件和代码，并在功能区下方显示如图 12-4 所示的消息栏。

图 12-4 禁用数据库组件时显示的消息栏

　　如果不信任数据库中的内容，则可以单击消息栏右侧的"关闭"按钮将其关闭，此时仍然可以查看数据库中的数据，并使用 Access 未禁用的数据库中的组件，但无法使用已禁用组件；如果信任数据库中的内容，则可以使用以下两种方法解除禁用状态。

1．使用消息栏

　　单击消息栏上的"启用内容"按钮即可解除已禁用的组件，但是如果数据库发生改变，则在下次打开该数据库时，仍然需要重复该操作。

　　如果数据库组件被禁用却未看到消息栏，则可以通过以下设置在禁用组件时显示消息栏。

　　（1）单击"文件"|"选项"命令，打开"Access 选项"对话框。

　　（2）选择"信任中心"选项卡，然后单击"信任中心设置"按钮，如图 12-5 所示。

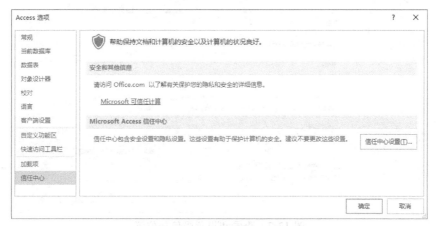

图 12-5　单击"信任中心设置"按钮

　　（3）弹出"信任中心"对话框，选择"消息栏"选项卡，然后选择"活动内容（如 ActiveX 控件和宏）被阻止时在所有应用程序中显示消息栏"单选按钮，如图 12-6 所示，完成后单击"确定"按钮。

图 12-6　设置在禁用数据库组件时启用消息栏

2．设置信任数据库的方法

可以将数据库放到受信任位置，该位置是 Access 标记为受信任的文件夹，在该文件夹中的所有数据库都是可信的，打开这些数据库时不会再出现消息栏，数据库中的所有组件都是可用的。设置受信任位置的方法如下。

（1）使用前面介绍的方法打开"信任中心"对话框，选择"受信任位置"选项卡，列表框中显示的是现有的受信任位置，如图 12-7 所示。要添加新的受信任位置，可以单击"添加新位置"按钮。

图 12-7　查看和设置受信任位置

（2）弹出如图 12-8 所示的对话框，单击"浏览"按钮，然后在打开的对话框中选择要设置为受信任位置的文件夹，完成后单击"确定"按钮返回。如果希望将所选文件夹中的所有子文件夹也设置为受信任位置，则需要选中"同时信任此位置的子文件夹"复选框，设置完毕后单击"确定"按钮。

图 12-8　选择要设置为受信任位置的文件夹

对于已添加的受信任位置，可以在"受信任位置"列表框中选择所需位置，然后单击"修改"或"删除"按钮，对所选位置进行修改或删除。

12.2.2　设置宏安全性

Access 提供的宏安全性设置用于防止包含恶意代码的 VBA 程序自动运行而破坏 Access，甚至操作系统。如果在 Access 数据库中打开或运行宏时受到阻止，则可以检查并修改宏安全性设置来解决此问题。或者根据需要，强制 Access 禁止运行所有宏。设置宏安全性的操作步骤如下。

（1）单击"文件"|"选项"命令，打开"Access 选项"对话框。

（2）选择"信任中心"选项卡，然后单击"信任中心设置"按钮。

（3）弹出"信任中心"对话框，选择"宏设置"选项卡，然后选择所需的选项，如图 12-9 所示，最后单击"确定"按钮。例如，如果不想运行数据库中的所有 VBA 代码，无论这些代码是否安全，则可以选择"禁用所有宏，并且不通知"单选按钮。

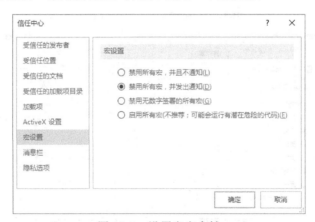

图 12-9　设置宏安全性

12.2.3　加密和解密数据库

如果数据库中包含重要数据，不希望别人随意打开和查看，则可以为数据库设置密码。设置密码后，所有用户都必须输入正确的密码，才能打开这个数据库。为数据库设置密码时必须以独占的方式打开数据库，加密数据库的操作步骤如下。

（1）启动 Access，但不要打开任何数据库。单击"文件"|"打开"命令，在弹出的界面中双击"浏览"选项，如图 12-10 所示。

（2）弹出"打开"对话框，从中选择要加密的数据库，然后单击"打开"按钮右侧的下拉按钮，在弹出的下拉列表中选择"以独占方式打开"命令，如图 12-11 所示。

图 12-10 双击"浏览"选项

图 12-11 选择"以独占方式打开"命令

（3）在 Access 中打开要加密的数据库后，单击"文件"|"信息"命令，然后在打开的界面中单击"用密码进行加密"按钮，如图 12-12 所示。

（4）弹出"设置数据库密码"对话框，在"密码"和"验证"两个文本框中分别输入相同的密码，如图 12-13 所示。

（5）单击"确定"按钮，完成数据库的加密。以后打开该数据库时，会弹出如图 12-14 所示的对话框，只有输入正确的密码，才能打开该数据库。

图 12-12　单击"用密码进行加密"按钮

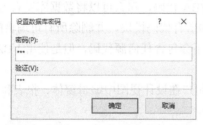

图 12-13　设置密码

图 12-14　打开数据库之前需要输入密码

只要知道数据库的密码，可以随时解密数据库，解密后再打开这个数据库时就不再需要输入密码了。解密数据库的操作步骤如下。

（1）使用密码以独占的方式打开要解密的数据库，然后单击"文件"|"信息"命令，在打开的界面中单击"解密数据库"按钮，如图 12-15 所示。

图 12-15　单击"解密数据库"按钮

（2）弹出"撤销数据库密码"对话框，输入数据库现在的密码，如图 12-16 所示。单击"确定"按钮，即可完成数据库的解密，此时密码已从数据库中删除。

图 12-16　输入数据库现在的密码

12.2.4　将数据库发布为.accde 文件

虽然本书并未过多地涉及 VBA 编程，但是如果在数据库中使用 VBA 编程实现了一些自动化功能，并且不希望其他用户随意查看和编辑这些 VBA 代码，那么可以将数据库发布为.accde 文件。在这种文件格式中，Access 会编译数据库中的所有代码模块，并删除所有可编辑的源代码，还会将数据库压缩。换句话说，在.accde 文件中不会包含任何源代码，但是使用 VBA 开发的功能仍可运行和使用。

除对 VBA 代码的限制外，.accde 文件还会禁止用户在设计视图中编辑窗体、报表和模块，并且不允许将窗体、报表和模块导入到.accde 文件中。

注意：在将数据库发布为.accde 文件后，无法进行逆转换，即不能将.accde 文件转换回原来的数据库，因此在发布前应该对数据库进行备份，否则发布后将无法在设计视图中访问任何对象。

将数据库发布为.accde 文件的操作步骤如下。

（1）在 Access 中打开要发布为.accde 文件的数据库，然后单击"文件"|"另存为"命令，在打开的窗口中双击"生成 ACCDE"选项，如图 12-17 所示。

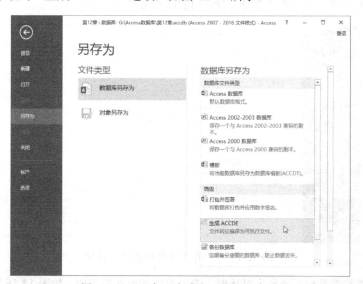

图 12-17　双击"生成 ACCDE"选项

（2）弹出"另存为"对话框，导航到想要存储.accde 文件的文件夹，然后在"文件名"文本框中输入.accde 文件的名称，如图 12-18 所示。

图 12-18　设置.accde 文件的存储位置和文件名

（3）单击"保存"按钮，将当前数据库发布为.accde 文件。

以后在 Access 中打开该.accde 文件时，默认会显示如图 12-19 所示的对话框，单击"打开"按钮即可打开该.accde 文件。在导航窗格中右击窗体或报表时，弹出的快捷菜单中的"设计视图"命令将被禁用，如图 12-20 所示。

图 12-19　打开.accde 文件时的安全警告　　图 12-20　无法使用窗体和报表的设计视图

12.3　备份与恢复数据库

无论何时，都有很多理由需要对数据库进行备份，这样在遇到计算机系统故障、磁盘损坏、对数据库执行不可撤销的操作等情况时,就可以使用预先创建的数据库副本来恢复数据库,或者只恢复数据库中的表、窗体、报表等特定的对象。

12.3.1 备份数据库

如果要备份的数据库当前已经被打开,那么在备份前,需要关闭数据库中所有打开的对象。如果要备份的数据库还没有被打开,那么需要先在 Access 中将其打开。可以使用下面的方法对数据库进行备份,操作步骤如下。

(1)单击"文件"|"另存为"命令,在打开的窗口中双击"备份数据库"选项,如图 12-21 所示。

图 12-21 双击"备份数据库"选项

(2)弹出"另存为"对话框,选择保存数据库副本的文件夹并设置文件名,Access 默认使用数据库原始名称和当前日期作为正在备份的数据库副本的文件名,如图 12-22 所示。

图 12-22 备份数据库

（3）单击"保存"按钮，将为当前数据库创建副本。

提示：在第 1 章中介绍的创建数据库副本的方法与本节介绍的方法基本类似，只是具体执行的命令有所不同，还有数据库副本的默认名称不同。

12.3.2　使用数据库副本恢复数据库

如果在数据库的使用过程中出现了某些问题，例如在运行动作查询时修改或删除了大量的数据或记录，那么可以使用备份的数据库副本来替换现有的数据库，以恢复其中的所有数据。

恢复数据库的方法很简单，打开 Windows 资源管理器，进入包含数据库副本的文件夹，右击数据库副本后，使用快捷菜单中的"复制"命令或按 Ctrl+C 组合键，将数据库副本复制到 Windows 剪贴板，然后进入包含要恢复的数据库所在的文件夹，在空白处右击，使用快捷菜单中的"粘贴"命令或按 Ctrl+V 组合键，将已复制的数据库副本粘贴到此处。最后删除原来的数据库，并根据需要对粘贴后的数据库副本进行重命名。

12.3.3　只恢复数据库中的对象

有时可能只需要从备份的数据库副本中恢复特定的数据库对象，而不必恢复整个数据库。例如，在运行动作查询时不小心删除了某个表中的多条记录，此时就可以从数据库副本中恢复这个表。利用 Access 的导入功能，可以恢复特定的数据库对象，操作步骤如下。

（1）打开要导入对象的数据库，然后在功能区"外部数据"选项卡中单击"Access"按钮，如图 12-23 所示。

（2）弹出"获取外部数据-Access 数据库"对话框，单击"浏览"按钮，如图 12-24 所示。

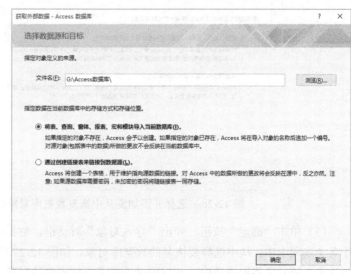

图 12-23　单击"Access"按钮　　　　　　　图 12-24　单击"浏览"按钮

（3）弹出"打开"对话框，双击备份的数据库副本，如图 12-25 所示。

图 12-25　双击备份的数据库副本

（4）返回"获取外部数据-Access 数据库"对话框，在"文件名"文本框中自动填入了所选数据库的完整路径，选择下方的"将表、查询、窗体、报表、宏和模块导入当前数据库"单选按钮，如图 12-26 所示。

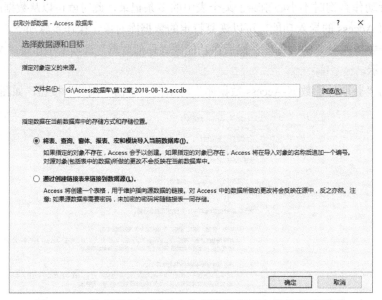

图 12-26　选择并添加要从中恢复数据库对象的数据库副本

（5）单击"确定"按钮，弹出"导入对象"对话框，数据库副本中不同类型的对象分别位于各个选项卡中，从中选择要恢复的数据库对象，如图 12-27 所示。单击对象一次可将其选中，再次单击该对象将取消选中。可以同时选择多个同类型的对象。单击对话框右侧的"选项"按钮可以从展开的对话框中选择更多选项，例如选中"关系"复选框，将在导入对象的同时导入对象所具有的关系。

图 12-27 选择要恢复的数据库对象

图 12-28 选择要恢复的数据库的相关选项

（6）选择好之后单击"确定"按钮，打开如图 12-29 所示的对话框，选中"保存导入步骤"复选框，以便下次直接按照相同的方式导入，而不再显示该向导。最后单击"关闭"按钮。

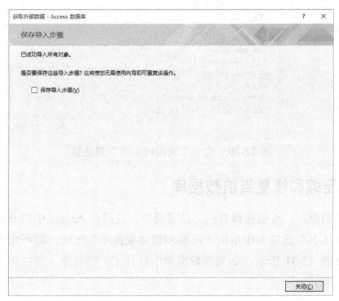
图 12-29 选择是否保存导入步骤

12.4 压缩与修复数据库

在使用数据库的过程中，文件容量会日渐增大，导致数据库的性能降低，例如打开对象的速度变慢、运行查询的时间变长等。导致这种情况的原因之一是 Access 会创建临时的隐藏对象来完成各种任务，当任务完成且不再需要这些临时对象时，它们仍会保留在数据库中。另一个原因是在删除数据库对象后，这些对象原来占用的磁盘空间并没有得到释放。使用 Access 中的"压缩和修复数据库"功能可以防止或修复这类问题。

12.4.1　设置自动压缩和修复数据库

可以通过设置在每次关闭数据库时让 Access 自动进行压缩和修复，操作步骤如下。

（1）单击"文件"|"选项"命令，打开"Access 选项"对话框。

（2）选择"当前数据库"选项卡，然后在右侧选中"关闭时压缩"复选框，如图 12-30 所示，最后单击"确定"按钮。

图 12-30　选中"关闭时压缩"复选框

12.4.2　手动压缩和修复当前数据库

对于已打开的数据库，压缩和修复的方法很简单，只需在 Access 中打开这个数据库，然后在功能区"数据库工具"选项卡中单击"压缩和修复数据库"按钮，即可完成对该数据库的压缩和修复工作，如图 12-31 所示。如果在数据库中打开了一些对象，则在单击该按钮后会自动关闭所有打开的对象。

图 12-31　单击"压缩和修复数据库"按钮压缩和修复当前数据库

第 13 章

数据库开发实战——设计商品订单 管理系统

无论应用于哪个行业的数据库管理系统，其开发流程和具体步骤都是相同或相似的，主要区别在于业务数据的类型和数据分布方式。本章将以商品订单管理系统为例，介绍使用 Access 开发一个数据库管理系统的设计方法和具体步骤，用户可以在该系统的基础上增加业务数据并扩展数据库的功能。为了使整个开发过程比较连贯，本章不再介绍开发过程中涉及的 Access 知识，具体内容请参考本书前面 12 章。

13.1 创建商品订单管理系统中的基础表

在商品订单管理系统中有 4 个表，本节将介绍这 4 个表的设计和创建方法。创建本例中的各个表之前，需要创建一个 Access 数据库，然后在该数据库中创建所需的表。

13.1.1 创建客户信息表

在客户信息表中有订购商品的每位客户的姓名、性别、电话、收货地址等信息，表 13-1 列出了该表包含的字段及其数据类型。

表 13-1　客户信息表中包含的字段及其数据类型

字　　段	数据类型
客户 ID	短文本
姓名	短文本
性别	短文本
年龄	数字
职业	短文本
电话	短文本
收货地址	短文本

创建客户信息表的操作步骤如下。

（1）在功能区"创建"选项卡中单击"表设计"按钮，在设计视图中创建一个空白表。

（2）依次输入所需的字段名并设置数据类型，为性别字段设置数据验证规则，只允许在该字段中输入"男"或"女"，并将"客户 ID"字段设置为主键，如图 13-1 所示。

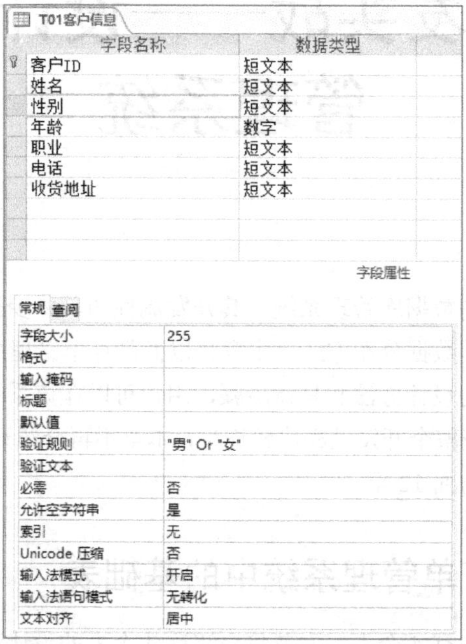

图 13-1　客户信息表的结构设计

（3）设置完成后按 Ctrl+S 组合键，以"T01 客户信息"为名称保存客户信息表，然后在数据表视图中输入实际的数据，如图 13-2 所示。

图 13-2　输入数据后的客户信息表

注意：表中的数据都是虚拟的，请勿对号入座。

13.1.2　创建商品信息表

在商品信息表中有每件商品的名称、产地、单价等信息，表 13-2 列出了该表包含的字段及其数据类型。

表 13-2   商品信息表中包含的字段及其数据类型

字　　段	数据类型
商品 ID	短文本
名称	短文本
产地	短文本
单价	数字
单位	短文本

创建商品信息表的操作步骤如下。

（1）在功能区"创建"选项卡中单击"表设计"按钮，在设计视图中创建一个空白表。

（2）依次输入所需的字段名并设置数据类型，并将"商品 ID"字段设置为主键，如图 13-3
所示。

（3）设置完成后按 Ctrl+S 组合键，以"T02 商品信息"为名称保存商品信息表，然后在数
据表视图中输入实际的数据，如图 13-4 所示。

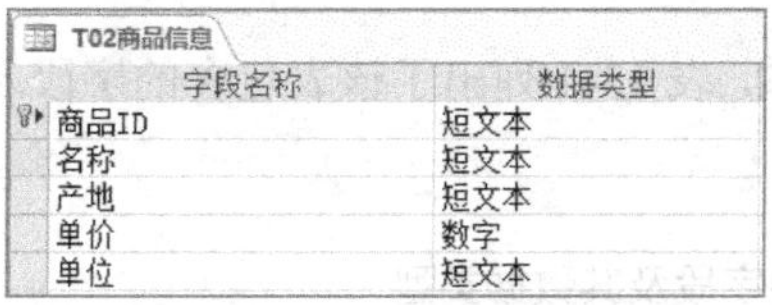

图 13-3   商品信息表的结构设计

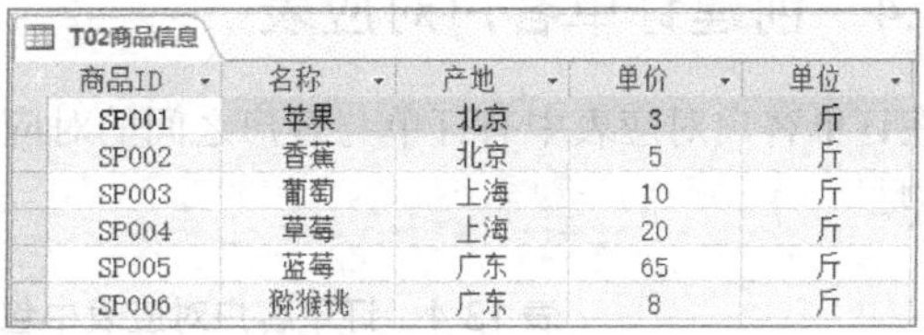

图 13-4   输入数据后的商品信息表

13.1.3　创建订单明细表

在订单明细表中有所有订单中的商品名称、订购数量、下单日期等信息，表 13-3 列出了该
表包含的字段及其数据类型。

表 13-3   订单明细表中包含的字段及其数据类型

字　　段	数据类型
订单 ID	短文本
商品 ID	短文本
订购数量	数字
下单日期	日期/时间

创建订单明细表的操作步骤如下。

（1）在功能区"创建"选项卡中单击"表设计"按钮，在设计视图中创建一个空白表。

（2）依次输入所需的字段名并设置数据类型，不为该表设置主键，如图 13-5 所示。

（3）设置完成后按 Ctrl+S 组合键，以"T03 订单明细"为名称保存订单明细表，然后在数

据表视图中输入实际的数据，如图 13-6 所示。

订单ID	商品ID	订购数量	下单日期
DD001	SP005	3	2018/12/5
DD001	SP006	5	2018/12/5
DD002	SP002	2	2018/12/5
DD003	SP001	2	2018/12/5
DD003	SP004	2	2018/12/5
DD004	SP001	4	2018/12/6
DD005	SP001	2	2018/12/6
DD005	SP001	3	2018/12/6
DD005	SP003	3	2018/12/6
DD006	SP003	1	2018/12/6
DD006	SP004	3	2018/12/6
DD006	SP006	5	2018/12/6
DD007	SP004	2	2018/12/7
DD007	SP005	5	2018/12/7
DD007	SP006	1	2018/12/7
DD008	SP004	2	2018/12/8
DD008	SP004	3	2018/12/8
DD008	SP006	4	2018/12/8
DD008	SP006	3	2018/12/8
DD009	SP005	1	2018/12/8

字段名称	数据类型
订单ID	短文本
商品ID	短文本
订购数量	数字
下单日期	日期/时间

图 13-5　订单明细表的结构设计　　　　图 13-6　输入数据后的订单明细表

13.1.4　创建订单客户对应表

在订单客户对应表中有订单与客户之间的对应关系，表 13-4 列出了该表包含的字段及其数据类型。

表 13-4　订单客户对应表中包含的字段及其数据类型

字　　　段	数据类型
订单 ID	短文本
客户 ID	短文本

创建订单客户对应表的操作步骤如下。

（1）在功能区"创建"选项卡中单击"表设计"按钮，在设计视图中创建一个空白表。

（2）依次输入所需的字段名并设置数据类型，并将"订单 ID"字段设置为表的主键，如图 13-7 所示。

（3）设置完成后按 Ctrl+S 组合键，以"T04 订单客户对应"为名称保存订单客户对应表，然后在数据表视图中输入实际的数据，如图 13-8 所示。

订单ID	客户ID
DD001	KH003
DD002	KH003
DD003	KH006
DD004	KH003
DD005	KH005
DD006	KH006
DD007	KH003
DD008	KH002
DD009	KH005

字段名称	数据类型
订单ID	短文本
客户ID	短文本

图 13-7　订单客户对应表的结构设计　　　图 13-8　输入数据后的订单客户对应表

13.1.5 为各个表创建关系

为了使各个表中的数据关联在一起，需要为相关的表创建关系，操作步骤如下。

（1）在功能区"数据库工具"选项卡中单击"关系"按钮，打开"关系"窗口。

（2）在"关系"窗口中右击，然后在弹出的快捷菜单中选择"显示表"命令，如图 13-9 所示。

（3）弹出"显示表"对话框，在"表"选项卡中选中所有表，如图 13-10 所示，然后单击"添加"按钮，再单击"关闭"按钮。

图 13-9 选择"显示表"命令　　　　图 13-10 选择要创建关系的表

（4）这时本例中的 4 个表都添加到了"关系"窗口中，下面开始为各个表创建关系。将"T01 客户信息"表中的"客户 ID"字段拖动到"T04 订单客户对应"表中的"客户 ID"字段上，弹出如图 13-11 所示的对话框，选中以下 3 个复选框，然后单击"创建"按钮。

- 实施参照完整性。
- 级联更新相关字段。
- 级联删除相关记录。

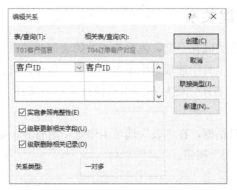

图 13-11　为客户信息表和订单客户对应表创建关系

（5）使用相同的方法，创建以下两个关系。

- 将"T02 商品信息"表中的"商品 ID"字段拖动到"T03 订单明细"表中的"商品 ID"字段上，在弹出的对话框中进行与步骤（4）相同的设置，如图 13-12 所示。
- 将"T03 订单明细"表中的"订单 ID"字段拖动到"T04 订单客户对应"表中的"订单 ID"字段上，在弹出的对话框中进行与步骤（4）相同的设置，如图 13-13 所示。

 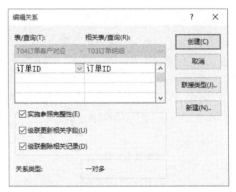

图 13-12　为商品信息表和订单明细表创建关系　图 13-13　为订单明细表和订单客户对应表创建关系

（6）为 4 个表创建关系后的结果如图 13-14 所示。在功能区"关系工具|设计"选项卡中单击"关闭"按钮，在弹出的对话框中单击"是"按钮，保存创建好的关系和布局。

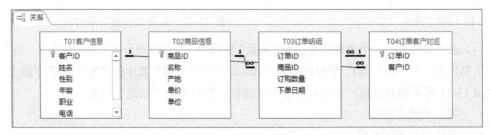

图 13-14　创建好关系的 4 个表

13.2 创建查询、窗体和报表

本节将用前面创建的 4 个表来创建查询、窗体和报表。

13.2.1 创建客户订单明细查询

为了查看客户订单明细情况，需要从各个表中提取所需的数据，为此需要使用查询来实现，操作步骤如下。

（1）在功能区"创建"选项卡中单击"查询设计"按钮，打开查询设计器。

（2）在弹出的"显示表"对话框中选中所有表，然后分别单击"添加"和"关闭"按钮。

（3）在查询设计网格中进行以下设置，如图 13-15 所示。

- 在第 1 列添加"订单 ID"字段，该字段来自于"T03 订单明细"表。
- 在第 2 列添加"下单日期"字段，该字段来自于"T03 订单明细"表。
- 在第 3 列添加"姓名"字段，该字段来自于"T01 客户信息"表。
- 在第 4 列添加"名称"字段，该字段来自于"T02 商品信息"表。
- 在第 5 列添加"单价"字段，该字段来自于"T02 商品信息"表。
- 在第 6 列添加"订购数量"字段，该字段来自于"T03 订单明细"表。

字段:	订单ID	下单日期	姓名	名称	单价	订购数量
表:	T03订单明细	T03订单明细	T01客户信息	T02商品信息	T02商品信息	T03订单明细
排序:						
显示:	☑	☑	☑	☑	☑	☑
条件:						
或:						

图 13-15　设计查询

（4）在查询设计网格的第 7 列添加一个计算字段，用于计算每件商品的总价格，如图 13-16 所示，该计算字段的表达式如下：

商品价格：[单价]*[订购数量]

字段:	订单ID	下单日期	姓名	名称	单价	订购数量	商品价格: [单价]*[订购数量]
表:	T03订单明细	T03订单明细	T01客户信息	T02商品信息	T02商品信息	T03订单明细	
排序:							
显示:	☑	☑	☑	☑	☑	☑	☑
条件:							
或:							

图 13-16　创建计算字段

（5）设置完成后，在功能区"查询工具|设计"选项卡中单击"运行"按钮，将在数据表视图中显示查询结果，如图 13-17 所示。

（6）按 Ctrl+S 组合键，以"Q01 客户订单明细"为名称保存查询，如图 13-18 所示。

图 13-17　查询运行结果

图 13-18　保存查询

13.2.2　创建客户订单汇总查询

为了查看同一个订单中订购的商品总数，需要创建客户订单汇总查询，操作步骤如下。

（1）在功能区"创建"选项卡中单击"查询设计"按钮，打开查询设计器。

（2）在弹出的"显示表"对话框中选中所有表，然后分别单击"添加"和"关闭"按钮。

（3）在查询设计网格中进行以下设置。

- 在第 1 列添加"订单 ID"字段，该字段来自于"T04 订单客户对应"表。
- 在第 2 列添加"姓名"字段，该字段来自于"T01 客户信息"表。
- 在第 3 列添加"订购数量"字段，该字段来自于"T03 订单明细"表。

（4）在功能区"查询工具|设计"选项卡中单击"汇总"按钮，在查询设计网格中添加"总计"行，然后进行以下设置，如图 13-19 所示。

- 将"订单 ID"字段的"总计"行设置为"Group By"。
- 将"姓名"字段的"总计"行设置为"Group By"。
- 将"订购数量"字段的"总计"行设置为"合计"。

（5）将查询以"Q02 客户订单汇总"为名称保存，运行查询后的结果如图 13-20 所示。

字段	订单ID	姓名	订购数量
表	T04订单客户对应	T01客户信息	T03订单明细
总计	Group By	Group By	合计
排序			
显示	☑	☑	☑
条件			
或			

图 13-19　设计查询

图 13-20　查询运行结果

（6）打开"关系"窗口，将本小节创建的"Q02 客户订单汇总"查询添加到"关系"窗口中，然后将该查询中的"订单 ID"字段拖动到"T03 订单明细"表的"订单 ID"字段上，弹出如图 13-21 所示的对话框，单击"创建"按钮，为"Q02 客户订单汇总"查询和"T03 订单明细"表创建关系。

图 13-21　为"Q02 客户订单汇总"查询和"T03 订单明细"表创建关系

（7）保存并关闭布局，然后关闭"关系"窗口。

13.2.3　创建订单明细窗体

使用前面创建的"Q02 客户订单汇总"查询创建一个窗体，其中不仅包含每个订单的订单号、客户姓名、订购商品的总数，还要包括订购的商品明细，操作步骤如下。

（1）在导航窗格中右击"Q01 客户订单明细"查询，然后在弹出的快捷菜单中选择"设计视图"命令。

（2）在设计视图中打开"Q01 客户订单明细"查询，取消选中"下单日期"和"姓名"两个字段的"显示"复选框，如图 13-22 所示，然后保存并关闭该查询。

字段	订单ID	下单日期	姓名	名称	单价	订购数量	商品价格: [单价]*[订购数量]
表	T03订单明细	T03订单明细	T01客户信息	T02商品信息	T02商品信息	T03订单明细	
排序							
显示	☑	☐	☐	☑	☑	☑	☑
条件							
或							

图 13-22　设计查询

（3）在导航窗格中选择"Q02 客户订单汇总"查询，然后在功能区"创建"选项卡中单击"窗体"按钮，基于"Q02 客户订单汇总"查询创建一个窗体，如图 13-23 所示。

图 13-23　基于"Q02 客户订单汇总"查询创建一个窗体

（4）在功能区"窗体布局工具|设计"选项卡的"控件"组中选择"子窗体/子报表"控件类型，如图 13-24 所示。

图 13-24　选择"子窗体/子报表"控件类型

（5）将鼠标指针移动到窗体中最后一个字段的下方并单击，如图 13-25 所示。

图 13-25　单击最后一个字段的下方

（6）在窗体中添加一个子窗体/子报表控件，在附加的标签控件中输入"商品明细"。单击右侧的控件，按 F4 键打开"属性表"窗格，在"数据"选项卡中单击"源对象"属性，在右侧的下拉列表中选择"查询.Q01 客户订单明细"，如图 13-26 所示。

图 13-26　为控件绑定数据源

（7）将子窗体/子报表控件绑定到"Q01 客户订单明细"查询，此时会在该控件中显示当前
订单中订购的商品名称、单价、订购数量和商品价格，如图 13-27 所示。

图 13-27　在窗体中显示商品明细

（8）将窗体标题修改为"订单明细"，将"订购数量之合计"修改为"商品总数"，然后以
"F01 订单明细"为名称保存窗体，如图 13-28 所示为在窗体视图中显示的"F01 订单明细"
窗体。

图 13-28　修改窗体标题并保存窗体

（9）为了便于用户与窗体之间的交互，接下来为窗体添加两个按钮，分别用于浏览上一条
记录和下一条记录。切换到设计视图，在功能区"窗体设计工具|设计"选项卡的"控件"组中
选择"使用控件向导"选项，如图 13-29 所示。

图 13-29　选择"使用控件向导"选项

（10）在功能区"窗体设计工具 | 设计"选项卡的"控件"组中选择"按钮"控件类型，然后在窗体的"主体"节中单击，创建一个默认大小的按钮控件，弹出"命令按钮向导"对话框，在"类别"列表框中选择"记录导航"选项，在"操作"列表框中选择"转至前一项记录"选项，如图 13-30 所示。

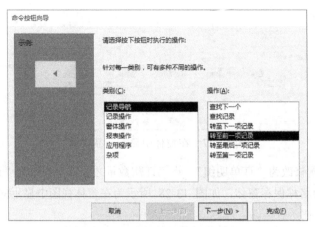

图 13-30　选择按钮的操作类别

（11）单击"下一步"按钮，打开如图 13-31 所示的对话框，选择"文本"单选按钮，然后将右侧文本框中的文字改为"上一条记录"，该文字将显示在按钮上。

（12）单击"完成"按钮，创建好的第一个按钮如图 13-32 所示。

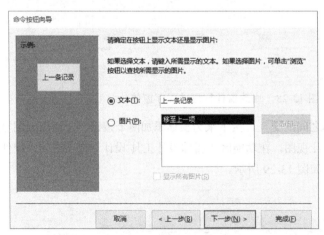

图 13-31　选择在按钮上显示文本　　　　图 13-32　创建完成的第一个按钮

（13）使用类似的方法创建第二个按钮，但是需要在"操作"列表框中选择"转至下一项记录"，并在向导的下一个对话框中将按钮上的文字改为"下一条记录"。完成后调整两个按钮在窗体中的位置，结果如图 13-33 所示。

图 13-33   创建完成的两个按钮

（14）切换到窗体视图，可以测试按钮是否正常工作，如图 13-34 所示。最后按 Ctrl+S 组合键保存窗体。

图 13-34   在窗体视图中查看和测试

13.2.4   创建订单明细报表

为了将订单明细数据打印到纸张上，还需要创建一个订单明细报表，并按照下单日期对订单记录进行分组，操作步骤如下。

（1）在导航窗格中右击"Q01 客户订单明细"查询，然后在弹出的快捷菜单中选择"设计视图"命令。

（2）在设计视图中打开"Q01 客户订单明细"查询，添加"下单日期"字段，并将其移动到"订单 ID"字段的右侧，如图 13-35 所示，然后保存并关闭该查询。

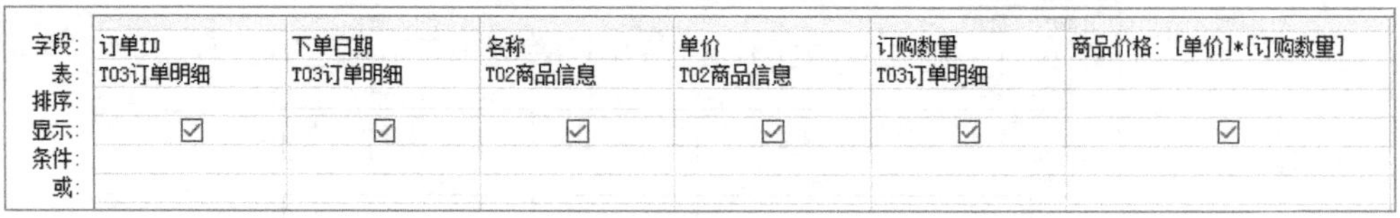

字段	订单ID	下单日期	名称	单价	订购数量	商品价格: [单价]*[订购数量]
表	T03订单明细	T03订单明细	T02商品信息	T02商品信息	T03订单明细	
排序						
显示	☑	☑	☑	☑	☑	☑
条件						
或						

图 13-35　在查询中添加"下单日期"字段

（3）在导航窗格中选择"Q01 客户订单明细"查询，然后在功能区"创建"选项卡中单击"报表"按钮，基于"Q01 客户订单明细"查询创建一个报表，如图 13-36 所示。

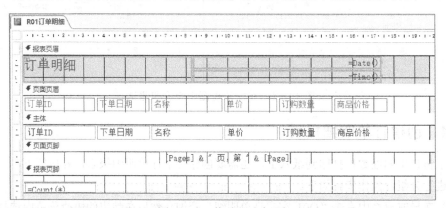

图 13-36　基于"Q01 客户订单明细"查询创建一个报表

（4）以"R01 订单明细"为名称保存报表，然后切换到设计视图，将报表标题修改为"订单明细"，并将标题左侧的图标删除，然后将标题移动到报表页眉中的左上角，如图 13-37 所示。

图 13-37　修改报表标题

（5）将报表中与"订单 ID"和"下单日期"两个字段关联的标签控件和文本框控件删除，然后右击报表下方的空白区域，从弹出的快捷菜单中选择"排序和分组"命令，如图 13-38 所示。

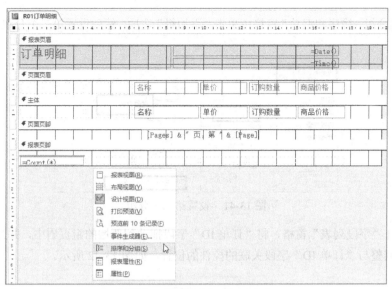

图 13-38　选择"排序和分组"命令

（6）在下方的"分组、排序和汇总"窗格中单击"添加组"选项，然后设置第一个分组，如图 13-39 所示。

图 13-39　设置第一个分组

（7）打开"字段列表"窗格，将"下单日期"字段拖动到新增的组页眉中，并为其设置表格布局，然后调整与"下单日期"字段关联的控件的位置，结果如图 13-40 所示。

图 13-40　添加并设置第一个分组控件

（8）在"分组、排序和汇总"窗格中单击"添加组"选项，然后设置第二个分组，如图13-41所示。

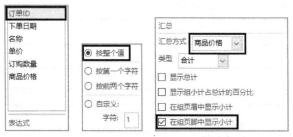

图13-41　设置第二个分组

（9）打开"字段列表"窗格，将"订单ID"字段拖动到新增的组页眉中，并为其设置表格布局，然后调整与"订单ID"字段关联的控件的位置，如图13-42所示。

图13-42　添加并设置第二个分组控件

（10）在外层组页脚和内层组页脚中各添加一个标签控件，将其中的文字分别改为"当日合计"和"订单合计"，然后调整这两个标签控件的位置，如图13-43所示。

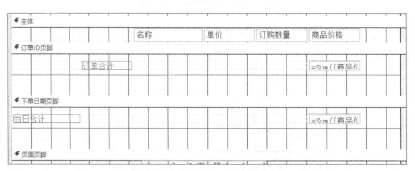

图13-43　添加两个用于显示合计标题的标签控件

（11）将报表页眉中Access自动添加的日期和时间控件删除，然后选择报表中的所有控件，将它们的"形状轮廓"设置为"透明"，将"网格线"设置为"无"，如图13-44所示。

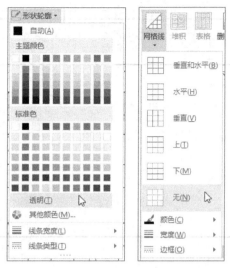

图 13-44 取消控件的边框线和布局的网格线

（12）将报表中各节的大小调至最小，对于一些文字显示不完整的控件，可以使用功能区"报表设计工具|排列"选项卡中的"大小/空格"|"正好容纳"命令让其完整显示，然后将除标题外的其他所有文字居中对齐，如图 13-45 所示。

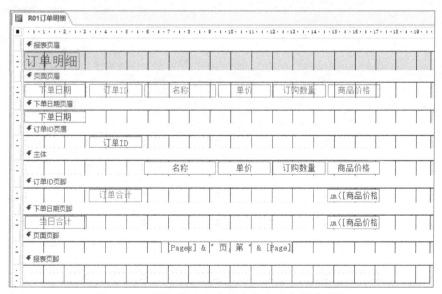

图 13-45 调整报表各节的大小和文字居中对齐

（13）为了使各组数据清晰显示，可以在各组之间添加直线，以达到视觉上的分隔效果。最终完成的报表如图 13-46 所示。

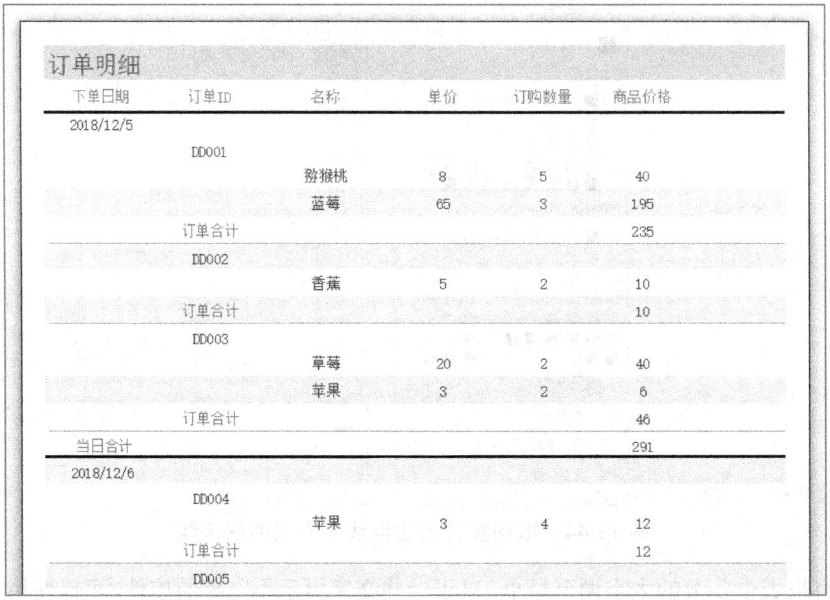

订单明细					
下单日期	订单ID	名称	单价	订购数量	商品价格
2018/12/5					
	DD001				
		猕猴桃	8	5	40
		蓝莓	65	3	195
	订单合计				235
	DD002				
		香蕉	5	2	10
	订单合计				10
	DD003				
		草莓	20	2	40
		苹果	3	2	6
	订单合计				46
当日合计					291
2018/12/6					
	DD004				
		苹果	3	4	12
	订单合计				12
	DD005				

图 13-46　制作完成的报表